产业结构演进视阈下

中国海洋渔业经济发展战略研究

王 波◎著

ChanYe JieGou YanJin ShiYuXia

ZhongGuo HaiYang YuYe JingJi FaZhan ZhanLüe YanJiu

中国财经出版传媒集团
经济科学出版社
Economic Science Press

图书在版编目（CIP）数据

产业结构演进视阈下中国海洋渔业经济发展战略研究/王波著. --北京：经济科学出版社，2022.9

ISBN 978-7-5218-3947-0

Ⅰ.①产… Ⅱ.①王… Ⅲ.①海洋经济-经济发展战略-研究-中国 Ⅳ.①P74

中国版本图书馆CIP数据核字（2022）第156836号

责任编辑：宋 涛
责任校对：齐 杰
责任印制：范 艳

产业结构演进视阈下中国海洋渔业经济发展战略研究
王 波 著
经济科学出版社出版、发行 新华书店经销
社址：北京市海淀区阜成路甲28号 邮编：100142
总编部电话：010-88191217 发行部电话：010-88191522
网址：www.esp.com.cn
电子邮箱：esp@esp.com.cn
天猫网店：经济科学出版社旗舰店
网址：http：//jjkxcbs.tmall.com
北京季蜂印刷有限公司印装
710×1000 16开 17.75印张 280000字
2022年9月第1版 2022年9月第1次印刷
ISBN 978-7-5218-3947-0 定价：72.00元
（图书出现印装问题，本社负责调换。电话：010-88191510）

前　言

海洋渔业作为我国优质蛋白供给的重要产业，在增加国民收入、改善居民膳食结构、提高居民生活质量、繁荣渔村经济等方面的贡献逐步增强。2020年，我国实现全社会渔业经济总产值27543.47亿元，水产品总量达6549.02万吨，比2000年分别增长4.31%和1.06%①，然而，近年来随着海洋渔业作业能力的增强与不规范开发，渔业资源衰退、环境破坏、海域污染、食品安全等问题日益凸显，严重制约了海洋渔业经济的持续发展。为此，在国家宏观经济政策指导下，渔业等相关部门出台了一系列措施来推动海洋渔业供给侧结构性改革，促进海洋渔业经济的转型发展。同时，海洋渔业领域内的学者们围绕渔业结构性问题展开了系列探讨，取得了一定的科研成果，但总体上缺乏系统性的理论分析与定量研究。鉴于此，本书以产业结构演进为切入点，从理论与实证层面系统地研究了产业结构演进与海洋渔业经济发展的影响关系以及新形势下海洋渔业经济的发展模式，为加快推进海洋渔业供给侧结构性改革，推动海洋渔业经济的高质

① 资料来源：中华人民共和国农业农村部：《2020年全国渔业经济统计公报》。

量发展提供参考与决策依据。本书的主要研究内容和研究结论如下：

第一，围绕产业结构演进与海洋渔业经济发展梳理了国内外研究现状，界定了产业结构、产业结构演进与海洋渔业等基本概念的内涵与特征。基于产业结构演进理论、经济增长理论、资源配置理论等，结合对产业结构演进的影响因素、趋势和海洋渔业经济发展的量态与质态分析，深入研究了产业结构演进与海洋渔业经济发展的影响关系，认为海洋渔业产业结构演进是海洋渔业经济发展的本质要求与需求反映，是促进海洋渔业经济稳定发展的结构性保障，决定了其影响海洋渔业经济发展的阶段性差异。同时海洋渔业经济发展对海洋渔业产业结构演进具有一定的推动力与拉动力。另外，区域产业结构演进也会影响海洋渔业经济的持续发展。通过理论分析，初步构建起研究产业结构演进与海洋渔业经济发展关系的理论框架。

第二，分析了中国海洋渔业经济与产业结构演进的时空差异特征，认为海洋渔业经济呈现出经济贡献日益增强、产业结构逐步优化、产品种类日趋多样化、养殖规模不断扩大、资源环境约束趋紧等总体态势。从时间维度分析可知，中国海洋渔业经济增长趋势明显，短期波动呈现出缓慢上升—波动下降—加速上升—加速下降的特征，全要素生产率总体上呈现增加趋势且波动幅度较小。同时，产业结构形态总体呈现出“一二三”型，但三次产业对海洋渔业经济发展贡献度的差距逐步缩小，产业结构在实现合理化与软化的同时，总体上向高级化演进，生产结构由海洋捕捞为主转为以海水养殖为主，海产品加工能力逐步增强。从空间维度分析可知，广西、江苏、河北、山东、天津、广东的海洋渔业经济年均增长率明显高于福建、浙江、辽宁、海南，且高于全国平均水平；各地区的海洋渔业经济波动与经济质量的差异性比较显著。同时，受资源禀赋、经济基础、政策支撑等地区差异的影响，各地区海洋渔业产业结构形态与高级化、合理化、软化与生产结构的演进趋势也存在显著差异。

第三，采用面板门槛模型、动态面板模型、面板协整、脉冲响应等计量方法研究了产业结构演进与海洋渔业经济发展的互动关系。结果显示，(1) 海洋渔业产业结构演进对海洋渔业经济增长的直接影响存在阶段性特征，同时能够引起海洋渔业劳动力、资本、科技等要素影响海洋渔业经济增长作用方式的变化；产业结构高级化、海产品加工系数的变化对海洋渔业经济波动产生“杠杆效应”，然而合理化、软化与养捕结构则具有“熨平效应”；产业结构合理化、软化、海产品加工系数对海洋渔业经济质量产生“结构红利”，然而高级化、养捕结构则产生“结构负利”。同时，不能忽视海洋渔业经济对产业结构演进的反向影响。(2) 区域产业结构高级化对海洋渔业经济增长具有显著的“抑制效应”，但对海洋渔业经济波动具有显著的“杠杆效应”，对海洋渔业经济质量的影响方式呈现出“U”型特征；而区域产业结构合理化演进对海洋渔业经济增长具有“促进效应”，但对海洋渔业经济波动具有“熨平效应”，并对海洋渔业经济质量产生一定的“结构红利”。

第四，结合海洋渔业经济发展的新形势，从产业结构演进视角下提出了海洋渔业经济发展的思路、原则与模式。本书认为海洋渔业要贯彻“创新、协调、绿色、开放、共享”的新发展理念，坚持生态优先、集约发展，创新驱动、跨越发展，市场引导、高效发展，协调融合、均衡发展，开放共享、动态发展的原则，突破思维定式，转变发展模式，加快新旧动能转换，推动海洋渔业产业结构高级化与合理化协同演进。同时提出了科技创新驱动发展模式、产业协同发展模式、生态循环发展模式、贸易拉动模式与产业生态系统模式。

第五，统筹全文研究结果，提出了创新体制机制，强化政府管理，调整产业发展思路，推进高端化发展，加强渔企资源要素建设，提高配置效率等对策建议。

由于水平和时间有限，书中疏漏之处在所难免，恳请学界专家同仁批评指正。需要说明的是，本书所列数据均未包括中国台湾省、香港特别行政区和澳门特别行政区。

王　波

2022. 8. 15

目　录

第一章
绪　论

第一节　研究背景、目的与意义

一、研究背景

（一）海洋渔业经济综合实力增强，食物供给能力提高

随着国家对粮食安全问题的重视，作为基础性产业的渔业得到政府的大力扶持，海洋渔业产业体系日趋完善，产业规模逐步扩大，科技水平不断提高，渔业经济效益与社会保障功能日益显著，逐渐成为增加国民经济收入、改善居民膳食结构、提高居民生活质量的重要产业。2020 年，中国水产品总量达 6549.02 万吨，比 2019 年增长 1.06%，基本上解决了中国水产品总量不足的问题。随着水产品总量水平的提高，全国渔业生产总值也不断增加，2020 年中国实现全社会渔业经济总产值 27543.47 亿元，比 2019 年增加 1136.97 亿元。同时，渔业经济的社会效益逐步凸显，带动渔民收入不断提高。2020 年对全国 1 万户渔民家庭当年收支情况抽样调查结果显示，中国渔民人均纯收入达 21837.16 元/人，比 2019 年增加 728.87 元/人，增长 3.45%，其中渔业纯收入占渔民纯收入的 66.81%。[①] 海洋渔业是中国渔业的重要构成，在水产品总量供给方面扮演着重要的角色。

---

① 资料来源：中华人民共和国农业农村部：《2020 年全国渔业经济统计公报》。

2020年，海产品产量达3282.5万吨，占水产品总量的50.65%。海洋渔业的经济效益不断提高，2020年，海洋渔业产值[①]达5691.31亿元，海水养殖占62.82%，基本形成了以海水养殖为主、海洋捕捞为辅的海洋渔业生产结构。海洋渔业对保障国家粮食安全的贡献巨大，2016年海洋食物体系所提供的蛋白质总量为266.21万吨，约占海洋陆地食物体系提供总量的12.6%，能够替代肉类（猪肉）约2297万吨，相应能够替代粮食（原粮）约9188万吨，节约耕地2.53亿亩，节约淡水758亿吨[②]。

（二）资源环境约束趋紧，供需矛盾发生转变

经历30多年的发展，海洋渔业经济取得较大成绩，但传统海洋渔业经济发展模式所产生的不可持续性问题也日益显著。资源环境约束成为制约海洋渔业经济可持续发展的首要问题，高强度的海洋捕捞，导致近海渔业资源衰退，造成近海“无鱼可捕”的悲剧；高密度的海水养殖造成大范围的海域污染，导致近海海域生态环境恶化，海域生态系统破坏严重，这是由初期中国水产品的供需不平衡造成的。为满足日益增长的水产品市场需求，渔业企业或渔民通过规模扩张与高强度的养殖活动来实现增产，缓解了水产品总量供给不足的问题，解决了居民“不够吃”的困境。然而，近年来，随着居民收入水平的提高与生活质量的改善，居民对海产品的需求偏好逐渐由数量满足转向品质要求，高端、优质海产品的需求不断增加，产品供需矛盾也逐渐由“吃的够”向“吃的健康”转移，这在一定程度上引起了海洋渔业经济主要矛盾的改变，突出表现为阶段性供过于求和（有效）供给不足并存，矛盾的主要方面在供给侧。这对中国渔业30多年来所形成“追求数量轻质量”的粗放式发展模式带来巨大挑战。

（三）海洋渔业经济发展不协调，产业结构亟待优化与升级

总体上中国海洋渔业经济仍以第一产业为主，第二、第三产业占其比

① 海洋渔业产值是仅指海洋渔业第一产业中的海洋捕捞业和海水养殖业的经济产值之和。

② 资料来源：国家社会科学基金重大项目《我国海洋事业发展中的“蓝色粮仓”战略研究》课题组测算获得。

重均低于第一产业，三次产业发展不协调性比较显著。但是海洋渔业第一产业在海洋渔业经济中所占的比重呈下降态势，而第二、第三产业所占比重则呈上升趋势，其差距逐步缩小，表明虽然海洋渔业第二、第三产业发展缓慢，但具有较大的发展空间与潜力。从产业内部分析，第一产业形成了以养殖业为主、捕捞业为辅的结构形态，而第二产业则以海产品加工业为主，渔用机具制造、渔用饲料与药物、建筑等产业所占比重均低于海产品加工业。第三产业形成了以水产流通与仓储运输为主的产业形态，休闲渔业、科研教育、金融保险等产业发展缓慢。由此可知，海洋渔业三次产业内部仍以低端产业为主，而高附加值产业则发展相对缓慢。从区域角度分析，海洋渔业三次产业发展的地区差异性比较显著。由 2020 年地区产业发展数据可知，天津、河北、广西、海南等海洋渔业第一产业占海洋渔业经济生产总值的比重超过了第二、第三产业的比重之和，而其他地区的海洋渔业第二、第三产业之和占比超过第一产业占比。浙江、山东的海洋渔业第二产业发展迅速，产业规模不断扩大，逐步超越第一产业；而广东海洋渔业第三产业发展迅速，占比高于第一、第二产业；江苏的海洋渔业第三产业占比高于第二产业，但仍低于第一产业。综上分析，大部分地区的海洋渔业总体表现出以第一产业为主。因此，要实现海洋渔业经济的高端发展，就要通过优化渔业发展模式，加速海洋渔业产业结构的转型升级。

（四）海洋渔业经济转型升级面临着新形势与机遇

党的十九大报告明确指出深化供给侧结构性改革，以实体经济为着力点，以提高经济质量为目标，建设现代化经济体系。这为海洋渔业经济转型发展指明了方向与道路。原农业部出台了《农业部关于加快推进渔业转方式调结构的指导意见》《全国渔业发展第十三个五年规划》《关于推进农业供给侧结构性改革的实施意见》等，提出了渔业经济“提质增效、减量增收、绿色发展、富裕渔民”的发展目标与“四转变”“四调优”的总体思路。2018 年的中央一号文件《中共中央、国务院关于实施乡村振兴战略的意见》明确指出，统筹海洋渔业资源开发，科学布局近远海养殖和远洋渔业，建设现代化海洋牧场。这为促进海洋渔业经济供给侧结构性改革提供了政策方向与保障。海洋渔业经济实现其转型升级，需要加快海洋渔业产业结构调整与优化，通过结构性改革促进产业高质量发展。充分把握好“海洋强国”战略和“21 世纪海上丝绸之路”倡议所塑造的发展战略机遇，利用国际国内市场资源与需求，优化产业结构与布局，提升科技水平与能力，逐步缓解高强度发展所带来的不可持续问题，发挥市场的调节功能，以提高资源利用效率为目的推动海洋渔业劳动力、资本、科技等生产要素与资源的合理流动与配置，协调三次产业发展，推动海洋渔业经济向高端、高效、高质的方向发展。

在供给侧结构性改革背景下，充分把握“海洋强国”战略与“21 世纪海上丝绸之路”所带来的发展机遇，不断深化海洋渔业产业结构改革，通过产业结构调整与升级推动海洋渔业由低效率或低增长率产业向高效率或高增长率产业转变。因此，在当下如何把握好新机遇，解决中国海洋渔业经济所面临的新问题、新矛盾，实现中国海洋渔业转型升级成为研究的热点。海洋渔业转型升级的实质是寻找海洋渔业经济实现由“低端循环锁定”转向“螺旋式上升”高端发展的路径与模式。基于此，本研究的主要内容是中国海洋渔业经济发展与产业结构演进之间的作用规律与影响关系，并从产业结构演进视角提出海洋渔业经济发展的构想与对策建议，为中国海洋渔业供给侧结构性改革提供参考依据与支持。

二、研究目的

在海洋渔业供给侧结构性改革背景下，探究产业结构演进与海洋渔业经济发展的影响关系具有重要意义。本研究的目的是通过理论分析构建产业结构演进与海洋渔业经济发展关系的理论研究框架，采用实证分析方法定量研究产业结构演进与海洋渔业经济发展的影响关系及作用规律，并基于产业结构演进视角提出中国海洋渔业经济的发展构想及对策建议。

（1）从理论层面，探究产业结构演进与海洋渔业经济发展的影响关系。基于产业结构演进的一般规律，分析海洋渔业产业结构演进的特征、规律、影响因素、路径等，并基于产业结构理论、经济增长理论、资源配置理论等，深入研究产业结构演进与海洋渔业经济发展的影响机理，初步构建起产业结构演进与海洋渔业经济发展关系的理论研究框架，为后续研究奠定理论基础。

（2）从实证层面，采用定量分析方法，从产业内部与外部两大范畴研究产业结构演进与海洋渔业经济发展的影响关系及作用规律，为转变海洋渔业经济发展方式寻找突破口。现阶段，受传统渔业发展模式的影响，海洋渔业资源或生产要素基本被锁定在低端产业循环发展模式中，如何突破海洋渔业发展的低端锁定，本研究将通过实证分析寻找最佳突破口，从而促进海洋渔业经济的螺旋式发展。

（3）基于理论与实证分析结果，结合新时期经济发展背景，为实现海洋渔业经济的高质量发展，本研究提出海洋渔业经济发展的新构想，主要包括发展理念、发展原则与发展模式等，目的在于克服传统海洋渔业经济发展模式的弊端，提高海洋渔业资源的利用效率，促进中国海洋渔业经济的高端、高质、生态、可持续性发展。

三、研究意义

在经济新常态下，要实现海洋渔业经济的转型发展，需要通过顶层设计，逐步优化其产业结构，实现由以劳动力、资本等要素投资为驱动力的旧动能转向以科技创新为驱动力的新动能，既要突破海洋渔业经济发展要素的低端循环，转变传统发展模式的低端锁定，又要通过渔业技术创新与经济改革，寻找海洋渔业新发展模式，塑造海洋渔业经济发展的新业态。同时，随着全球经济形势的转变，传统经济发展模式的基础背景发生改变，如果海洋渔业仍然采用固有的经济发展模式将很难适应新的发展形势，经济发展新态势与传统发展模式的不协调将会阻碍海洋渔业经济的跨越式发展。因此，本研究以产业结构演进为切入点，采用定性与定量方法研究产业结构演进与海洋渔业经济发展的作用关系，并提出新时期海洋渔业经济发展的新理念、新模式，对实现海洋渔业经济转型发展具有重要理论意义与现实意义。

（1）理论意义。纵观现有研究发现，一是大部分学者在对海洋渔业经济发展的影响因素进行分析时，仅是将海洋渔业产业结构与其他因素融合在一起进行研究，鲜有单独从理论层面就产业结构演进与海洋渔业经济发展影响关系及作用规律展开研究的，本研究将弥补理论研究的不足；二是在对海洋渔业产业结构演进对海洋渔业经济增长的影响研究中，部分研究采用一般性产业结构指标度量其产业结构，忽略了海洋渔业的产业特性，导致研究结果存在偏差；三是大部分研究集中分析海洋渔业内部结构的变化对海洋渔业经济增长的影响，忽视了区域产业结构演进对海洋渔业经济增长的影响。本研究在充分考虑海洋渔业产业特性的基础上，通过科学合理地设计海洋渔业产业结构指标，统筹考虑海洋渔业内部产业结构演进与区域产业结构演进，探究产业结构演进与海洋渔业经济发展关系及作用机理，弥补现有研究的不足，构建起产业结构演进与海洋渔业经济发展关系的理论研究框架。

（2）现实意义。在渔业供给侧结构性改革下，研究产业结构演进与海洋渔业经济发展的影响关系，明确产业结构演进影响海洋渔业经济发展的结构效应以及海洋渔业经济发展对海洋渔业产业结构演进的影响方式，创新海洋渔业经济发展模式，具有重要的现实意义。一方面可以为海洋渔业供给侧结构性改革提供具有参考价值的改革思路，同时还可以为渔业部门在制定海洋渔业发展规划时提供依据与借鉴；另一方面有利于提高海洋渔业资源利用效率，优化海洋渔业产业结构，促进海洋渔业经济转型升级，提高海洋渔业综合产出效益，推动海洋渔业经济的高质量发展。

第二节　国内外研究现状

一、产业结构演进

（一）产业结构演进的一般性规律

对产业结构的研究起源于西方国家。根据研究内容的差异性主要可以归纳为以产业结构演进趋势为研究对象和以产业结构调整为研究核心的理论体系。英国古典政治学家配第（Petty，1981）[1]从收入差异角度分析了在异质性行业中劳动者的收入差异情况，认为商业 > 制造业 > 农业，此差异会促使劳动力从低收入产业转向高收入产业。这成为最早的有关产业结构的论述。产业结构理论体系是依托三次产业的标准划分而逐步完善的。结合澳大利亚经济学家费希尔（Fisher）的三次产业划分方法，克拉克基于配第的理论研究基础，通过对多国经济的研究后发现了产业结构演进的一般性规律，称为“配第 - 克拉克定理”，即随着经济发展，劳动力首先由第一次产业向第二次产业移动，以后将从第一次、第二次产业流向第三次产业；劳动力在产业间的分布状况是第一产业会逐步减少，第二、第三产业将依次增加。配第 - 克拉克定理开拓了经济学研究领域，推动了产业结构理论的发展。

随后，美国经济学家库兹涅茨（Kuznets）基于克拉克的研究结果，深入研究了产业结构演进规律，认为三次产业占国民经济的比例与劳动力占全部劳动力的比例存在差异性，农业部门产值及其劳动力占比的变化趋势具有一致性，而工业部门产值及其劳动力占比的变化趋势具有非一致性，服务部门产值及其劳动力占比的变化趋势相同但未必同步。德国经济学家霍夫曼（Hoffmann）主要研究了工业部门的结构变化情况，基于实证与理论分析结果提出了霍夫曼系数，归纳并总结出了著名的霍夫曼定理①。日本学者赤松和美国麻省理工学院教授费农（Vernon）从国际贸易角度探讨贸易对工业结构演变的影响，分别提出了著名的“雁行产业发展形态说”与“产品生命周期说”，有力推动了产业结构理论的发展。美国经济学家里昂惕夫基于对国民经济的投入与产出分析，探究了各产业之间的作用关系及结构的变化，提出了产业关联理论。同时，在出版的《美国经济结构，1919—1929》和《美国经济结构研究》中详细阐释了投入产出分析的基本原理。20 世纪 70 年代前后，在以钱纳里（Chenery）为代表的经济学家的推动下，产业结构理论取得较大进步。基于克拉克和库兹涅茨的研究成果，钱纳里和赛尔奎因（Chenery and Syrquin）提出了“发展型势”理论，按照经济发展程度将产业结构演进划分为三个阶段，并具体地分析了各阶段内产业结构演进的规律。

---

① 霍夫曼定理是指在工业化进程中霍夫曼系数呈现出下降趋势。

对产业结构演进理论的研究，国内要晚于国外。新中国成立以来，国内学术研究主要围绕在两大部类关系和产业结构分类方法两个方面。在改革开放以后，伴随市场经济地位的确立，大量西方经济学理论被引入到国内，成为国内学者研究中国经济问题的理论基础。作为西方经济学重要构成的产业经济学理论也被广泛应用，推动了国内产业经济研究的发展。同时，产业结构理论在中国得到较快发展，出现了一些较强学术价值的研究成果。例如李悦的《中国工业部门结构》、周正华的《现代经济增长的结构效应》、马建堂等的《经济结构的理论、应用和政策》、贾根良的《制度变迁与结构变动》、刘鹤的《我国产业结构的转化与出路：需求、生产、就业和贸易的关联分析》、郭克莎的《中国：改革中的经济增长与结构变动》等。孙尚清（1991）[2]从经济周期的视角研究了产业结构变动的一般规律，并深入分析了中国经济发展周期对产业结构的影响。李杰（2009）[3]围绕产业结构演进动力展开研究，认为科技创新与进步是其主要推动力，政府的宏观引导在推动结构演进方面发挥着重要作用。曾蓓等（2011）[4]认为中国产业结构演进偏离国际一般模式的驱动力量是全球价值链分工与中国特殊的制度变迁模式。总体来说，国内学者在借鉴与吸收西方产业结构演进理论基础上，进行了一些理论创新的尝试，虽然不成熟，但推动了中国产业结构理论的发展，具有重要的学术意义。

在国内外经济学研究中，产业结构演进与经济发展的互动关系是学术界研究的热点。本研究主要从经济增长、经济波动与经济质量三个方面梳理在产业结构演进与经济发展的影响关系方面的研究进展。

（二）产业结构演进对经济增长的影响

国外学者研究较早，库兹涅茨（Kuznets，1949）[5]利用1948～1966年经济数据，研究了美国经济增长的动力构成，认为产业结构变动对推动美国经济增长的贡献度达10%。鉴于以上研究结果，为证明其是否具有普遍性，他通过扩大样本数据深入研究了多国经济增长与产业结构变化情况，结果均显示产业结构变化对经济增长具有显著影响。钱纳里和克拉克（Chenery and Clark）认为经济结构与经济增长存在正向关系，结构的变化程度会影响经济增长幅度。钱纳里（1959）[6]分析了三次产业在国民经济中的变化情况与就业情况，认为三次产业与其相关就业情况在经济发展过程中存在差异性，主要体现为：在第一产业中，不论其产出还是就业人数占比始终处于下降趋势；而在工业化初期，第二产业的产出与就业人数占比趋于上升，后期将趋于下降；在第三产业中，其产出和就业人数占比处于上升趋势，但在工业化初期上升幅度较慢。同时，还得出产业结构的合理化及优化将会加快经济增长。罗斯托认为产业结构变动在影响产业布局的同时，还对经济增长产生了积极的推动作用。丹尼森（Denison，1967）[7]分析了美国20世纪30～50年代末的经济增长情况，认为产业结构变动对推动经济增长的贡献度超过10%。

国内众多学者也展开了相应研究。郭克莎（1995）[8]从资源配置效应入手，深入分析了改革开放后中国产业间资源流动和结构变化对经济增长的作用。周振华（1998）[9]基于经济发展模型，利用定量分析方法研究了产业结构变动所产生的结构效应与弹性效应。葛新元等（2000）[10]通过分析中国1953～1997年的经济增长情况，认为产业结构变动对经济增长的贡献度呈现下降趋势，贡献度在1953～1975年达19%，而在1979～1997年下降到9.8%。汪红丽（2002）[11]研究了上海市经济结构变动对经济增长的影响机理，认为产业结构变动对刺激经济增长具有间接效应。刘伟等（2002）[12]认为，制度改革和第三产业发展是推动过去中国经济增长的主要因素，但要获得长期稳定的经济增长，需要提高第一、第二产业的发展效率，推动三次产业协调发展。蒋振声等（2002）[13]利用计量方法研究了1952～1999年中国产业结构变动与经济增长的互动关系，认为产业结构的优化升级是促进经济增长的主要实现路径。陈华（2005）[14]通过实证分析验证了经济增长与产业结构间的长期均衡关系，认为“二、三、一”型的结构形态将更有利于经济的持续增长。刘志杰（2009）[15]通过定量研究发现，产业结构变动与经济增长具有不一致性且三次产业变动对经济增长率的影响具有异质性，第二、第三产业的发展将更有利于推动经济增长。段利民等（2009）[16]利用格兰杰因果关系检验方法研究了产业结构与经济增长的关系，认为调整与优化产业结构能够引起经济增长。汪茂泰等（2010）[17]基于投入产出模型研究了中国经济增长的结构效应，认为加快经济体系中第二、第三产业的发展是推动经济持续增长的主要途径，造成现阶段经济增长结构效应不显著的主要原因在于两者的不协调性。杨子荣和张鹏杨（2018）[18]研究了金融结构、产业结构与经济增长的关系，认为金融结构与产业结构的协调演进是促进经济增长的主要动因。

部分学者则持相反的观点。吕铁等（1999）[19]基于定量分析的研究结果，认为目前中国产业结构形态与经济增长方式表现出不相适应性，并分析了产生此问题的根源，认为三次产业之间及其内部结构水平是造成此问题的主要原因。高更和等（2006）[20]利用 1994 ~ 2013 年河南省经济增长数据，探究了产业结构变动对区域经济增长的影响，认为产业结构变动的贡献与区域经济增长率呈负相关，产业结构调整的动力在于低经济增长率。李小平和卢现祥（2007）[21]以中国制造业为例，研究了 1985 ~ 2003 年结构变动与生产率增长的关系，认为结构变动没有产生显著的“结构红利假说”，反而在考虑了 Verdoom 效应①后，出现了“结构负利假说”，这是由制造业存在的资源错配问题造成的。俞晓晶（2013）[22]对比分析了 1978 ~ 1992 年与 1993 ~ 2011 年两阶段内中国经济增长的结构效应，认为两阶段的结构效应存在显著差异性，产业结构变动对经济增长的制约性将日益显著。

根据现有研究可知，产业结构演进对经济增长的影响并没有一致性的结论，但主要存在三种观点：一是产业结构演进会引起经济增长，结构优化升级必然会推动经济发展；二是产业结构演进对经济增长的制约性比较显著，不利于经济的发展；三是产业结构演进对经济增长的现阶段影响不显著。

（三）产业结构演进对经济波动的影响

在此方面的研究最早可以追溯到 1939 年费希尔所开展的有关经济波动与产业结构变动关系的研究。学者（例如 Burns[23]，1960；Kuznets[24]，1971）普遍认为产业结构变动是引起经济波动的重要因素或根源，一定程度上会促进或抑制经济波动程度的变化。随后，许多经济学家基于数理模

① Verdoom 效应是指产出增长与生产率增长存在双向因果关系，产出增长更快的行业将具有额外的生产率增长。

型实证分析了产业结构变化对经济波动的作用程度，由于学者们研究的视角不同导致所得出的结果具有差异性。部分学者（例如 Blanchard and Simon[25]，2001；Stock and Watson[25]，2002；Eggers and Loannides[27]，2006）认为产业结构变动会抑制经济波动，对经济波动具有熨平效应。通过构建包含产业结构变量的经济增长模型，实证分析了产业结构变动对经济波动的影响，认为产业结构变动能够抑制经济波动。然而有的学者（例如 Baumol[28]，1967；Peneder[29]，2003）认为产业结构变动对经济波动具有较大的促进作用，会加剧经济波动变化程度。

近年来，国内学者对经济波动展开系列研究。在产业结构调整对经济波动的稳定效应方面，干春晖等（2011）[30]通过采用合理的计量模型，深入分析了产业结构高级化与合理化对经济波动的影响，认为高级化、合理化变化对稳定经济发展均具有显著作用。方福前和詹新宇（2011）[31]认为产业结构升级有利于抑制经济波动，“熨平效应”比较明显，此效应的作用程度与结构升级速度呈正相关。彭冲等（2013）[32]通过定量分析方法，证实了产业结构合理化对经济波动的“熨平效应”，推断出合理化程度越高，其熨平作用越显著。张东辉和宋锋华（2015）[33]实证分析了产业结构合理化与高级化对经济波动的影响，认为合理化对经济波动具有明显的抑制作用。在产业结构变动对经济波动的贡献度方面，钱士春（2004）[34]、孙广升（2006）[35]定量分析了中国三次产业与经济波动的关系，认为两者的关联程度呈现出：第二产业 > 第三产业 > 第一产业。罗光强和曾伟（2007）[36]也分析了产业结构变动与经济波动的影响，认为第二产业对经济波动的贡献最大，第一产业与第三产业的贡献度变动趋势恰好相反。然而，李云娥（2008）[37]在肯定产业结构变动能够引起经济波动后，分析了三次产业对宏观经济波动的影响程度，认为第一产业大于第二产业，但第三产业与经济波动不存在相关性。

经上述文献梳理，可以看出产业结构演进与经济波动存在显著的关联性，但鉴于学者们的研究角度与方法不同，导致研究结果存在差异性。

（四）产业结构演进对经济发展质量的影响

生产率是衡量经济发展质量的关键指标，能够客观地反映经济发展的综合水平。全要素生产率是衡量经济生产率的重要内容，最早是由索洛（Solow，1957）[38]在其著作《技术进步与总量生产函数》中提出的，定义为扣除资本增长后未被解释的部分归纳为由技术进步所引起的增长[39]。丹尼森（1962）基于索洛的研究进一步把投入要素进行分类然后融合成总投入指数。随后，学者们丰富与发展了衡量全要素生产率的方法，例如阿弗里亚特（Afriat，1972）[40]建立了前沿生产函数模型。查恩斯和库珀（Charnes and Cooper，1978）[41]提出数据包络分析法（DEA）。为了克服技术效率假定位100%的缺陷，费尔（Fare，1994）[42]提出了Malmquist生产力指数，这进一步推动了对全要素生产率的研究，DEA－Malmquist也成为研究全要素生产率的重要方法。

在生产率研究方面，国外许多学者（例如Grossman and Helpman，1991；Lucas，1993；Nelson and Pack，1999）在经济模型中多次强调了结构变动对生产率的影响，库兹涅茨和刘易斯也证实了产业结构与生产效率之间的作用关系，认为结构变动是造成生产效率改变的主要因素。通常情况下，将产业结构对提高经济生产率的影响统称为“结构红利假说”，即产业结构演进会促进生产要素由低效率或低增长率的部门流向高效率或高增长率的部门，从而提高国民经济的整体发展水平。因此，“结构红利”会促进经济发展，众多学者通过定量与定性分析证实了此观点。扬（Yong，1995）[43]以亚洲四小龙为案例研究了其战后迅速发展的内在原因，认为劳动力的流动提高了全要素生产率。索尔特（Salter，1961）[44]以1924～1950年英国制造业为样本，研究了制造业的结构变动对生产率增长的影响，认为结构变动有利于提高生产率。卡尔德森等（Calderson et al.，2006）[45]、博斯沃思（Bosworth，2008）[46]、艾哈迈德等（Ahmad et al.，2015）[47]等的研究证实了产业结构升级对生产效率的提高具有正向作用。国内学者（王德文等[48]，2004；刘伟和张辉[49]，2008；封思贤等[50]，2011；张丽和佟亮[51]，2013；徐茉和陶长琪[52]，2017）对此进行了相关研究，证实了产业结构升级能够有效促进生产效率的提升。章成和平瑛（2016）[53]从产业结构高级化与合理化两个维度，研究了海洋产业结构对海洋经济效率的影响，认为高级化、合理化演进有助于提高海洋经济的产业效率。余泳泽等（2016）[54]认为中国三次产业结构与工业结构升级会促进全要素生产率的提升。彭艳（2016）[55]基于随机前沿函数检验了产业结构升级对全要素生产率的影响，认为产业结构升级总体上对全要素生产率的提高有正向作用，但受发展阶段的影响，结果存在差异性。

同时，也有部分学者（例如 Fagerberg[56]，2000；Fonfría and lvarez[57]，2005；Fassio[58]，2010）与上述学者持相反的观点，认为产业结构变动对生产率的促进作用不显著，对“结构红利假说”持否定态度。国内学者吕铁（2002）[59]研究了制造业结构变动对劳动生产率的影响，认为产业结构变动对促进劳动生产率的提高的作用不显著。干春晖和郑若谷（2009）[60]通过实证分析认为资本的产业间转移不满足“结构红利假说”。同时，李小平和陈勇（2007）[61]证实了劳动力在产业间转移对提高生产率的作用不显著。朱旭强和王志华（2016）[62]以苏粤闽为研究样本分析了产业结构升级对全要素生产率变动的影响，从总体角度来说，产业结构升级对促进全要素生产率提高的作用比较微弱。

综上分析可知，在产业结构演进对经济生产率的影响方面，学者们基于不同视角得出了差异化结论，这对探究海洋渔业产业结构演进对海洋渔业经济发展质量的影响具有借鉴意义。

（五）经济发展对产业结构演进的影响

在经济发展与产业结构的影响关系方面，大部分研究集中在产业结构演进对经济发展的影响，在经济发展对产业结构演进的影响方面的研究相对较少。早期的经济学理论普遍认为经济增长推动了产业结构变迁，配第－克拉克定理阐释了人均 GNP 与人口变动的关系，认为随着人均 GNP 的增长，人口在三次产业中比例关系发生较大变化，呈现出第一产业下降，第二、第三产业上升的趋势[63]。随后，霍夫曼（1958）[64]专门研究了制造业主导产业转移的问题，认为人均收入是引起制造业主导产业更替的主要因素，人均收入的提高将推动制造业逐步由轻工业为主导更替为重工业为主导，引起制造业内部结构的变化。库兹涅茨（1971）[65]分析了经济增长与产业结构变动的关系，认为经济的持续增长会促进主导产业逐渐由第一产业转向第二、第三产业，引起产业结构形态的变革。董等（Dong et al.，2011）[66]探究了产业结构与经济波动的关系，认为短期经济波动导致产业结构失衡，而产业结构失衡与经济总量波动之间存在长期的双向因果关系。基伏和丘塔库（Chivu and Ciutacu，2014）[67]研究了罗马尼亚经济体制、法制等变化对产业结构的影响，在考虑欧洲工业战略和政策的趋势分析后，从国家的角度处理了罗马尼亚产业结构的分解和重组过程。佩雷斯等（Perez et al.，2017）[68]分析了贸易和农业政策对美国番茄产业结构的影响，认为北美自由贸易协定和贸易定价政策是造成1992年美国番茄产业结构变化的两个主要因素，但从长远来看不足以产生结构性变化。然而墨西哥对美国的进口推动了美国国内产业的变化，产生了明显的溢出效应。

在国内研究方面，林毅夫等（1998）[69]从要素禀赋与产业结构关系视角分析了产业结构与经济增长的关系，认为要素禀赋影响产业结构形态的形成，但经济增长又是引起要素禀赋变化的主要因素，最终结论认为，产业结构是经济增长的结果而非原因。刘竹林等（2012）[70]以安徽省为例采用格兰杰因素关系检验与协整检验，认为经济增长与产业结构变迁存在因果关系与协整关系，随后采用相关模型研究了经济增长对产业结构变迁的影响，认为经济增长会引起产业结构变迁，并能推动产业结构的优化升级。付凌晖（2010）[71]分析了中国产业结构高级化与经济增长的关系，认为产业结构高级化对经济增长的影响不显著，但是经济增长明显地带动了产业结构升级。李春生和张连城（2015）[72]采用VAR模型分析了产业结构与经济增长的关系，认为产业结构与经济增长存在长期稳定关系，随后分析经济增长对产业结构升级的影响，认为第三产业增长对产业结构优化与升级具有较强的短期促进效应，而第二产业增长在推动产业结构优化升级中占据主导地位。但也有学者持反对观点，蒋振声等（2002）认为经济总量增长对产业结构变动的影响不显著。朱慧明和韩玉启（2003）[73]认为产业结构与经济增长的影响关系是单方面的，即产业结构演进会推动经济增长，反之则不具有影响关系。

二、海洋渔业经济发展

居民收入水平的提高与消费偏好的改变，推动了居民水产品消费水平的提升，消费结构的优化升级推动了水产品供给部门的转型发展。近年来，中国海洋渔业通过技术创新实现了快速发展，在增加优质蛋白供给、优化居民膳食结构、增加渔民收入、繁荣渔村经济等方面的作用日益凸显，产业地位不断提高。但制约海洋渔业经济发展的不可持续性问题（例如海域水质污染、渔业资源衰退、病害防治、食品安全等）也日益严重，影响了海洋渔业的可持续发展。这吸引了众多学者的关注，并分别从海洋渔业的功能定位、产业发展、产业结构、资源养护、管理制度等角度展开学术研究，得出了许多建设性意见，从理论层面推动了中国海洋渔业经济发展。本节主要从海洋渔业功能定位、产业发展、产业结构、资源养护与管理制度等方面梳理已有研究成果。

（一）海洋渔业经济发展的特征与方式

在海洋渔业经济特征方面，杨正勇等（2007）[74]分析了中国传统渔业增长方式，并将传统、粗放的渔业增长方式特征归纳为“三高”：高投入、高消耗、高污染。刘康等（2008）[75]分析了海洋渔业的产业属性，认为海洋渔业具有较高的空间依赖性、资源竞争性及环境约束性。杨林等（2008）[76]认为中国渔业经济是典型的资源损耗型产业，采用以牺牲生态环境资源为代价，片面追求增长数量的粗放型产业发展模式。权锡鉴等（2013）[77]认为中国海洋渔业长期以来处于极度分散、无序的发展状态。

在海洋渔业发展方式方面，部分学者采用定量分析方法研究了沿海地区渔业经济增长方式，其研究结果的差异性比较显著。张欣（2012）[78]认为目前渔业经济单纯依靠生产要素投入不仅不能提高渔业生产效率，反而可能产生海域污染、资源衰退、环境破坏等不可持续性问题，此结果是由渔业规模报酬不变的属性决定的。汪浩瀚和郑凌燕（2016）[79]基于C－D生产函数，结合分位数与变系数回归方法分析了中国渔业经济发展的地区差异，结果显示渔业资本对渔业经济增长具有较大的贡献，但是渔业劳动力和养殖面积对促进渔业经济增长的作用有限。因此，他们认为中国渔业经济总体上处于规模报酬递减阶段，科技已经成为拉动渔业经济增长的重要因素。部分学者研究了地区渔业经济增长方式，卢江勇等（2005）[80]以海南省为例，采用CES生产函数和算术指数法研究了渔业增长方式，认为海南省渔业经济处于规模报酬递增阶段，但经济增长主要是依靠劳动和资源拉动，属于高度粗放型生产方式。林群等（2009）[81]根据 C－D 生产函数与协整理论方法研究了山东省渔业经济增长方式，认为山东省渔业经济发展处于规模报酬递减，渔业经济增长主要依靠资本与劳动力投入。梁永国等（2010）[82]采用定量分析方法研究了河北省渔业经济增长方式，认为河北省渔业已经由传统以要素投入为主的粗放型发展模式转向以技术推动为主的内生增长模式。

（二）海洋渔业产业发展动态

海洋渔业是以海产品供给为核心，由海洋捕捞、海水养殖、水产品加工等产业构成的产业体系。基于海洋渔业产业体系，学者们深入分析了各产业的发展规律。孙兆明和李树超（2012）[83]认为海洋渔业已经经历了两次跨越式发展，即由以捕为主向以养为主的跨越、由数量满足向质量提升的转变。海洋渔业的两次跨越式发展推动了中国现代渔业的发展，史磊等（2009）[84]认为现代渔业具有重资源养护、高技术投入、功能目标多元化与产业体系日趋完善的特征，产业布局区域化、产业结构合理化、增长方式集约化与产业组织高级化是现代渔业发展的趋势与目标。姚丽娜（2013）[85]认为大力发展现代渔业，建立渔业基地，可以更好地维护中国的海洋权益。纪玉俊（2011）[86]认为资源环境约束是制约中国海洋渔业经济持续发展的主要问题，实现海洋渔业产业化成为协调产业发展与资源环境养护的重要方式或途径，稳定的产业链机制在推动海洋渔业产业化过程中具有基础性作用。

1. 海洋捕捞

根据对现有文献的梳理后发现，对海洋捕捞业的研究主要集中在捕捞业存在的问题与对策、捕捞产量波动与影响因素、产业发展方式等方面。在问题及对策研究方面，刘曙光与纪瑞雪（2014）[87]认为渔业资源禀赋是海洋捕捞业持续发展的关键因素，其不稳定性决定了捕捞产量的波动性。近年来，近海渔业资源衰退严重制约了海洋捕捞业发展。要缓解资源环境对产业发展的束缚性，就要加强海域资源环境养护，规范捕捞作业行为，强化渔民的环保意识。慕永通（2005）[88]从管理制度视角分析了海洋捕捞业发展现状，认为现有管理制度、海洋渔业资源的生物性与经济性以及渔民心理与行为不一致性是中国海洋捕捞业存在诸多问题的根源，要通过制度创新构建产权清晰的管理体制是促进海洋捕捞业持续发展的制度保障。郑彤和唐议（2016）[89]实证分析了中国南海区海洋捕捞渔船状况，认为南海区捕捞目前存在总体规模过大、小功率渔船偏多、作业结构不科学等问题。储英奂（2003）[90]认为长期过度开发、海域污染加剧了海洋渔业资源的衰退，加之专属经济区制度的实施使中国海洋捕捞范围的缩小，制约了中国海洋渔业经济的发展。

在海洋捕捞产量变动与影响因素方面，陈琦和韩立民（2016）[91]主要分析了中国海洋捕捞产业的波动特征以及不同海域内捕捞产量的波动趋势，认为海洋捕捞产量在完成9轮周期后总体上趋于稳定，但不同海域捕捞产量的长期趋势存在差异性，除渤海外，其他三个海域捕捞产量的长期趋势与全国基本吻合。周井娟和林坚（2008）[92]分析了1949～2005年中国海洋捕捞产量的波动特征及产生的原因，认为海洋捕捞产量在不同时期内呈现出差异化的波动特征，在1949～1999年呈现出上升的变化特征，而在2000～2005年则呈现出稳中略降的基本态势。从全国角度分析，机动渔船投入与休渔期制度实施对海洋捕捞量影响呈正向显著，而“双控”制度与“零增长”制度、专业人员数量与水产品平均价格的影响不显著。许罕多（2013）[93]认为自1980年后，资源衰退成为中国海洋捕捞业实现持续发展的瓶颈。造成资源衰退的原因具有阶段性差异，主要表现在20世纪80年代中期前主要是由捕捞从业人员增加造成的；而80年代中期后则是由渔船功率的提高引起的。在资源衰退压力下，海洋捕捞业保持高产量得益于捕捞技术进步、作业海域扩大与品种增多。梁烁等（2014）[94]运用随机前沿分析法，测算了中国近海海洋捕捞的技术进步率与技术效率，认为中国近海渔业资源衰退加速且各地区捕捞技术效率存在较大差异。目前近海捕捞量呈现略有提升的态势，主要得益于捕捞努力量的提高，这将不利于海洋捕捞业的持续发展。包特力根白乙和冯迪（2008）[95]通过最小二乘法构建了海洋捕捞业生产函数，并进行了实证分析，认为中国渔业捕捞生产处于规模报酬递减阶段。

在远洋捕捞方面，秦宏等（2015）[96]认为远洋渔业具有资源依赖性、高度产业关联性、进入壁垒较高与高风险的产业特性，同时，也是国际竞合性的涉外产业，在维护国家海洋权益方面具有重要地位。李涵(2015)[97]认为远洋渔业的特征主要体现在高投入性、高风险性、高科技依赖性等方面，经济体渔船建造能力、渔船装备水平、企业经营体制、国家扶持政策和入渔政策等成为其发展的主要制约因素。姚丽娜和刘洋(2014)[98]采用迈克尔·波特的产业竞争力模型，比较分析了中国沿海区域远洋渔业经济竞争力，认为各地区的远洋渔业竞争力具有明显的差异性，长三角经济区成为国内远洋渔业最具有竞争力的地区。徐淑彦和李宝民（2006）[99]基于对影响远洋渔业竞争力的因素分析，认为造成中国远洋渔业竞争力降低的原因在于传统产业优势（投入的低成本）的逐步丧失。卢昆和郝平（2016）[100]采用SFA分析了中国远洋渔业的生产效率，发现2006年后中国远洋渔业生产技术效率总体呈下降趋势，并且判定目前中国远洋渔业处于规模报酬递减阶段，技术水平是制约中国远洋渔业产业提高的主要影响因子。韦有周等（2014）[101]认为远洋渔业的全球布局与中国"海上丝绸之路"的战略方向相吻合，但其所存在的整体规划缺失、人员素质不高、技术装备落后、管理制度与协调机制不完善等问题阻碍了其发展。

2. 海水养殖

在海水养殖要素投入与发展方面，李权昆和张岳恒（2012）[102]分析并总结了广东省海水养殖业在空间范围内的布局或扩散特征，并把技术进步列为直接影响海水养殖业空间扩散范围和程度的关键因素。卢昆等(2016)[103]认为海水养殖业承担主导经济体蓝色粮食产出数量增长的重要功能，但各个海域海水养殖资源开发的规模和产出总量存在明显差异。陈雨生等（2012）[104]认为海水养殖业是传统的劳动密集型产业，其经济、社会功能将随着产业规模的扩大日益显著，劳动力成本优势也将成为提高中国海水养殖产品竞争力的重要因素。孙兆明和李树超（2012）[105]认为中国海水养殖生产模式仍以小农经营为主，科技含量与技术装备水平偏低。董双林（2011）[106]认为中国水产养殖业呈现出养殖种类多样化、营养层次高级化与产业发展集约化的总体发展趋势，但是水资源短缺、排污问题与产业发展对能源、鱼粉的高需求以及 CO_2 减排压力严重影响水产养殖近中期目标的实现。徐皓等（2012）[107]认为目前我国海水养殖主要以近岸海域、滩涂养殖为主，离岸养殖尚处于起步阶段。

在海水养殖的外部性方面，主要体现在海水养殖对海洋生态环境的影响。王秀娟和胡求光（2013）[108]采用主成分分析法与协调度模型分析了海水养殖业与海洋生态环境的关系，认为近年来虽然政府部门对海洋生态环境进行了修复和养护，但是仍未满足其发展对生态环境的要求，对海水养殖业持续发展的制约性将增强。杨宇峰等（2012）[109]认为中国海水养殖的快速发展带来了养殖海域污染、赤潮频发、药残与水产品质量安全等诸多问题，成为阻碍中国海水养殖业持续发展的主要因素，倡导通过制度变革与创新，基于海洋生态系统，构建科学合理的海水养殖环境管理体系，全面治理生态环境问题。崔毅等（2005）[110]通过对黄渤海海水养殖自身污染的评估，认为产业自身污染一定程度上会诱发海洋生态灾害（例如近海富营养化、赤潮），高密度的养殖行为与产业布局是造成生态灾害频发的主要诱因。李京梅和郭斌（2012）[111]基于自身构建的海水养殖生态预警评价体系，对现阶段海水养殖生态环境进行了定量评估，结果显示出生态环境影响与经济发展的协调性比较差，认为在今后发展中要合理规范海水养殖行为，加强生态环境的综合治理。

3. 海产品加工

对水产品加工的相关研究主要集中在加工技术改良、废弃物处理等自然科学研究方面，从产业发展视角的研究则比较少。路世勇（2005）[112]认为水产品加工是渔业生产活动的延伸与拓展，是渔业产业链的重要组成部分，水产品加工业的发展有利于推动渔业产业结构的优化升级。汪之和等（2005）[113]、岑剑伟等（2008）[114]认为目前中国水产品加工获得了长足发展，已经形成了十多个门类的水产加工品体系，但与发达国家相比，仍存在基础研究薄弱、综合利用率较低、附加值低、装备技术落后、区域发展不平衡等方面的不足。付万冬等（2009）[115]认为水产品加工具有显著的经济社会效益，现已成为中国渔业经济的重要组成部分，但水产品加工比例远低于世界平均水平，原因在于加工技术水平不高、机械化程度较低、精深加工层次不高、高附加值产品较少等。杨正勇等（Zhengyong Yang et al.，2016）[116]认为中国水产加工业取得显著的发展，水产品加工企业数量不断增加，加工产品质量不断提高，但也存在一些发展问题，例如产品利用率较低、区域发展不平衡、边际加工利润不高等。孙文远（2005）[117]基于比较优势理论实证分析了中国水产品的竞争优势，认为中国水产品深加工比例较低，加工产品数量仅占30%左右。

4. 海产品贸易

在海产品贸易方面，国内外学者主要集中在发展态势与影响因素等方面。赵应宗（2002）[118]认为中国海产品不论在质量、品位，还是产品价格方面，均与发达国家存在较大差距，处在国际贸易中的劣势地位，这将对海洋渔业各产业的持续发展造成较大影响。罗文花和赵应宗（2008）[119]认为在国际市场上，海产品低价销售不是技术进步的结果，而是以牺牲环境代价换来的，所以在海产品销售定价时，应该将环境成本纳入销售价格中统筹考虑。胡求光和霍学喜（2007）[120]认为海产品出口市场过于集中，出口品种单一且质量低下，深加工不足与区域发展不均衡等是中国海产品贸易结构存在的主要问题，这是造成海产品出口贸易不稳定的主要原因。孙琛（2008）[121]分析了在加入WTO后中国与东盟国家的水产品贸易关系，认为中国与东盟国家在水产品出口贸易上不具有较强的竞争关系，但是产品出口结构的相似度越来越高，今后的竞争关系将会逐渐增强。

在海产品贸易的影响因素方面，阿沃（Avault，1991）[122]认为消费结构影响海产品销售，并根据对消费者的水产品需求分析，提出了拓宽水产品销路的具体方法。基洛图等（Guillotreau et al.，2000）[123]认为汇率、贸易壁垒和市场距离是制约海产品出口的主要因素。劳里安（Laurian，2001）[124]从食品安全角度分析了海产品出口贸易问题，认为产品质量标准的提高将会影响发展中国家的海产品贸易活动。斯宾塞（Spencer，2001）[125]等认为技术性贸易壁垒一定程度上制约海产品出口贸易规模。布朗和迪恩（Brown and Diern，2002）[126]结合水产品的种类特征的差异性，制订了具有针对性的水产品销售方案与策略。金努坎和玛兰（Kinnucan and Myrland，2006）[127]主要研究了欧盟在水产品贸易中推行反倾销措施后的影响，认为对出口商的惩罚力度较大，其影响远大于国内生产者的扶持，并提高了相关出口产品价格。居占杰和刘兰芬（2009）[128]认为在海产品贸易中，进口国设置的技术性贸易壁垒对中国海洋渔业贸易产生较大影响，因此需要提高海产品质量、构建贸易壁垒的防范体系、实施海产品市场多元化战略等提高对外贸易水平。胡求光和霍学喜（2008）[129]采用引力模型，主要分析了水产品出口贸易的影响因素，认为其影响因素主要包括三个方面，即经济规模、制度安排、地理距离。董银果（2011）[130]主要研究了SPS（这里特指孔雀石绿标准）的实施给中国水产贸易活动造成的影响，结果显示SPS措施的推行不利于中国鳗鱼的出口，对鳗鱼生产带来巨大压力，建议要以降低产品内的药物残留来减轻水产贸易压力。在水产品贸易对渔业经济增长的影响研究方面，学者们普遍认为水产品贸易对渔业经济增长具有促进作用。张萌等（2016）[131]以广东省为例研究了水产品贸易对渔业经济增长的影响，认为水产品出口与渔业经济增长具有长期稳定关系，其发展有利于促进渔业经济增长，但是这种拉动作用是有限且不稳定的。赵晓颖等（2011）[132]以山东省为例，采用出口依存度、贡献度等统计方法，分析了水产品出口对渔业经济增长的影响，认为出口贸易推动渔业经济增长的实现路径主要为扩大产品需求、推动渔业技术进步、实现规模经济。邹欢和武戈（2010）[133]研究了中国水产品进出口贸易对沿海渔业经济发展的影响，认为水产品出口、进口均对渔业经济增长具有正向作用，就进出口贡献度来说，水产品出口对促进渔业经济增长的贡献要大于进口。

（三）海洋渔业管理制度

管理制度是影响海洋渔业经济发展的重要因素，建立完善的海洋渔业制度体系成为学术研究热点。高健等（2007）[134]强调了制度资源对海洋渔业经济持续发展的重要性，深入分析了海洋渔业在产业链的不同节点上的制度安排，倡导通过制度创新转变渔业增长方式，进而推动海洋渔业经济有效发展。周立波（2011）[135]分析了以政府为主导的传统渔业管理模式，肯定了其在遏制“非法捕捞”中的作用，但并没有缓解海洋渔业资源进一步衰退的威胁，倡导建立以私权利为核心的民间制度，创设渔业财产权、明确财产权属性，通过制度创新维护海洋渔业资源。高明等（2008）[136]围绕渔业管理制度展开研究，指出“由上而下”的监督管理模式是现阶段中国渔业的一项制度安排，但由于中间组织（村委或大队）的缺失，容易导致信息在传导过程中的失真。为克服其弊端，要逐步完善渔业管理制度，更加注重中间组织的建设与发展。权锡鉴等（2015）[137]认为海洋渔业组织体制与制度的差异会对渔业经济运行效率及资源使用率产生一定的影响，基于对挪威、日本、美国等发达国家渔业组织体制的分析，从组织形态视角提出了多种主体合作发展形态。同春芬等（2013）[138]分析了渔民转产转业政策对海洋渔业经济发展的影响，认为改革政策的实施加剧了“过度捕捞”与“过度养殖”的双重困境。需要通过注重渔业政策与制度创新，从根本上解决渔业资源过度利用与海域环境污染问题，推动管理制度由“投入”控制转向“产出”控制。

（四）以食物供给为主的蓝色粮仓建设

随着中国海洋渔业经济的发展，其产业地位不断提高，社会功能日益凸显，许多学者从粮食安全角度探究海洋渔业发展，从系统理论的视角提出了建立蓝色粮仓的战略举措。蓝色粮仓是相对于陆域粮仓而提出的“第二粮仓”，以提高海产品供给能力、优化海洋渔业结构、促进海洋渔业产业协同绿色发展为主要目标，以渔业科技创新与进步为支撑，以海产品生产、加工、流通、贸易、资源养护等产业为支撑的海洋产品供给系统。

近年来，众多学者围绕蓝色粮仓建设展开了深入研究。卢昆（2012，2017）[139][140]研究了蓝色粮仓概念、特性、模式选择及演化趋势，认为蓝色粮仓具有较强的生态脆弱性、库存总量不稳定和易腐烂的品质属性，未来蓝色粮仓的建设主要依赖于海水养殖业。秦宏（2015）[141]对蓝色粮仓的概念起源、建设进展及其相关内容进行了系统的、综合的评述，认为要对概念、特征、理论框架、支撑体系等方面做进一步的研究。韩立民等（2015）[142]认为蓝色粮仓是国家粮食安全的战略保障，建议将“海洋国土”纳入国家粮食安全保障体系，统筹陆海粮食生产。王爱香等（2013）[143]认为海洋牧场是蓝色粮仓建设的重要方式，是实现渔业资源有效利用的必然选择。赵嘉等（2012）[144]认为产业性与公益性是蓝色粮仓的主要特征，产业性主要体现在海洋渔业内部各产业的协同、循环发展；公益性主要表现在通过控制海域污染、伏季休渔、增殖放流等行为加强对海洋资源环境养护。秦宏等（2015）[145]采用灰色关联方法，分析了蓝色粮仓内产业间的关联性，认为产业间的协调度较低，产业结构需要进一步调整与优化。秦宏等（2012）[146]分析了蓝色粮仓的建设路径，认为可以通过拓展作业空间、提高资源利用率、延伸产业价值链、强化科技创新等措施，加快蓝色粮仓的建设进程。卢昆（2015）[147]分析了蓝色粮仓支撑产业的构成，认为海水养殖与海水灌溉农业是蓝色粮仓建设的关键性产业，主要担负海产品供给的增长带动性功能，海洋捕捞、海产品加工具有基础性保障、结构优化功能。陈琦等（2016）[148]分析了蓝色粮仓的生态经济系统，并将其分为生态、生产、技术与消费四个子系统，认为推动整体系统的协调运转关键在于协调四个子系统的耦合关系。

三、海洋渔业产业结构演进

（一）海洋渔业产业结构的基本形态

学者们采用定量和定性的研究方法从整体角度判断了中国海洋渔业产业结构的基本态势。闫芳芳等（2013）[149]分析了水产品市场消费结构与产业结构的关系，肯定了中国渔业经济总体发展重心的转移方向，指出目前传统水产品供给结构与市场消费结构的转变存在不一致性、不协调性。孟庆武（2015）[150]认为中国渔业经济发展仍处于初级阶段，以捕捞与养殖为主。近年来，虽然海洋渔业第二、第三产业得到稳步发展，但未能改变第一产业的主导地位，产业结构呈现出左旋式的演进特征，最终按照“一、三、二”的产业顺序依次推进。闫莹等（2016）[151]以河北省为例，分析了渔业产业结构变化，认为河北省渔业经济总体发展水平的提高主要得益于第一产业的发展，第一产业在渔业经济体系中的主导地位未发生改变，三次产业发展的不协调比较显著，产业结构亟待优化升级。于谨凯等（2015）[152]以山东半岛蓝区为例，采用偏离份额方法，通过深入分析海洋渔业产业结构演进的特征，指出该地区海洋渔业产业结构演进仍处于起步阶段，且存在较大的调整空间。

（二）海洋渔业产业结构的问题剖析

基于对渔业产业结构基本态势的判断，学者们深入地研究了中国渔业产业结构存在的问题及原因。在渔业产业结构存在问题方面，高健等(2001)[153]、邓云锋等（2005）[154]认为中国海洋渔业存在明显的产业结构失衡，这主要体现在两个层面：一是结构形态上趋同性与单调性比较显著；二是结构质态方面，结构层次低，粗放经营现象突出。同时分析了造成海洋渔业结构失衡的原因，认为行政机制与市场机制不协调、养殖技术进步水平失衡与渔民的思维定式是主要原因。王爱香等（2003）[155]认为中国渔业发展存在严重的结构性矛盾。在资源养护和开发结构方面，水域环境恶化、资源衰退严重；在水产品养殖结构方面，养殖品种单一，品种结构趋同，名优特品种较少；在捕捞结构方面，渔船控制效果不明显，资源养护难度大，大洋性渔业发展缓慢；在水产品加工与流通方面，加工规模较小、精深加工技术低、机械装备落后。杨正勇等（2007）[156]认为中国渔业经济结构性问题依然很突出，主要表现为渔业第二、第三产业发展缓慢，第二、第三产业不发展导致大量劳动力与人造资本被锁定在第一产业中，导致第一产业过度物质化。史磊（2009）[157]采用灰色关系分析方法，实证分析了渔业产业结构调整影响渔业经济增长的问题，认为目前中国渔业产业结构不合理、不协调的特征将不利于渔业经济的持续发展，产业结构高级化、合理化水平有待提高。李可心（2008）[158]主要探讨了现代渔业的建设问题，认为结构性问题是阻碍现代渔业建设的主要因素。杨林（2004）[159]认为现阶段中国渔业产业结构调整面临的主要障碍：产品供求结构失衡，渔业资源衰退，水域污染尚未得到有效遏制，三产配比结构不合理，制度创新滞后、政府干预不到位等。苏昕（2009）[160]认为中国渔业产业结构不协调性问题严重，主要表现在三次产业相对地位的不协调，仍以渔业第一产业为主，第二、第三产业发展缓慢，海洋渔业还没摆脱依靠生产规模扩张和自然资源消耗为主的粗放经营模式。李大良等(2009)[161]认为中国渔业三大产业自身存在较多问题，主要表现在：在渔业第一产业中，产品结构较不合理，品种单一，名优特鲜活水产品较少；生产组织化程度较低，产品质量不容乐观。渔业第二产业中精深加工水平低下、行业组织程度较低和行业标准体系不健全。杨林等（2010）[162]从生态视角探究了海洋渔业产业结构优化升级的目标即实现路径，结果显示中国海洋渔业产业结构趋同化、低度化、不合理化仍比较严重，结构优化升级不明显。

在渔业产业结构影响因素方面，李大良等（2009）[163]认为渔业技术（苗种改良、病害防治、渔用饵料、冷藏设备等）创新能力不足成为制约海洋渔业结构优化升级的主要因素。于涛（2016）[164]从渔船管理制度视角分析了辽宁省渔业产业结构升级的“制度瓶颈”问题，认为现阶段辽宁省已经形成了渔船管理制度影响渔业结构升级的“制度瓶颈”。于涛等（2016）[165]认为中国金融发展实质上并未促进中国渔业产业结构的升级，反而抑制了渔业产业结构的升级，原因在于渔业第一产业的风险溢价相对较高与制度供给的缺乏，导致金融资源流向传统的海洋捕捞业与海水养殖业，限制了第二、第三产业的规模化发展，导致产业结构升级速度放缓。

（三）海洋渔业产业结构调整与优化

基于海洋渔业产业结构存在的问题，结合中国海洋渔业发展的实际，许多优化升级的路径与对策被提出。余匡军（2001）[166]认为在海洋渔业资源养护与合理利用前提下，通过优化海洋捕捞结构，推动海洋渔业第二、第三产业发展，调整其产业布局与产品结构，推进整体结构的优化升级。王淼和权锡鉴（2002）[167]认为海洋渔业结构调整要坚持市场导向、经济效益、资源优势、科技先导、持续发展、产业经营、协调发展、区域优势等原则。杨林（2004）[159]认为中国已经具备了调整渔业产业结构的基础条件，通过制度创新的方式调整渔业产业结构，主要表现在培育与完善渔业市场体系，强调政府适度干预、加强资源环境养护、重视水产品质量、调整渔业三产内部产业的发展方向与策略等。林学志（2007）[168]认为要基于工业理念与现代企业管理理念，通过经营管理制度与产业组织模式创新，融合渔业一、二、三产业，加快向集约式增长转变，并建议采用工业化发展理念指导渔业发展。王淼和秦曼（2008）[169]认为海洋渔业科技的先进性是推动海洋渔业产业结构优化升级的关键因素，在结构调整中，要更加注重渔业科技创新。孟庆武（2015）[170]认为渔业产业结构调整不是一蹴而就的，而是一项长期的系统工程，需要从多方面逐步推进，并结合分析结果，从资源环境养护、制度创新、科技研发与企业培育等角度提出了相应的推进策略。

经过对渔业产业结构研究梳理后发现，学者们普遍认为中国渔业经济仍处于初级发展阶段，渔业第一产业仍占主导地位，第二、第三产业发展较慢，三次产业发展不协调。同时，产业结构的不合理化、低度化特征比较显著，其所存在的结构趋同、组织化程度低、经营粗放、技术效率低、产业化水平不高等问题，是制约渔业经济持续、高效发展的主要障碍。

四、产业结构演进与海洋渔业经济发展关系

对现有研究梳理后发现，渔业经济研究主要集中在增长方式、产业发展现状、产业结构等方面，鲜有对产业结构演进与海洋渔业经济发展的影响关系研究，少数学者虽然有所涉足，但缺乏对产业结构演进与海洋渔业经济发展关系的系统性分析。史磊（2009）[157]分析了渔业产业结构变动对渔业经济增长的影响，认为渔业产业结构的变动引起了各产业影响渔业经济增长的变化。1999 年前养殖业与捕捞业对促进渔业经济增长的贡献要远大于渔业第二、第三产业，但随着渔业经济的进一步发展，渔业第二、第三产业对渔业经济增长的促进作用增大，逐步缩小了与第一产业的贡献程度。蒋逸民等（2013）[171]从生产率视角，采用 DEA - Malmquist 指数，测算并比较分析了浙江省捕捞业与养殖业的全要素生产率，最终得出结论认为，单纯改变养殖捕捞结构很难较大程度地提高海洋渔业的产出水平。

五、文献述评

笔者经过对产业结构演进与海洋渔业经济发展的国内外研究进行梳理后发现，在产业结构演进方面，学术界已经形成了比较系统的理论体系，从英国的威廉·配第关于产业结构最早论述，到后期克拉克、库兹涅茨、

霍夫曼与赤松从不同专业视角对产业结构的研究，推动了产业结构理论的发展，形成了一套比较系统、完整的产业结构理论体系与研究方法，为后续研究的开展提供了较强的理论指导与方法支撑。国内产业结构的研究要晚于国外，学者们基于西方产业结构理论对中国经济发展中的产业结构演进问题进行了研究，推动了中国产业结构理论的发展。同时基于理论研究成果，通过采用计量分析方法，深入探究了产业结构演进与经济增长的影响关系，得出了许多具有建设性的结论，为推动经济增长提供了参考依据。但至今对于产业结构演进对经济增长的影响没有形成统一的结论，大部分学者（例如 Kuznets，Chenery 和 Clark，罗斯托，葛新元等，汪红丽，等等）认为产业结构演进有利于促进经济增长，结构的优化与调整能够刺激经济增长，部分学者（例如汪茂泰等，李小平和卢现祥，付凌晖，等等）认为现阶段产业结构对经济增长的影响效果不显著；少数学者（例如高更和等，俞晓晶，等等）认为产业结构演进对经济增长的制约性比较显著，不利于推动经济增长。

在海洋渔业产业发展方面，学者们普遍认为中国海洋渔业经济属于资源依赖型产业，对自然资源的依赖性较强，渔业增长方式比较粗放、集约化程度不高、负外部较高。传统的渔业增长方式很大程度上加剧了渔业资源对海洋渔业经济发展的制约性，成为当下海洋渔业经济实现可持续发展所面临的瓶颈。对于渔业经济增长方式的讨论，学者们的研究结论具有差异性，主要体现在部分学者认为中国渔业经济增长仍处于规模报酬递增阶段，但部分学者持相反观点，认为中国渔业经济增长处于规模报酬递减阶段，少数学者认为渔业经济增长处于规模报酬不变阶段。出现差异性结果的原因在于选择的研究方法与视角存在差异。众多学者（例如姚丽娜，陈雨生等，闫玉科，等等）分析了中国海洋渔业产业（海水养殖、海洋捕捞、海产品贸易、水产品加工等）在发展过程中存在的问题（例如资源衰退、环境污染、产品质量低下、管理体制不完善、反倾销案多等），并结合中国海洋渔业经济发展实际情况，从生态、经济、社会等层面提出了相关的解决策略。在海洋渔业的空间布局方面，许多学者（例如于千钧等、于谨凯等、李权昆等、储英奂，等等）认为近岸海水养殖空间不足且易遭受挤占，普遍存在海域利用冲突等问题。海洋渔业要实现持续、高效发展，就要拓展养殖海域，合理优化产业布局，逐渐由从滩涂向陆基、浅海深水拓展。同时，部分学者（例如韩立民、李大海、秦宏、卢昆、陈琦等）从粮食安全保障功能的战略视角，系统地分析了中国“蓝色粮仓”建设的必要性、原则、路径、模式等。

在渔业产业结构方面，渔业经济产业结构仍处于“一、二、三”型的初级发展形态，即在渔业经济中以养殖与捕捞为主的第一产业占主导地位，渔业第二、第三产业发展缓慢，三次产业发展不协调。产业结构呈现出不合理化、低度化的特征。学者们认为渔业技术创新不足、管制制度不完善、金融发展规模较小等因素成为制约海洋渔业产业结构升级的主要因素。根据研究结果，学者们分别从不同的视角提出了促进渔业产业结构调整与优化升级的实现路径。但是，对于渔业产业结构的研究大部分学者仅限于定性分析或者采用概念模型进行少量的定量研究，缺乏系统客观的深入研究。鲜有学者围绕产业结构演进与海洋渔业经济发展关系展开系统研究，仅仅是将其作为论文中一节进行描述，大部分学者采用份额－偏离法、灰色关联方法、层次分析法等，研究渔业经济发展的结构效应，缺少产业结构演进与海洋渔业经济发展影响关系的计量研究。在产业结构演进影响渔业经济发展的研究中，大部分学者忽略了区域产业结构演进对海洋渔业经济发展的影响。在区域产业结构与海洋渔业内部产业结构演进与海洋渔业经济增长的影响机理方面的研究较少。

基于现有研究在产业结构演进与中国海洋渔业经济增长研究的不足，本研究基于中国海洋渔业产业结构演进的现状、特征，结合产业结构理论、经济增长理论、资源配置理论与可持续发展理论等，深入探究两者之间的作用关系与影响机理，通过理论分析初步构建起科学合理的产业结构演进与海洋渔业经济发展关系的理论体系与研究框架。基于理论体系与研究框架，采用相关计量分析方法，探究产业结构演进与中国海洋渔业经济发展的相互影响关系与作用规律，为后续海洋渔业经济发展新构想的提出提供理论支撑与实证依据。

第三节　研究内容、方法与技术路线

一、研究框架及内容

本书在梳理产业结构演进一般规律、特征与海洋渔业经济发展研究的基本问题等相关文献基础上，合理界定了海洋渔业、产业结构等相关概念的内涵、外延、特征等，并基于产业结构演进理论、新经济增长理论、创新理论与资源配置理论，深入分析产业结构演进与海洋渔业经济发展的理论关系、作用路径与影响机理，初步构建起海洋渔业经济与产业结构演进关系的理论研究框架。在此基础上，结合中国海洋渔业经济发展的现实状况，通过指标构建，从时间与空间维度进一步分析两者变化特征，并采用不同的计量模型或方法，建立产业结构演进与海洋渔业经济增长关系的数量模型，通过实证分析探寻两者之间的作用规律。最后结合研究结果，提出了海洋渔业经济发展的构想与对策建议。

第一章，绪论。首先，主要介绍本书的研究背景和依据，明确本书研究的主要目的与意义，梳理产业结构演进与海洋渔业经济发展的国内外研究现状，厘清相关文献研究脉络，为后面的深入分析提供理论支撑；其次，详细地阐释了本研究的主要内容、研究方法、思路与技术路线；最后，指出本研究的创新点。

第二章，产业结构演进与中国海洋渔业经济发展的理论分析。此部分为本书的核心内容，主要包括三部分：一是结合国内外研究现状，明晰产业结构、海洋渔业、海洋渔业产业结构等相关概念的内涵、外延、特征等基本理论问题；二是理论基础，详细介绍了产业结构理论、新经济增长理论、创新理论、资源配置理论、可持续发展理论等，为后续研究提供坚定的基础理论；三是深入剖析产业结构演进与海洋渔业经济发展的相互影响机理，构建起产业结构演进与海洋渔业经济发展关系的理论体系与研究框架，为后续的实证分析提供理论支撑。

第三章，产业结构演进与海洋渔业经济发展的时空差异分析。主要包括三方面内容：一是海洋渔业经济发展的总体态势，主要从产业贡献度、产业结构形态、养殖品种结构、养殖规模与资源环境等方面展开分析；二是海洋渔业经济发展的时空差异分析，主要从经济增长、经济波动、经济质量三个方面，深入剖析中国海洋渔业经济在时间与空间上的变化特征；三是海洋渔业产业结构演进的时空差异分析，深入剖析了海洋渔业产业结构高级化、合理化、软化与生产结构的时空演进差异特征，为本书的主要内容。

第四章，海洋渔业产业结构演进对海洋渔业经济发展的影响，是本书的主要章节。主要从产业结构高级化、合理化、软化与生产结构演进视角，利用科学有效的计量模型与实证检验方法，探究海洋渔业产业结构演进对海洋渔业经济增长、波动、质量的影响及作用规律。

第五章，区域产业结构演进对海洋渔业经济发展的影响。主要从海洋渔业经济所面临的外部环境展开研究，主要包括三方面的内容：区域产业结构演进对海洋渔业经济增长的影响；区域产业结构演进对海洋渔业经济波动的影响；区域渔业产业结构演进对海洋渔业经济质量的影响；主要从区域产业结构高级化、合理化演进视角，采用计量模型分析区域产业结构演进对海洋渔业经济增长、波动、质量的影响，为本书的主要章节。

第六章，海洋渔业经济发展对海洋渔业产业结构演进的影响。采用面板协整检验判断海洋渔业经济发展与其产业结构演进的是否存在长期均衡关系，并基于此结果，主要采用 PVAR、脉冲响应函数、方差分解等方法研究海洋渔业经济发展变化对海洋渔业产业结构演进的影响，明确海洋渔业经济发展对海洋渔业产业结构演进的作用方式或规律。

第七章，产业结构演进视角下中国海洋渔业经济发展的构想。此部分是本研究核心内容之一。基于第二、三、四、五、六章的研究结果，结合烟台、潍坊、荣成、北海、盐城等地区的实践调研，在新经济形势下探究中国海洋渔业经济发展的理念、思路、原则与模式，推动中国海洋渔业向高端、绿色、可持续方向发展。

第八章，促进中国海洋渔业经济发展的对策建议。结合前面实证研究结果与海洋渔业经济发展的新构想，基于实践调研情况，主要从宏观、中观、微观三个层面提出了中国海洋渔业经济高质量发展的对策建议。

二、研究方法

本书采用规范分析与实证分析等方法，并以实证分析为主要方法，同时采用典型调查、实地调研等手段，在具体问题分析时运用现代统计方法进行经济解析，实现了定性与定量分析相结合。

（1）规范分析与实证分析。围绕产业结构演进与海洋渔业经济发展两大主线，结合海洋渔业经济发展特性，采用规范分析方法，从产业内部与外部分别分析了产业结构演进与海洋渔业经济发展的互动关系，厘清了产业结构演进与海洋渔业经济发展的作用机理，构建起产业结构演进与海洋渔业经济发展的理论研究框架。基于理论研究结果，在第四、五章中采用面板门槛模型、面板动态模型、广义矩估计等计量方法，实证研究了海洋渔业产业结构高级化、合理化、软化与生产结构演进对海洋渔业经济增长、波动、发展质量的影响及作用规律，分析了区域产业结构高级化、合理化演进对海洋渔业经济增长、波动与发展质量的影响。第六章主要采用面板协整、脉冲响应函数、方差分解等计量方法，分析了海洋渔业经济发展对海洋渔业产业结构演进的影响及作用规律。主要使用的统计软件为STATA15.0 与 EVIEWS9.0。

（2）文献梳理法与实地调研法。主要通过网络数据库收集，梳理并阅读了与本书相关的国内外已有文献，厘清国内外研究进展与概况，准确把握研究脉络与趋势，明确现有研究不足与缺陷，为本书选题、研究设计与内容创新提供参考依据，此方法贯穿全书。为克服本研究的片面性与纯理论性，根据课题研究需要，积极开展了有关海洋渔业经济发展的调研活动，通过访谈形式了解中国海洋渔业典型区域的发展概况、模式、存在的问题等，为本书后续内容设计提供了现实参考依据。

(3) 定性分析与定量分析。运用归纳、演绎、分析、综合及抽象概括等定性方法，科学界定了海洋渔业、海洋渔业产业结构、海洋渔业产业结构演进等概念的内涵与外延，分析了海洋渔业经济与产业结构演进的特征、规律、影响因素等，并基于产业结构演进理论、新经济增长理论、资源配置理论、创新理论与可持续发展理论，详细分析了产业结构演进与海洋渔业经济发展的作用关系。基于此，通过构建产业结构演进与海洋渔业经济发展的衡量指标，运用客观数据实证分析了中国海洋渔业经济发展与产业结构演进的时空差异特征。最后，基于新时期海洋渔业发展面临的新问题与前面研究结论，提出了海洋渔业经济发展的新构想，为海洋渔业实现生态可持续发展提供参考依据。

三、研究思路与技术路线

本书从基础理论框架的构建出发，结合海洋渔业经济发展的具体数据开展实证分析，在此基础上提出发展建议。具体思路为：首先，通过文献梳理整体把握海洋渔业经济发展的研究程度，结合一般产业结构演进与经济发展的关系的研究范式，深入分析研究产业结构演进与海洋渔业经济发展的理论关系，明确两者之间的影响机理，构建起研究产业结构演进与海洋渔业经济发展的影响关系的理论研究框架。其次，结合理论研究进行实证分析，根据海洋渔业经济发展特性设计可行的度量指标，利用计量模型多角度、多层次的研究产业结构演进与海洋渔业经济发展之间的关系，寻找两者之间的作用规律。再次，在新经济发展背景下，结合理论与实证研究结果以及实践调研经验，提出中国海洋渔业经济发展的构想。最后，统筹全书并结合中国海洋渔业经济发展现状，提出具有针对性的对策建议，为中国渔业供给侧结构性改革提供参考，从而推动海洋渔业经济的高质量发展（见图1-1）。

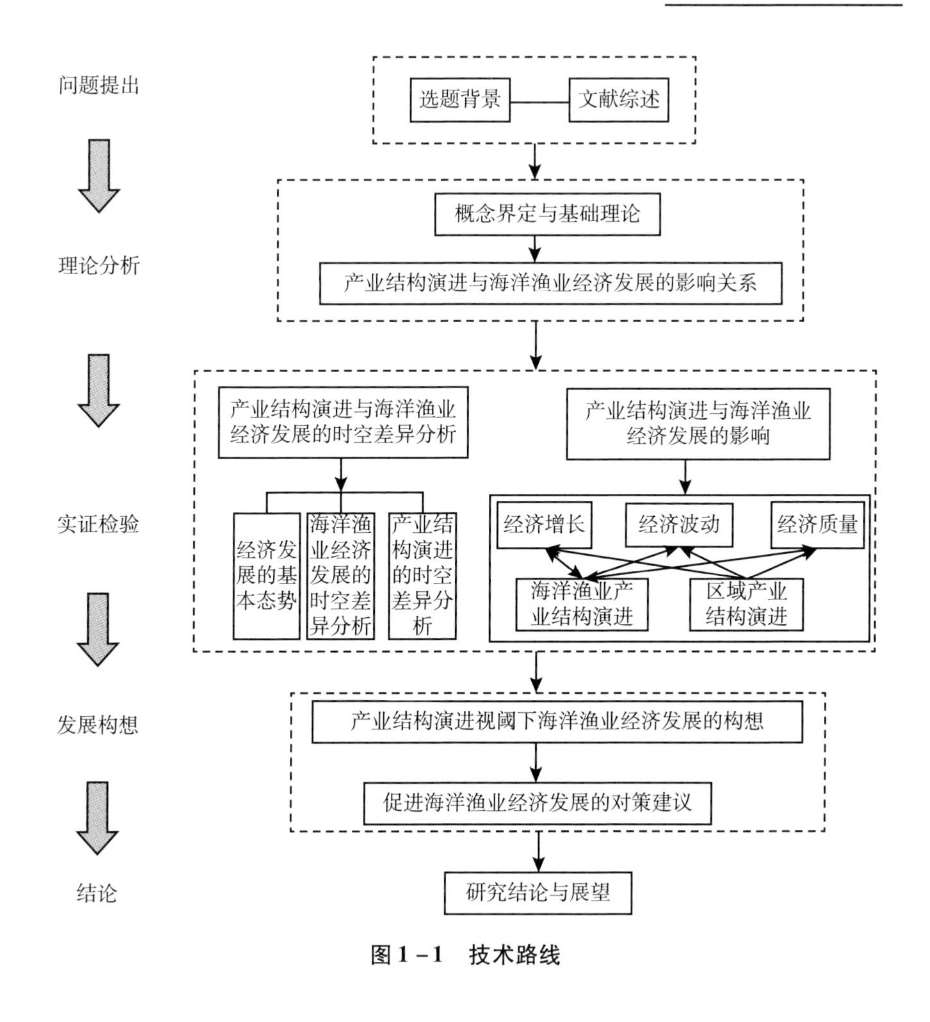

图1-1 技术路线

第四节 研究的创新点

（1）基于国内外学者在产业结构演进规律、产业结构演进与经济发展关系等方面的研究，结合海洋渔业经济发展特性，从海洋渔业内部与区域产业结构视角就产业结构演进与海洋渔业经济发展关系展开研究，厘清了产业结构演进与海洋渔业经济发展的理论关系，明确了产业结构演进与海洋渔业经济发展的影响机理或作用路径，构建起研究产业结构演进与海洋渔业经济发展关系的理论框架。

（2）综合运用多种定量分析方法实证研究了产业结构演进与海洋渔业经济发展的关系。一方面基于面板门槛模型、动态面板模型等方法，从海洋渔业内部视角实证检验了海洋渔业产业结构高级化、合理化、软化、生产结构的演进与海洋渔业经济增长、海洋渔业经济波动、海洋渔业经济质量的影响关系及作用路径；另一方面利用面板协整检验、脉冲响应与方差分解等方法，从区域经济发展视角分析了区域产业结构高级化、合理化的演进对海洋渔业经济增长、海洋渔业经济波动、海洋渔业经济质量的影响及作用路径。

（3）结合理论研究与实证分析的结果，围绕加快产业结构优化升级并促进海洋渔业经济的持续发展，提出了科技创新驱动发展、产业协同发展、产业生态循环发展、贸易拉动发展、产业生态系统构建等五种海洋渔业经济发展模式。同时，为推动海洋渔业经济发展模式的有效运转，打造现代化海洋渔业经济体系，从宏观、中观、微观三个层面提出了创新体制机制，强化政府管理，调整产业发展思路，推进高端化发展，加强渔企资源要素投入，提高配置效率等对策建议。

第二章 产业结构演进与中国海洋渔业经济发展的理论分析

第一节 基本概念

一、海洋渔业

（一）概念解析

海洋渔业隶属于大农业范畴，是渔业空间拓展与延伸后的产业。对海洋渔业的研究由来已久，相关学者在海洋渔业的内涵与外延方面进行了详细的分析与界定。《辞海》《国情教育大辞典》《海洋大辞典》《现代农村经济辞典》《国土资源实用词典》等对海洋渔业的概念进行阐释，具体内容如表2-1所示。对此，国内学界对海洋渔业概念进行了深入解析，从狭义角度来说，海洋渔业是以海产品生产为核心的养殖、捕捞与加工产业的总称；从广义角度分析，海洋渔业是围绕海产品生产的所有产业活动，主要包括海产品生产部门，例如海水养殖、海洋捕捞与海产品加工；海产品辅助性的服务部门，例如渔具制造、海水育苗、渔用饲料与鱼药、海产品仓储物流、休闲渔业等。随着生态发展理念的提出，海洋渔业资源环境养护成为促进海洋渔业经济可持续发展的重要产业，部分学者将海洋渔业资源养护纳入海洋渔业产业的范畴。由此可以看出海洋渔业的概念随着经济发展需求的变化，其内涵不断延伸，由食物满足延伸到“生活、生产、生态”的三生发展，这推动了海洋渔业由单一的海产品生产部门发展为以海产品生产为核心的产业综合体。海洋渔业内涵的延伸推动了其外延拓展，逐步丰富了其产业形态。

表2-1　　海洋渔业概念的相关表述及来源

来源	海洋渔业概念
《辞海》	海洋渔业是在近海或远洋，以渔轮和现代捕捞工具为手段，适时进行捕捞作业以取得水产品的渔业生产[172]
《国情教育大辞典》	海洋渔业是指开发、利用海洋水产资源的生产事业[173]
《海洋大辞典》	海洋渔业是利用各种渔具、渔船及设备进行海上捕捞和利用滩涂、浅海、港湾养殖鱼、虾、贝、藻的生产事业，狭义上是海洋捕捞与海水养殖的统称，广义上还包括海产品加工等[174]
《现代农村经济辞典》	海洋渔业是相对于淡水渔业而提出的，是开发利用海洋水产的主要产业[175]
《国土资源实用词典》	海洋渔业是包括海洋捕捞、海水养殖、海产品加工与海洋渔业服务业等活动[176]

国际上对海洋渔业的相关概念界定与中国存在差异，“Fisheries”在国内表示渔业的总称，而国际上仅仅表示捕捞业，不包含海水养殖、海产品加工等产业，海水养殖业与海产品加工分别用“Aquaculture”“Aquatic processing”。在本书中，海洋渔业是基于国内广义海洋渔业的概念标准所形成的一个产业体系，基于对已有文献梳理，本书定义海洋渔业的概念为：以海产品供给为核心、以海域空间资源为基础、以渔业技术为支撑，通过资源养护实现其可持续发展的所有涉渔产业活动的集合。海洋渔业的产业形态主要包括海水养殖、海洋捕捞、海水育苗、海产品加工、渔用机具制造、渔用饲料与药物、水产流通、水产运输、休闲渔业、资源养护、科教教育、信息金融等。

《中国农业百科全书·水产业卷（下）》[177]认为，渔业经济是渔业生产、交换、分配、消费诸领域的经济关系和经济活动的总称。据于此，本书认为海洋渔业经济是围绕海产品供给而形成的集生产、加工、流通、消费、资源环境养护等产业的所有经济社会关系与活动的总称。

（二）产业特征

海洋渔业符合一般性产业属性，也具有自身特殊性。与农业相似，产业弱质性同样是海洋渔业的本质属性，在海洋渔业发展进程中起着决定性作用。海洋渔业弱质性主要体现在自然资源依赖性、自然与市场的“双重”风险、投资回收期长、生产季节性、产品易腐性等，这也决定了海洋渔业具有高风险、高投资、长周期等产业属性。海洋渔业的产业属性决定了其与一般产业的差异。

（1）资源高依赖性。海洋渔业以海洋动植物资源作产品输出对象，以海域空间资源为作业领域，对海洋生物、海域空间等自然资源的依赖性较强。在海洋渔业发展的初期阶段，海洋捕捞对海洋动植物资源的存量与海域空间范围具有较强的依赖性，海洋生物存量与作业范围决定了其捕获量。随着海洋渔业技术水平的提高，人工育苗技术与水产养殖技术推动了海洋渔业生产方式的转变，海水养殖业已成为海产品供给的核心部门，海域空间资源成为海水养殖业的基础要素。此时，海洋渔业对海洋生物资源存量的依赖性减弱，对海域空间资源的依赖性显著提高，海域空间资源的多寡与优劣影响了海水养殖的发展规模与海产品质量。由此可以看出，不论海洋渔业发展处在何阶段，海洋自然资源对海洋渔业经济的发展都发挥着基础性的作用。

（2）功能高综合性。海洋渔业具有经济、社会、文化、生态等多重产业功能。经济功能主要体现在通过产业活动增加经济收入，海洋渔业经营者提供海产品，通过市场经济运行机制，将海产品转换成价值，增加海洋渔业的经济产出。社会功能主要体现在保障国家食品安全、优化居民膳食结构、提高渔民生活水平等。居民消费偏好的改变推动消费结构的升级，即由追求物质满足向精神需求转变，休闲经济逐渐兴起[178]，一批涉渔文化资源与活动（例如渔村文化、赶海、垂钓等）不断挖掘与开发，休闲渔业得以快速发展，成为海洋渔业发挥文化功能重要产业载体。保护渔业文化遗产与资源、开发与传播渔业文化资源是海洋渔业的文化功能重要体现。海洋渔业的生态功能不仅体现海洋生物自身的功能属性，例如维护海洋生物多样性、碳汇功能、维持水域生态平衡、保护海洋生态环境，而且还可以通过海洋牧场建设、人工鱼礁投放、增殖放流、伏季休渔等人工手段，养护海洋生物资源，改善海域生态环境。

（3）产业高关联性。海洋渔业以海洋捕捞与海水养殖为主要产业，通过技术关联实现了其前向与后向产业的有效衔接，拓展了海洋渔业产业链与价值链。因此，海洋渔业是集资源环境养护、海水育苗、海水养殖、海洋捕捞、海产品加工、物流仓储、贸易等多重产业为一体，产业技术关联性较强。海产品的主要生产部门为海水养殖业、捕捞业、加工业，海洋资源养护、海水育苗、渔用药物与饲料、渔具制造等是海产品生产的要素供给部门，海产品流通、仓储运输与休闲渔业是基于海产品价值提升而形成的服务型产业。由此可以看出，海洋渔业内各产业相互依赖，相互影响。海洋捕捞、海水养殖与海产品加工的发展规模影响着其他产业的发展程度，海洋资源环境养护、海水育苗、渔具制造、海产品流通等产业发展又制约海产品供给能力的提升。

（4）发展高风险性。海洋渔业的弱质性决定了其发展的高风险性。自然风险、生态风险、经济风险是海洋渔业发展所面临的主要风险。由于海洋捕捞与海水养殖的作业区域远离大陆，产业活动易受到自然灾害（例如台风、风暴潮、海流）的影响，自然风险对海洋渔业带来巨大经济损失。从经济角度分析，海洋渔业属于高投入产业，尤其是在渔用机具（渔船、渔网、深水网箱等）方面投入较大，同时海洋生物资源的生产周期性决定了海洋渔业具有较长的投资周期性，较高的自然风险和资本投资，导致海洋渔业投资回报率较低。另外，海洋渔业发展的滞后性比较严重，很难根据市场需求信息的变更做出较快的产业调整，一定程度上提高了经济风险程度。随着中国沿海经济带建设与发展，海域污染程度加剧，导致海洋生态灾害的频繁发生，赤潮、绿潮等生态灾害与海上溢油、核污染等水质污染对海洋渔业发展造成巨大影响，日益增加的生态风险严重影响了海洋渔业的绿色、持续发展。

（5）科技高需求性。与陆地农业相比，海洋渔业对科学技术的需求与要求更高，海洋渔业的高风险性决定了海洋渔业需要高技术作为支撑，渔业技术水平的高低直接决定着海洋渔业经济发展程度与速度。海洋渔业发展对技术的需求体现在其产业链的各个节点上，例如海洋渔业资源环境监测与养护技术，自然风险防范技术，海产品育苗技术，病虫害防治，海水养殖技术（例如深水网箱养殖、海洋牧场），养殖模式和装备特别是远洋渔业资源的认知开发和掌控与深远海养殖技术设施，海产品精深加工技术，高营养渔用饲料及药物研发技术，冷链物流技术，海产品保鲜技术等。近年来，基于中国近海渔业开发饱和与离岸开发不足现状，海洋渔业发展重点逐步转向深远海，作业海域的深远化提高了海洋渔业对技术水平的需求。面对日益严峻的资源环境约束，生态经济成为海洋渔业发展的主要方向与任务，生态养殖技术成为支撑海洋渔业生态发展的战略需求，通过科技创新，积极研究并推广渔业生态养殖模式，例如工厂化循环水养殖模式、近海多营养层次综合养殖模式、海洋牧场等。

二、海洋渔业产业结构

（一）概念解析

产业结构是产业经济学主要的研究领域，是当下经济学研究的重点。在理解产业结构概念前，首先要厘清产业的概念。产业是指具有同类属性或开展相似经济活动的企业集合，是经济分工与协作的结果。它是宏观经济的重要组成部分，是介于微观经济与宏观经济的中间环节，在剖析经济发展的一般规律中扮演重要角色。为了正确认识产业的本质，需要多角度探索产业发展的一般规律。

产业结构是指在经济系统中各个物质生产部门之间、各个物质生产部门内部各个组成部分之间或各产业之间的内在经济技术联系和比例关系[179]。产业结构形态是基于产业分类标准而形成的，不同分类标准下的产业结构形态具有差异性。两大部类分类法、三次产业分类法是产业分类的主要方法，两大部类法主要是根据不同产品在社会再生产过程中的不同作用，将其分为生产资料与消费资料；三次产业分类是指经济体系中第一、第二、第三产业之间的比例构成及其相互关系。要研究产业结构，首先要厘清经济结构与产业结构的联系与区别。经济结构是国民经济的构成要素及这些要素的构成方式，广义上经济结构包括生产力结构与生产关系结构，狭义上单指生产力或生产关系结构。从生产力与生产关系角度，可以将经济结构分为所有制结构、生产结构、流通结构、分配结构与消费结构，其中各个结构内部又分为多个组成部分，例如生产结构又分为产业结构、就业结构、技术结构、组织结构等。

综上分析可知，经济结构与产业结构存在从属关系，经济结构的范围大于产业结构，经济结构包含产业结构，产业结构是经济结构的重要构成，两者相互关联、相互促进。

海洋渔业产业结构是产业结构在海洋渔业经济系统中的延伸与拓展，是海洋渔业生产要素（例如渔业资本、渔业劳动力、渔业科技等）在各产业内流通所塑造的产业形态，是海洋渔业产业在海洋渔业经济系统中的内在联系与组合情况。根据海洋渔业各产业的属性，按照产业三次分类方法将海洋渔业分为第一、第二、第三产业，具体产业形态与类型如表2－2所示。

表2－2　按三次产业标准划分的海洋渔业具体产业形态

三次产业	具体产业形态
第一产业	海洋捕捞、海水养殖、水产苗种
第二产业	海产品加工、渔用机具制造、渔用饲料、渔用药物、建筑及其他
第三产业	水产流通、水产（仓储）运输、休闲渔业、科技教育、信息、金融等

（二）产业结构的特征

（1）客观性。产业结构是经济系统中各产业的组合状态，是不同产业发展到一定程度后所呈现出的结构形态，是客观存在的，人类可以通过改变结构形态所产生的因素，调整与优化产业结构，但无法在短时间内直接改变产业结构形态。海洋渔业产业结构描述了海洋渔业各产业之间的比例关系，具有产业结构的一般属性，客观存在是海洋渔业产业结构的基本特征。

（2）整体性。海洋渔业产业结构是对海洋渔业产业体系内部各产业之间的经济技术联系与比例关系的客观反映，是对海洋渔业经济发展的整体衡量。在进行海洋渔业结构分析时，要基于海洋渔业整体视角，分析海洋

渔业经济中第一产业、第二产业、第三产业的经济技术与比例关系，并具体分析第一、第二、第三产业内部各部门的组合形态，通过产业内部结构分析，逐步深入探究海洋渔业产业结构演进规律。

(3) 层次性。海洋渔业发展受经济发展程度、技术水平、劳动力与自然资源等因素的影响，使得海洋渔业产业结构层次呈现出高低不一的特征。如果在海洋渔业经济发展程度较低、技术水平不高、劳动力资源与自然资源丰富的地区，产业结构层次水平较低，反之则产业结构层次较高。随着海洋渔业经济发展能力的增强与技术水平的提高，产业结构将会逐渐由低层次向高层次演进。

(4) 动态性。海洋渔业产业结构从数量上描述了不同产业在产业内部的比例关系，这与各产业的发展程度有着密切联系。随着海洋渔业各产业技术水平的提高与生产要素的内部积累，海洋渔业各产业会实现不同程度的发展，此消彼长的发展影响海洋渔业产业结构形态，使得其始终处在变化过程中，这是由海洋渔业产业发展的动态性决定的。从产业结构质态分析，当海洋渔业主导产业发生更替后，其产业结构形态会因主导产业的更替发生质的变化，新的产业结构形态将取代原有产业结构形态，这样体现了产业结构的动态性。

(5) 多样性。海洋渔业产业结构形态的形成并不是按照统一路径进行的，而是受经济发展程度、政策制度、经济基础、资源禀赋等因素影响，呈现出差异化特征，从而决定了产业结构形态的多样化。在静态视角下海洋渔业产业结构多样化主要体现在某一时期内不同区域产业结构形态的差异性，在动态视角下海洋渔业产业结构多样化则是受区域海洋渔业产业差异化发展或主导产业更替及新兴产业的崛起等影响，产业结构形态所呈现出的差异性[180]。

三、海洋渔业产业结构演进

(一) 概念解析

产业结构并不是一成不变的，资源要素的流动一定程度上会引起各产业的此消彼长，时刻影响不同产业的发展变化，推动着产业结构的转换[181]，推动产业结构由不合理向合理、由低级向高级的转变，加速产业结构的演进进程。对产业结构演进的理解，应从不同视角展开分析。从微观视角分析，产业结构演进是指生产要素在经济再生产过程中流动所塑造的结构形态的变化过程；从宏观角度分析，产业结构是指同属性企业在产业发展中集聚所形成的具有支柱地位的产业形态，并伴随着经济发展趋势的变化，表现出主导产业依次替换的变化轨迹。产业结构演进实质是量变与质变的交替推动的过程，产业结构量变是指基于现有产业结构形态，产业规模、资源配置与产业素质的扩大、优化与提高，为产业结构的优化升级提供量的积累，从而提高国民经济总体发展水平。产业结构质变是指基于产业结构量的积累，促进产业结构形态的改变，实现国民经济的跨越式发展。由于产业结构演进的过程受区域资源禀赋、产业基础、宏观政策等因素的影响，导致在经济系统中产业结构形态呈现多样化。

海洋渔业产业结构演进符合一般的产业结构演进规律与特征，是海洋渔业内部三次产业所占比例与组合情况的变化过程，是对海洋渔业主导产业更替的客观反映。但是海洋渔业产业结构演进也有别于一般的产业结构演进，鉴于海洋渔业属于资源依赖型产业，三次产业之间的技术关联性要远高于一般的经济产业之间的关系，演进过程将更加复杂，演进速度比较缓慢。同时，海洋渔业产业结构演进是一个由量变到质变的动态过程。海洋渔业生产要素（渔具、渔船、渔业劳动力、渔业资本、科技等）在各海洋渔业产业内积累并转换成经济动力，促进该产业规模扩张与经济地位的提高，一定程度上优化海洋渔业产业结构。当该产业发展成为海洋渔业的主导产业后，海洋渔业的产业结构形态将会发生质的变化，促进海洋渔业产业结构升级。当新型海洋渔业产业结构稳定后，海洋渔业生产要素又在新的结构形态上进行流动，为下一轮结构的质态转变进行量的积累，依次循环，推动海洋渔业经济的持续发展。另外，海洋渔业产业结构演进能够引导海洋渔业生产要素的流动，生产要素在不同产业中流动与分配会对海洋渔业发展产生影响。

（二）产业结构演进特征

（1）海洋渔业产业结构演进是由量的积累实现质的飞跃的动态过程。产业结构演进不是一蹴而就的，而是通过长期的生产要素量的积累，为实现产业结构优化升级创造有利条件。当海洋渔业经济发展到一定程度后，其会突破原有的海洋渔业产业结构形态，实现产业结构质态转变，推动渔业经济在新阶段内发展。在新型海洋渔业产业结构形态下，各产业通过生产要素的再分配再进行量的积累，为下一次产业结构质态转变做准备，依次循环往复，塑造动态的螺旋式演进路径。因此，应该采用动态视角分析产业结构演进方式与一般规律。

（2）海洋渔业产业结构演进坚持由低级向高级演进的方向。海洋渔业产业结构是生产要素在各个产业之间的配置与流动而塑造的形态，在渔业经济发展初期，受低水平渔业技术的影响，其生产要素一般集中在较低劳动生产率的部门，例如海洋渔业第一产业。但是随着渔业技术水平的提高，具有较高劳动生产率的海洋渔业第二、第三产业得到较快发展，生产要素会从低生产率转向高生产率部门，推动大量生产要素向海洋渔业第二、第三产业集聚，改变了第二、第三产业在海洋渔业产业体系中的原有地位，推动产业结构形态的转变。海洋渔业产业结构演进始终坚持由低级向高级转变的方向，与生产要素在市场经济中的流动方向是相匹配、相一致的。

（3）海洋渔业产业结构演进实质为主导产业的依次替代的过程，也是经济政策演进的客观反映。从量态角度分析，海洋渔业产业结构就是在经济系统中各产业占经济总量的比例所呈现的基本形态，同时也是对各产业对海洋渔业经济发展贡献度的测度。在海洋渔业经济系统中，所占比例较高的产业对海洋渔业经济的贡献度相对较高，在经济发展过程中起着主导作用，被称为主导产业。不同产业结构形态是以不同主导产业为主而形成的结构态势。因此，海洋渔业产业结构演进实质也是海洋渔业主导产业依次替换的过程。同时，海洋渔业主导产业的选择与确立与经济发展阶段和政策制度有密切关联，经济政策的变化会引起海洋渔业在资源、投资、贸易等方面的变化，影响海洋渔业内各产业在经济系统的地位关系与产业结构的变化。因此，海洋渔业产业结构演进也是对一国经济政策制度演进的客观反映。

（4）海洋渔业产业结构演进以科技创新为动力。技术进步与技术积累是产业结构演进的决定因素之一，科技创新是实现技术进步与积累的关键因素，是产业结构演进的根本驱动力。海洋渔业内部产业间的经济技术联系是产业结构的质态表现，产业间的技术关系决定产业结构的形态，其变化程度（例如技术进步）将会改变生产要素的配置方式与流动速度，进而影响各产业的经济发展程度与速度，从而影响产业结构形态的变化，推动海洋渔业产业结构演进。因此要提高海洋渔业产业结构的高级化、合理化、软化程度，需要逐步增强海洋渔业科技创新能力，提高渔业科技水平与层次，利用新型、高端技术替代传统高能耗、高污染的生产技术，推动海洋渔业经济高质量发展。

第二节　基础理论

一、产业结构演进理论

对产业结构的研究最早可追溯到英国经济学家威廉·配第，历经科林·克拉克、库兹涅茨、霍夫曼、里昂惕夫等多位学者的深入研究与探索，逐渐形成了比较系统的理论体系。根据本书的研究需要，主要介绍配第-克拉克定理、霍夫曼定理、库兹涅茨部门结构变动理论、钱纳里的标准结构模式。

（一）配第-克拉克定理

配第-克拉克定理是最早形成的比较系统的产业结构演进理论，是英国经济学家克拉克基于配第的研究，经过探究劳动力在三次产业中分配结构的变动趋势后得出来的，这对后续产业结构演进理论研究奠定了基础。

英国经济学家配第是最早研究产业结构演进的学者，在16世纪他就注意到了产业结构演进趋势，并对其进行了深入分析，并在其代表著作

《政治算术》中做了详细阐释，通过比较英国农民与船员的收入情况后，发现船员的收入要远高于农民收入（大约存在3～4倍的差距）；之后又分析了荷兰与其他欧洲国家的人均收入的差异，认为欧洲其他国家的人均收入低于荷兰的主要原因为就业人员从事的产业存在差异性（当时，荷兰大部分劳动力集中在制造业与商业）。最终得出研究结论："与农业相比，工业的收入较高，而工业的收入又低于商业"[182]，说明了商业比工业，工业比农业具有更高的附加价值。配第通过分析不同产业间相对收入的差异性，厘清了产业结构演进与经济发展的基本方向，后被称为配第定理。但是威廉·配第未对产业结构演进与人均国民收入水平的内在关系进行深入研究。

依据费希尔等经济学家在产业划分的研究及观点，克拉克在1940年出版的《经济进步的条件》中，详细阐释了三次产业的分类，将直接利用自然资源的生产活动集合定义为第一产业，主要指广义农业与矿业；第二产业主要包括广义的工业和建筑业，是通过对自然资源的加工生产所进行的经济活动集合；第三产业是服务于有形物质生产而形成的无形财富，产业形态涵盖了除第一、第二产业之外的所有的社会经济活动。基于以上三次产业分类体系，克拉克根据所收集的多国经济发展的时间序列数据，围绕劳动力在三次产业的分配变动情况，合理设计客观指标，采用统计分析方法探究了劳动力的在经济发展中的变化方向。通过大量的数理统计分析，克拉克认为劳动力在三次产业流动中具有规律性，即劳动力资源的转移依赖于人均国民收入情况，国民收入的提高会促进劳动力资源依次从第一产业转向第二产业、第三产业。在未来发展中，劳动力资源在三次产业中的所占比重情况为，第一产业逐渐降低，第二、第三产业会逐步上升。克拉克认为产业的相对差异收入是造成劳动力资源在三次产业中转移的关键因素。克拉克的研究印证了配第的发现，结合配第定理，被称为"配第－克拉克定理"。

从图2－1是配第－克拉克定理的客观反映。随着人均国民收入I的提高，劳动力L在S_1中的比例逐渐下降，部分劳动力将转移将到S_2和S_3中，S_2与S_3呈现上升的状态，E_1和E_2点是S_1和S_2与S_1和S_3相交点，E_1所对应的I_1要小于E_2所对应的I_2，说明了劳动力在三次产业中的转移过程，逐步从S_1向S_2，再向S_3转移。当人均国民收入达到I_3后，劳动力开

始由 S_2 向 S_3 转移。配第－克拉克定理揭示了劳动力受产业相对收入差异的影响，呈现出从 S_1 向 S_2、S_3 转移的规律。根据上述规律，通过测算三次产业中的劳动力数量占总数量的比例，可以推断某一地区产业结构所处的阶段与演进特征，为经济发展政策的制定、产业效率的提升等提供参考。

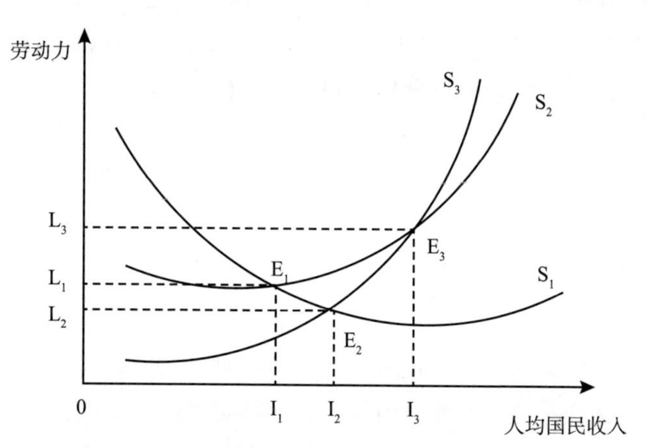

图2－1　人均国民收入与劳动力在产业中移动的关系

注：(1) I 表示人均国民收入，且满足 $I_1 < I_2 < I_3$；L 表示劳动力，且满足 $L_2 < L_1 < L_3$；S 表示产业类型，S_1 表示第一产业，S_2 表示第二产业，S_3 表示第三产业。

(2) 此图仅表示劳动力随人均国民收入提高的转移过程，不表示具体数据。

（二）霍夫曼定理

德国经济学家霍夫曼（Hoffmann）的研究主要集中在工业结构。为了更好地描述工业结构的形态与演进规律，他在出版的《工业化阶段和类型》书中，将工业产业类型划分为三种类型，分别是消费资料产业（CI）、资本资料产业（KI）与其他产业，具体产业形态如表2－3所示。

表2－3　工业产业类型划分及所包含的具体产业

产业类型	具体产业
消费资料产业	食品业、纺织业、皮革业、家具业等
资本资料产业	冶金业、运输机械业、化工业等
其他产业	橡胶业、木材业、造纸业等

据于此分类，霍夫曼观察到即使各个国家经济发展存在差异，但工业进程都具有相似性，工业结构演进的趋势为：CI 要早于 KI 的发展，虽然 KI 发展时间比较晚，但是其发展速度要高于 CI。根据对 20 个国家工业经济的研究，霍夫曼认为工业化程度的提高会加快 KI 的发展，降低 CI 在工业经济中的比重，即 CI 与 KI 的产值比重呈现下降趋势，并用工业经济中的消费品与资本品生产部门的净产值作为来衡量经济发展水平的指标，此指标被称为霍夫曼系数（R）。

结合对各国 R 的测算与分析，提出了霍夫曼定理，具体内容为在工业化进程中，R 呈下降趋势。根据此结论，将工业化进程划分为四个阶段。由表 2-4 可知，在工业化初级阶段，在制造业占主导地位的产业为 CI，KI 在此阶段是比较落后的；在工业化第二阶段，在制造业中 CI 仍占主导地位，但是发展速度要低于 KI；在工业化第三阶段，KI 的规模继续扩大，产品总量不断增加与 CI 处于平衡状态；在工业化第四阶段，KI 取代 CI 在制造业中的主导地位，基本上实现了工业化。

表 2-4　　霍夫曼工业化阶段划分标准

工业化阶段	霍夫曼系数（R）范围
工业化初级阶段	$4 < R < 6$
工业化第二阶段	$1.5 < R < 3.5$
工业化第三阶段	$0.5 < R < 1.5$
工业化第四阶段	$R < 1$

（三）库兹涅茨部门结构变动理论

在经济学界享有“GNP 之父”的美国经济学家西蒙·库兹涅茨，基于配第-克拉克的研究结论，从国民收入与劳动力视角，基于国民收入变化与劳动力分布的关系，深化分析了产业结构变动演进的动因。在理论研究过程中，库兹涅茨将产业体系划分为三个层次，即三次产业部门，分别为农业部门（A）、工业部门（I）与服务部门（S），所包含的具体产业如表 2-5 所示。研究产业结构的成果均集中在《现代经济增长：速率、结构与扩展》和《各国的经济增长：总产出和生产结构》等专著中，鉴于库兹涅茨在产业结构理论中的突出成就，1971 年获得了诺贝尔经济学奖。

表 2－5　　库兹涅茨的产业部门分类及主要产业类型

三次产业分类	库兹涅茨部门分类	主要产业
第一产业	农业部门（A）	农业、林业和渔业等
第二产业	工业部门（I）	采矿业、制造业、建筑业、水利电力、运输业和通信等
第三产业	服务部门（S）	贸易、金融、不动产、动产、商业、仆佣、专业人员及政府等

库兹涅茨通过数理统计方法，分析了二十多个国家的经济发展概况，并深入研究了国民收入、劳动力与产业结构变化的作用规律（见表 2－6）。经过数理分析得出一致性结果为，A 部门不论是在国民收入占比还是劳动力占比，总体上呈现逐步降低的趋势；而 I 部门在国民收入占比和劳动力占比存在显著差异，表现为 I 部门收入占国民收入的比重基本上呈增长趋势，但是其劳动力占比则表现出稳定或略有提高的态势；S 部门在国民收入占比与劳动力占比中均呈现出逐步增加的态势，但并非具有同步性，具体结果如表 2－6 所示。

表 2－6　　国民收入与劳动力的相对比重在部门间的变化形态[183]

<table>
<tr><th rowspan="2"></th><th colspan="2">劳动力的相对比重</th><th colspan="2">国民收入的相对比重</th><th colspan="2">比较劳动生产率*（LR）</th></tr>
<tr><th>时间序列</th><th>横截面</th><th>时间序列</th><th>横截面</th><th>时间序列</th><th>横截面</th></tr>
<tr><td rowspan="2">农业部门（A）</td><td rowspan="2">↘</td><td rowspan="2">↘</td><td rowspan="2">↘</td><td rowspan="2">↘</td><td colspan="2">LR < 1</td></tr>
<tr><td>↘</td><td>—</td></tr>
<tr><td rowspan="2">工业部门（I）</td><td rowspan="2">↗↘</td><td rowspan="2">↗</td><td rowspan="2">↗</td><td rowspan="2">↗</td><td colspan="2">LR > 1</td></tr>
<tr><td>↗</td><td>↘</td></tr>
<tr><td rowspan="2">服务部门（S）</td><td rowspan="2">↗</td><td rowspan="2">↗</td><td rowspan="2">↗↘</td><td rowspan="2">微升（稳定）</td><td colspan="2">LR > 1</td></tr>
<tr><td>↘</td><td>↘</td></tr>
</table>

注：↘表示下降，↗表示上升，－表示几乎不变，↗↘表示不确定，即很难归纳出一般趋势。

*：比较劳动生产率是指产业的国民收入的相对比重与劳动力的相对比重的比例。

在厘清国民收入与劳动力在三次产业分布趋势后，结合国民收入与劳动力的相对比重，通过构造产业的比较劳动生产率（LR）指数，库兹涅茨探讨了产业结构演进的动因，具体结果如表 2－6 所示。结论显示：

（1）在大多数国家中，A 部门的 LR 低于 1，而 I 与 S 部门的 LR 高于 1。从时间维度分析，A 部门的 LR 呈现下降态势，说明国民收入相对比重的下降程度要快于劳动力，也表明了大多数国家的 A 部门劳动力的相对比重下降趋势一直持续，是由 A 部门的低收入弹性与 I 部门的技术进步差异造成的。

（2）一般情况下，I 部门的国民收入相对比重均呈现上升态势。但是劳动力占比的变化程度受工业化水平的影响较大，各国劳动力占比存在不同，总体来看是微增或者稳定。这说明了工业部门不可能持续大量的吸收劳动力，当工业化达到一定水平后，会降低对劳动力的吸纳能力。

（3）从时序和横截面分析，S 部门的 LR 均呈现下降态势，即劳动力的相对比重的提高比国民收入的相对比重的提升要迅速，且劳动力的相对比重是上升的，说明服务部门对劳动力具有较强吸纳力，被称为劳动力的“蓄水池”。

（四）钱纳里的标准产业结构的发展型式理论

美国经济学家霍利斯·钱纳里与摩西·赛尔奎因基于多国长期的数据资料，将产业结构理论规范化与数字化，并深入分析了产业结构与经济发展阶段的关系，建立了经济发展结构模型，继而提出了著名的“发展型式”理论。通过采用简单回归方程对“发展型式”理论下的生物复合进行回归，获得存在普遍意义的“标准结构”。根据“发展型式”理论，总体结构变化的 75%～80% 发生在人均国民生产总值 100 美元到 1000 美元的发展区间，此时资本积累与资源配置过程将发生重要变化。由此可知，钱纳里的“标准结构”对阐释人均国民生产总值与结构变化之间的联系具有重要意义。鉴于以上研究结果，根据人均国民生产总值，钱纳里划分了结构转变的过程，主要划分为初级、工业化、发达等三个阶段以及六个等级，且不同时期人均国民收入的划分依据（标准值）具有差异性。具体划分结果如表2－7所示。

表2－7　　人均国民生产总值与经济发展阶段的关系　　单位：美元

经济发展阶段		人均国民生产总值（1970年）	人均国民生产总值（1980年）
初级产品生产阶段		140～280	300～600
工业化阶段	初期	280～560	600～1200
	中期	560～1120	1200～2400
	后期	1120～2100	2400～4500
发达经济阶段	初级阶段	2100～3360	4500～7200
	高级阶段	3360～5040	7200～10800

钱纳里和赛尔奎因根据人均国民生产总值与经济发展阶段的关系，进一步深入分析人均国民生产总值与产业结构变化的关系，得出了人均国民生产总值各阶段产业结构一般模式（见表2－8），认为产业结构与经济发展阶段是相对应的，否则表明一国的结构偏离了标准模式，将不利于经济的有效发展。另外，钱纳里的“发展型式”理论也存在某些缺陷，其应用结果仅能作为参考而非标准，原因在于钱纳里和赛尔奎因在“标准结构”研究中忽略了各国的要素禀赋与人口状况以及制度对产业结构的影响。

表2－8　　钱纳里与赛尔奎因的标准结构一般模式

人均国民生产总值（1980年）	三次产业占比（%）			产业结构形态
	第一产业	第二产业	第三产业	
<300	48.0	21.0	31.0	一、三、二
300	39.4	28.2	32.4	一、三、二
500	21.7	33.4	34.6	三、二、一
1000	22.8	39.2	37.8	二、三、一
2000	15.4	43.4	41.2	二、三、一
4000	9.7	45.6	44.7	二、三、一
>4000	7.0	46.0	47.0	三、二、一

二、经济增长理论

（一）新古典增长理论

新古典增长理论兴起于20世纪50年代，由新古典经济学派提出的有关经济增长的理论模型，意在解决工业革命后在经济增长中所出现的卡尔多事实①的问题。以美国经济学家罗伯特·索洛（R. M. Solow）为主要代表人物，索洛基于C－D生产函数，修正与优化了哈罗德－多马模型的生产技术假设，建立了新古典经济增长模型，又称之为索罗经济增长模型（Solow模型）。

Solow模型的构建主要基于三个假设条件：（1）在要素投入方面，假定资本与劳动存在替换关系，且资本投入占经济产出的比率是变化的；（2）在市场环境方面，假定完全竞争市场，且强调价格机制在市场调节中的关键地位；（3）在经济产出方面，假定经济规模收益恒定，且认为技术变化不影响投入产出比率。具体模型形式如下：

$$\frac{\Delta Y}{Y}=\alpha\frac{\Delta L}{L}+(1-\alpha)\frac{\Delta K}{K} \quad (2-1)$$

在式（2－1）中，$\Delta Y/Y$代表经济增长率，$\Delta L/L$和$\Delta K/K$分别是劳动增长率与资本增长率的客观衡量指标，α和（$1-\alpha$）分别反映劳动与资本的产出弹性程度。综上可知，经济增长率是劳动、资本增长率和要素投入产出弹性的乘积之和，其高低取决于劳动、资本增长率及对要素投入的产出弹性的大小。因此，要实现经济的均衡增长，可以优化资本—劳动的组合比例，调节要素投入的边际生产能力，提高资本投入产出比率。基于以上模型，索洛主要讨论了人均资本的问题，在假定全部储蓄均转化为投资与投资的边际收益率递减的基础上，认为人均资本拥有量的变化率

① 卡尔多事实主要是指在工业革命以后经济增长出现了人均产出持续增长且增长率没有下降趋势、人均物质资本持续增长但资本回报率趋于稳定、投入产出比例和劳动及物质资本在国民收入中所占比例趋于稳定、各国人均产出增长率具有较大差异。

($\hat{k}$)主要取决于两方面，一是人均储蓄率($\bar{s}$)；二是新增加人口所需资本量与依据原有配备比例所获资本量的差额(Δk)。

$$\bar{s} = \hat{k} + \Delta k \tag{2-2}$$

由此推断出，人均储蓄率主要存在两方面的用途，即资本深化和资本广化。但是，Solow 模型也存在较大缺陷，主要在于忽略了技术进步是推动经济增长重要因素的事实，未将其作为影响经济增长的重要因素纳入模型中。到 20 世纪 60 年代，索洛与米德（Meade）对该模型进行了优化，考虑技术的重要性与时效性，将技术与时间两因素纳入 Solow 模型中，建立了“索洛－米德模型”，具体形式为：

$$\frac{\Delta Y}{Y} = \alpha \frac{\Delta L}{L} + (1-\alpha)\frac{\Delta K}{K} + \frac{\Delta T}{T} \tag{2-3}$$

在式（2－3）中，$\Delta T/T$ 表示经济技术进步。此时，经济增长率的决定因素被修正成三部分，即要素（劳动力和资本）产出弹性、要素投入增长率和技术进步。索洛－米德模型对推动经济增长理论的发展具有重要意义，主要体现在打破了资本是决定经济增长的重要因素的传统观念，将技术进步引入经济增长模型中，强调了技术进步对经济增长的重要性以及在推动经济发展过程的关键作用。

（二）新经济增长理论

1986 年，保罗·罗默（P. M. Romer）刊出了《收益递增经济增长模型》一文，以此标志新经济增长理论诞生。其后的卢卡斯（Lucas）、阿吉翁（Aghion）、豪伊特（Howitt）、格罗斯曼（Grossman）、海普曼（Helpman）、博兰（Borland）等，都是该理论的主要代表人物。新经济增长理论将解释经济现象的范围扩大，拓展了新古典增长模型中劳动力的内涵与外延，将其定义为人力资本投资，包括劳动力的数量和质量以及一国的平均技术水平。在新古典经济增长理论的基础上，新经济增长理论提出了边际收益递增规律、人力资本内生化等重要观点，并修订了新古典增长理论的技术外生化的假定，强调技术的内生性。

作为新经济增长理论的主要代表人物，罗默于 1986 年提出内生经济增长模型，指出科技知识与技术研发是经济增长的源泉。罗默构建了基于资本、非技术劳动、人力资本与技术水平的四要素增长理论，即罗默内生增长模型。该模型将社会生产划分为研究部门、中间品生产部门和最终生产部门，并系统分析了知识与技术进步对经济增长的促进作用。该模型的主要特点是从技术内化开始，强调以创意或知识品为基础来解释经济增长和发展机制。在模型中，用人力资本表示劳动者的技术熟练度，用技术水平表示物质产品的技术先进性，进而体现知识的进步。罗默认为知识积累取代物质资本是经济增长的主要源泉。

垄断竞争是罗默研究的理论前提。他基于知识提出两个假设。假设一是科学知识基于产权具有部分排他性；假设二是知识具有溢出效应。罗默认为知识有一般知识和专业化知识两类。一般知识所有经济主体均可无偿使用，能够产生规模经济；专业化知识因其应用性强，常受到专利等知识产权法保护，可产生要素收益递增。罗默认为专业化的人力资本是经济增长的主要因素，能产生收益递增的增长模式。他认为积累的知识越多，用于生产知识的人力资本的边际产出率就越高。1990 年，罗默在克服了卢卡斯（Lucas，1998）和罗默模型没有微观基础的缺陷的基础上，构造了一个基于最终产品、中间产品和研究与开发三部门的模型。他从C－D 生产函数中推导出以下结论：加大对人力资本研发的社会投入有利于提高人均收入增长率，人力资本的研发投入的边际产出率与人均收入增长率保持正向关系，但人均收入增长率却与时间贴现率保持反向关系。人力资本存量恒定的假设前提是罗默模型设计的主要缺陷。

三、资源配置理论

资源是支撑人类社会存在与发展的物质总量，是人类社会中人力、物力和财力的总和。在经济社会发展进程中，与人类无限制的需求相比，资源始终表现出稀缺性的特征，从而要求合理配置有限、稀缺性资源，用最少的资源投入创造出最适量的产品，获取最佳的经济、社会、生态效益。因此，可以认为资源配置是指资源被投入到不同产业的选择行为，此行为合理与否，关系到一国经济发展的成败。因此，对资源配置的研究广泛而深远。

提高资源的产出效率是资源配置的主要目的，效率是资源配置的主要衡量指标。资源的稀缺性决定了在现有技术水平下可以生产的产品数量是有限的，同时也决定了经济社会的最大生产可能性①。在图2-2中，曲线PQ表示在一定社会时期内的经济社会的最大生产可能性边界，是由不同要素组合而形成的最大生产可能性曲线，所有生产的可能性均位于曲线PQ之内，构成了生产可能性集合；如果超越生产可能性边界，则无法实现生产，例如点M与点F分别表示商品生产可能与不可能达到的状态的点，仅有点E表示要素组合的最大状态，是不同时期要素组合的最佳状态。从资源配置效率的角度而言，点M显示未能充分利用资源，导致部分资源处于帕累托无效率状态，仅有处于曲线PQ上的点（例如点E）表示资源利用实现帕累托最优。

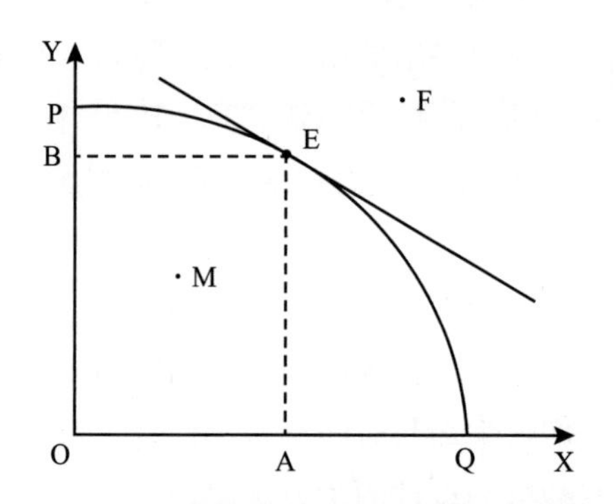

图2-2　生产可能性曲线与要素组合效率

对经济活动的研究是基于生产可能性集合展开的，如何通过资源的有效配置达到生产最优效益是经济学研究的重点内容。意大利经济学家维弗雷多·帕累托（V. Pareto）基于对经济现象的观察，通过数理方法研究了生产资料配置问题，探究了经济产出与资源投入的关系，最终提出了“帕

① 最大生产可能性是指在一定的资源条件下，利用现有资源可能生产的最大产量组合。

累托最适度"[①] 概念。基于帕累托最适度概念，帕累托提出了资源配置的最佳状态，即帕累托最优或帕累托效率[②]。鉴于此，帕累托对资源配置进行了严格的界定与解释，他认为如果社会资源配置已达到了帕累托最优，就无法再让某个成员变得更好，除非让其他成员变得较差，即以牺牲他人的利益获取自身利益的提高。如果不符合此状态，说明社会资源配置未达到帕累托最优的状态，社会资源产出是低效率的。这就是著名的"帕累托效率"准则。在经济社会发展中，资源配置一般很难到达帕累托效率，需要经济社会活动按照经济发展规律，合理配置经济社会资源，逐步向帕累托最优状态演进，在优化或改进目前的资源配置结构过程中，不仅未损害其他成员的利益，反而提高了经济社会的整体利益，这一行为称之为帕累托改进。帕累托改进的目的在于在不损害资源减少一方利益的前提下，通过优化资源配置提高经济社会的整体利益。

四、创新理论

美籍奥地利经济学家约瑟夫·熊彼特（J. A. Schumpeter）是创新理论主要的代表人物，对创新理论的发展做出了重大贡献。在他 1912 年出版的《经济发展概论》一书中，明确阐释了创新[③]的概念，并用创新理论阐释了资本主义经济发展规律，认为资本主义经济之所以呈现出由不均衡到均衡循环发展的动力来自创新，创新是打破传统经济体制、推动新经济发展的重要源泉。创新动力的形成在于企业家能力，是企业家通过将生产要素进行重新组合产生新的增长动力，促进经济发展。创新主要包括五种形态，即引入一种新产品，采用一种新的生产方法，开辟新市场，获得新的供给来源，建立新的企业组织形式。

---

① 在收入分配保持既定不变的条件下，为实现社会福利的最大化，生产资料的配置必须达到最佳状态。

② 帕累托最优或帕累托效率是在不使任何人境况变坏的情况下，而不可能再使某些人的处境变好。

③ 创新是指把一种新的生产要素和生产条件的"新结合"引入生产体系。

熊彼特采用创新理论研究了资本主义发展的本质，阐释了经济运行周期性规律，认为资本主义在实际经济中所呈现出的“繁荣—衰退—萧条—复苏”发展周期与创新变化所造成的经济上下交替波动的纯模式具有一定的关联性。同时，基于创新活动的自身特征，他认为创新活动会因创新主体的差异出现不同的变动趋势，会造成多种周期在同期内同时存在。因此，必须基于创新主体所处的经济环境分析比较创新能力对经济发展的影响。表2-9主要总结了熊彼特有关创新的五种观点。

表2-9　熊彼特有关创新的主要观点

基本观点	具体内容
创新是内生的	发展是在经济生活中并非从外部强加于它的，而是从内部自行发生的变化
创新是革命性的变化	强调创新的突发性和间断性特点，主张用动态性方法研究发展
创新就是自我更新	在竞争性的经济生活中，新组合意味着对旧组织通过竞争而加以消灭，用新的物质代替传统物质，随着经济发展与经济实体的扩大，创新更多的转化为一种经济实体内部的自我更新
创新能够产生新的价值	创新最直观的衡量标准就是能够创造出新的价值，也是创新这一行为产生的根本动力
创新主体是企业家	企业家是实现“新组合”的主要载体，真正的企业家也应该是实现“新组合”的执行者

创新动态性决定了其并非一成不变，而是随着经济发展需求的变化，不断进行革新，引起人们对创新认知的逐步更新。随着社会经济发展水平的提高，技术创新在推动社会进步方面的作用逐步增强，同时对创新支撑要素也提出更高的要求与标准，知识依赖性是其最显著的特征。创新活动的开展依赖于先进知识的积累，这就决定了创新的范围、层次与难度，从而也给创新与应用的有效衔接带来了挑战。创新的最终目标在于推动经济社会的发展，要实现这一目标，需要将创新后的成果运用到生产实践中。据此，在第二次世界大战后，创新理论的研究范围逐步拓展到创新扩散与应用方面。

美国学者埃弗雷特·罗杰斯（E. M. Rogers）基于对创新与应用的研究，提出了“创新扩散理论”，逐步完善了创新理论的体系。罗杰斯将创新定义为被应用到经济社会领域中的一种新的理念、模式、方法、事物等，提出了开展创新活动所必备的关键要素，主要包括相对便利性、复杂性、可靠性、兼容性和可感知性，根据创新的主体在创新过程中的角色，将创新应用者划分为五种类型。随后，罗杰斯界定了创新扩散的内涵，认为它是创新成果在经济社会体系中的传播过程，主要由四个要素构成，即传播载体（创新）、传播方式、传播范围（经济社会网络体系）与时间，并将创新扩散过程划分为“五大阶段”[①]。通过实证研究发现创新扩散的路径呈现“S”型，并结合传播过程的五大阶段分析了“S”型传播路径的形成原因、阶段特征。罗杰斯认为要有效推动创新扩散的实施，需要满足两个前提：一是在初期必须有一定数量（占人口的10%～20%）的人采纳创新物；二是要借助社会网络体系。

五、可持续发展理论

可持续发展理论是伴随着人类对人与自然关系的认知改变而形成的。20世纪50～60年代，随着全球工业化水平的不断加深，人们在经济增长、城市化、人口增加与资源损耗等方面所形成的环境压力下，开始反思“增长=发展”的经济模式，并对于人与自然的关系展开了激烈的讨论。1962年，美国生物学家蕾切尔·卡逊（Rachel Carson）出版有关农药污染事业的可怕景象的环境科普著作《寂静的春天》，引起了巨大反响，激发了人类对于发展理念的争论。70年代，美国学者巴巴拉·沃德和勒内·杜博斯（Barbara Ward and Rene Dubos）出版的著作《只有一个地球》与罗马俱乐部刊出的《增长极限》的研究报告，均推动了可持续发展理论的形成。1987年，世界与环境发展委员会对外发布了《我们的共同未来》的报告，正式提出了可持续发展的概念，并详细地论述了人类共同关心的环境与发展问题，受到世界各国及地区组织的重视。

在《我们共同的未来》中，明确指出：可持续发展（sustainable development）是指既满足当代人需要，又不对后代人满足其需要的能力构成

① 创新扩散的五个阶段主要包括了解、兴趣、评估、试验与采纳阶段。

危害的发展[184]。具体而言，就是在人类发展过程中，实现人与自然的和谐相处，统筹协调发展，避免过于追求经济效益而忽略生态效益所产生的环境污染等问题。要实现可持续发展就要尊重自然，遵循自然发展规律，处理好短期效益与长期效益的关系，促进社会的长久发展。自工业革命以来，人类加大了对自然的疯狂式掠夺，其结果是经济得到较快发展，但也出现了严重的生态环境问题。为缓解日益严重的生态危机，可持续发展理论由此而诞生，并得到社会各界的广泛关注。

在可持续发展理论的研究方面，主要包含五部分内容：一是可持续发展形式与评价标准体系；二是环境与可持续发展的关系；三是经济的可持续发展，主要体现在经济活动的生态成本与优化农业生产协调问题；四是社会的可持续发展，主要从人口资源、灾害防治与环境法制等方面研究；五是区域可持续发展，主要是对区域经济增长极的研究。要实现可持续发展，就应该坚持公平性、持续性、共同性的原则，合理开发资源，使得人与自然和谐相处。它的基本思想主要包括以下几方面：一是可持续发展其实不否认经济增长，而是强调从环保的视角出发，实现经营方式的转变，即由粗放式向集约化方向转变；二是要实现经济可持续，就必须以保护生态环境与资源为前提，凸显其重要性与地位，并力求人类发展与环境承载能力同步协调；三是注重经济发展的社会效应，逐步提高人类生活质量，促进经济与社会发展的协调性。可持续发展理论关注的焦点在于资源使用方式、财富代际配置、外部性等。

可持续发展理论在渔业经济发展中有所体现，从传统渔业经济管理理论中能够寻找到可持续发展的理念。谢弗（Schaefer，1957）[185]在1957年出版的专著《商业性海洋渔业管理的资源解析学和经济学角度的若干考察》中倡导的MSY（最大持续产量）理论就体现了可持续发展理念在渔业管理中的应用。到20世纪90年后，大量学者（例如仓田亨，1997；关清，1996；杨宁生，2001；孙吉亭，2003；夏春萍等，2014；董蓓，2015；等等）基于可持续发展理念开始研究渔业的可持续发展问题，主要集中在渔业可持续发展的概念、属性、特征、影响因素、评价体系等。虽然在渔业可持续发展的理论研究方面未能形成系统化、一般性的理论体系，但学者们的研究为后期渔业发展研究奠定了理论基础。

第三节　产业结构演进与海洋渔业经济发展的影响关系

一、海洋渔业产业结构演进的影响因素与趋势

（一）产业结构演进的影响因素

现代经济增长本质是以产业结构变动为核心的[186]。探究产业结构演进规律、明确产业结构影响因素，清楚地了解产业结构的基本态势、变动方向以及推动力，这在一定程度上有助于优化产业结构，促进国民经济的发展。一般来说，需求结构、投资结构、科技创新、对外贸易与经济政策及法规是影响产业结构演进的主要因素。影响产业结构演进的各因素相互影响、相互作用（见图 2－3）。根据各因素在产业结构演进中发挥的作用，将六大因素划分为三大组成部分，即拉动力主要包括需求结构和投资结构；推动力主要包括资源结构和科技创新；外在环境主要包括经济、政策、法规以及对外贸易形势。

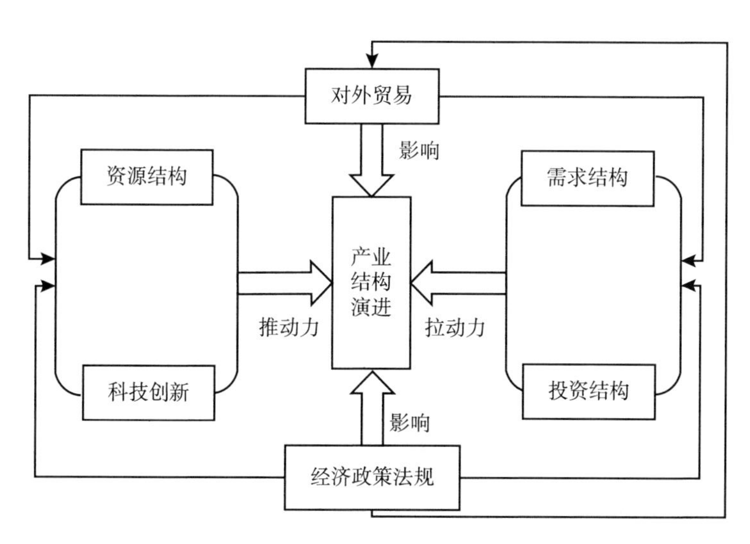

图 2－3　海洋渔业产业结构演进影响因素间的作用关系

（1）需求结构。人类需求是推动经济发展的根本源泉，引导着经济物质资料的生产。居民收入水平高低影响消费者需求的变化，收入的提高推动居民追求更佳的海产品，更加注重产品质量的提升，即在满足居民对海产品数量需求的同时，将会注重海产品的质量需求，或是海洋渔业所提供的精神需求（例如休闲渔业旅游）。消费者对海产品需求的改变，会引导海产品市场消费结构的变化，对海洋渔业经济产生倒逼作用，影响海洋渔业各产业之间的关联性，进而引起海洋渔业产业结构发生改变。因此，市场消费需求的变化在一定程度影响着海洋渔业产业结构的变动趋势与演进规律。

（2）投资结构。海洋渔业投资结构是指用于支撑海洋渔业发展的资本在其各部门或产业之间的分配比例，它直接影响着海洋渔业的发展与其产业结构的形成与演进。海洋渔业主要受产业外部与内部投资结构的影响。第一，从外部角度分析，随着中国渔业在国民经济中所占比重的降低，经济投资结构也发生较大变化，部门生产率的高低决定了大量资本由第一产业流向第二、第三产业，导致用于海洋渔业经济发展的总投资减少，不利于海洋渔业的持续发展，同时也滞缓了产业结构优化升级的进程。第二，从内部角度分析，在投资总量与技术水平既定的前提下，海洋渔业在第一、第二、第三产业的投资分布情况影响着其产业结构形态的形成。当海洋渔业产业结构量的积累达到一定程度后，会促进其质态转变，即海洋渔业产业结构实现优化升级。由此可以看出，无论是投资总量还是投资结构，都会影响产业发展的方式，推动海洋渔业产业结构演进。

（3）资源结构。海洋渔业对自然与社会资源需求较强，隶属于资源依赖性产业。资源数量的多寡与质量的优劣直接影响海洋渔业经济发展，资源在海洋渔业各产业部门的分配影响海洋渔业产业结构的演进。在自然资源方面，海洋渔业生产结构受生物资源总量的影响，经历了以捕为主向以养为主的转变，促进了服务于海水养殖业的第二（例如渔用机械制造）、第三（例如水产流通、渔业科技）产业的发展壮大。在社会资源方面，劳动力、资本等社会要素的数量与质量投入影响着海洋渔业产业结构的演进。在海洋渔业发展初期，劳动力与资本主要投资在海水养殖业、海洋捕捞业，促进了海洋渔业第一产业的发展，形成了“一二三”型的产业结构形态，但是随着经济的深入发展，海洋渔业技术的改善降低了海洋渔业一产对劳动力、资本的需求程度，引导劳动力与资本等剩余要素逐步流向海洋渔业第二、第三产业，促进了海洋渔业二、三产业的发展，产业结构形态也会因此发生变化。由分析得知，资源分配结构是影响海洋渔业产业结构演进的主要因素。

（4）科技创新。产业结构演进的核心动力来自科技创新。科技创新对海洋渔业产业结构演进的影响，主要表现在四个方面：一是通过加速海洋渔业劳动分工，注重劳动力质量的提升，优化体力与脑力劳动的比例或结构，影响着海洋渔业的产业结构和就业结构；二是科技创新将会扩大海洋渔业各产业劳动生产率的差别，采用新技术、新设备的产业要高于传统产业，并影响着生产要素的自由流动，引导部分资源从低生产率或增长率的部门流向高生产率或增长率的部门，从而影响海洋渔业产业结构演进进程；三是科技创新能够通过改变市场消费需求结构进而影响海洋渔业产业结构，例如海产品加工技术的提高促进了海洋渔业产品的多样化，在满足居民对海产品需求的同时，加快了海产品加工业的发展，影响了海洋渔业产业结构的变化；四是科技创新通过改造传统产业并加速与非渔产业融合，塑造新的产业形态并促进其发展。休闲渔业是近年来海洋渔业与滨海旅游业耦合而产生的新业态，在满足居民精神需求与优化海洋渔业结构等方面具有重要作用。

（5）对外贸易。海洋渔业对外贸易对产业结构的影响主要体现在产品与生产要素流动两个方面。在产品流动方面，海产品出口受海外市场需求结构影响较大，国外市场需求的变化引起国内海洋渔业生产结构的变化，进而对渔业产业结构产生一定的影响。进口海产品一定程度上能够弥补国内部分海产品供给不足，但进口规模也会给国内海产品的生产带来巨大压力，抑制国内相关海产品的生产，从而影响海洋渔业的整体发展。在要素流动方面，经济全球化推动了资本、技术、劳动力等生产要素在国际市场间的自由流动，海洋渔业亦不例外，这种生产要素的国际流动会对进口国和出口国的海洋渔业产业结构造成较大影响。

（6）经济政策与法规。经济政策是政府干预市场经济活动的一种形式，在很大程度上影响一国经济的发展趋势并引导产业发展的总体方向，直接影响产业结构的演进方向与进程。例如 1986 年全国人大常委会颁布的《中华人民共和国渔业法》确立了“以养殖为主，养殖、捕捞、加工并举”的方针政策，转变了渔业生产结构，带动了养殖业关联产业的发展。近年来，随着经济生态化与服务化等理念的深入发展，政府出台了许多相关政策法规，例如《渤海生物资源养护规定》《海洋环境保护法》《关于加快发展冷链物流保障食品安全促进消费升级的实施意见》《关于促进休闲渔业持续健康发展的指导意见》等，促进了海洋渔业经济资源向资源养护产业、海产品物流与休闲渔业等新兴产业集聚，加快了该新兴产业的发展，推动了海洋渔业产业结构的优化升级。

（二）产业结构演进的趋势

（1）产业结构合理化。海洋渔业产业结构合理化是指在现有产业结构形态下，海洋渔业生产要素达到最优配置，产业效率得到显著提高等，推动海洋渔业产业结构由不合理向合理演进，促进经济由不均衡向均衡发展的转变。这主要体现在宏观与微观两个层面：宏观层面是指海洋渔业产业结构与经济发展程度的协调性，即海洋渔业产业结构是否匹配现阶段的经济发展水平，如果两者不协调、不匹配，这将会降低经济发展的速度与质量，影响总体水平的提高；微观层面是指海洋渔业产业结构所引导的要素配置与流动方向是否合理，通过合理地调整产业结构，打破生产要素配置模式锁定，均衡渔业生产要素在部门间的合理配置，促进海洋渔业各产业的均衡发展。由图 2－4 可知，海洋渔业产业结构要与其发展程度或阶段相匹配，即 M 点或 N 点所表示的海洋渔业产业结构要与其经济发展阶段 C 或 D 相匹配，如果两者不匹配，会影响经济资源效率，导致渔业经济低效率发展。同时，海洋渔业产业结构不论处在低级还是高级形态，海洋渔业生产要素 R_i 配置方式与流动方向要与产业结构相协调，即在不同层次的海洋渔业产业结构内部实现渔业资源要素 R_i 的流动及配置要与三次产业 I_i 发展相协调。

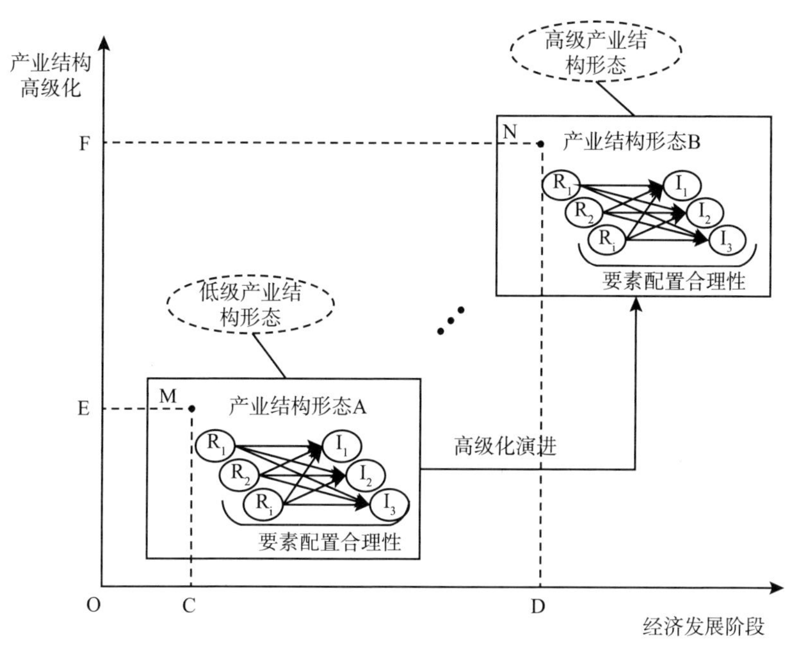

图 2－4 产业结构高级化与和合理化演进与经济发展阶段的关系

说明：M、N 分别表示产业结构形态 A 与 B 所处的位置；R_i 表示资源要素投入（i＝1，2，3，…，n）；I_j 表示三次产业类型（j＝1，2，3）；C 与 D 表示经济发展所处的阶段，C 表示初级阶段，D 表示高级阶段；E 和 F 表示结构高级化程度，E 要低于 F。

（2）产业结构高级化。海洋渔业产业结构高级化是推动产业结构由低层次向高层次逐步演进的过程或趋势，高附加值、高技术、集约化、高加工是其在演进过程中所呈现出的主要特征。产业结构的层次性是其演进的一般路径，需要通过渔业技术进步与创新推动产业结构向高级化方向演进。海洋渔业产业结构高级化是指在某区域内海洋渔业经济重心或产业结构重心由海洋渔业第一产业向第二、第三产业依次转移的过程，在海洋渔业产业体系中表现为主导产业依次向高附加值或具有较高绝对剩余价值产业转移的过程，客观地反映出海洋渔业的经济发展水平、所处阶段与发展方向。由图 2－4 可知，海洋渔业产业结构高级化随着渔业经济发展程度的提高而逐步推进，同时也反映出海洋渔业经济逐渐由初级阶段向高级阶段过渡。点 M 是指海洋渔业经济处于发展初期的低层次产业结构阶段，随着渔业生产要素 R_i 在产业内的合理配置与积累，不断深化此阶段的产业结构形态。当海洋渔业经济发展的外在形势发生改变或各产业内部要素总量积累达到一定规模后，现有产业结构的质态将发生改变，将会推动海洋渔业产业结构形态由 M 点转向高级形态的 N 点，在新的产业结构形态下，重新配置经济资源或要素，依次循环往复，逐步推动海洋渔业产业结构向高级化方向演进。

（3）产业结构软化。海洋渔业产业结构软化是软要素（渔业信息、技术、知识、金融等）在海洋渔业经济发展中的比例变化程度，主要是指在社会生产和再生产过程中，逐步降低纯体力劳动和物质资源的消耗，增加脑力劳动和知识在发展中投入及消耗。在此背景下，传统的以劳动、资本投入为主的生产部门的主导地位，将逐渐被以技术投入为主的产业部门所代替，实质上是指产业发展要素投入的变化，用以输出软产品或服务为主的海洋渔业产业占总产出的比重进行衡量。主要体现在两个层面：一是海洋渔业经济的服务化趋势比较明显，在结构演进过程中，海洋渔业主导产业逐步向以高附加值为主的海洋第三产业（渔业科技教育、休闲渔业、水产流通等）转移；二是海洋渔业经济发展对软要素的需求程度不断提高，这是实现高加工化、技术集约化发展的战略要求。

二、海洋渔业经济发展的量态与质态分析

经济发展的内涵超越了经济增长，既包括国民经济规模的扩大，又涵盖了发展质量的提升。自 1949 年后，中国经济经历了三大阶段：一是“又多又快”的粗放型增长阶段（1949～1995 年），以追求经济高速增长和总量规模扩张为目标；二是“又快又好”的由粗放型向集约型增长过渡阶段（1995～2007 年），开始注重经济效益；三是“又好又快”的经济发展方式转变阶段（2007 年至今），将经济质量发展置于优先地位，通过提高发展质量来提升经济发展水平。现阶段，在新经济下，要牢固树立和贯彻落实“创新、协调、绿色、开放、共享”的发展理念，坚持稳中求进总基调，加速经济转型升级，推动经济高质量发展。

基于对经济发展概念的理解，本书从数量与质量维度界定海洋渔业经济发展，认为主要包括数量规模的扩张与经济质量的提升两个方面

（见图2－5）。海洋渔业经济是国民经济的重要组成部分，其发展形式符合一般的经济规律，但作为资源依赖型产业，在转变经济发展方式上将更加艰难，面临着更大的挑战。

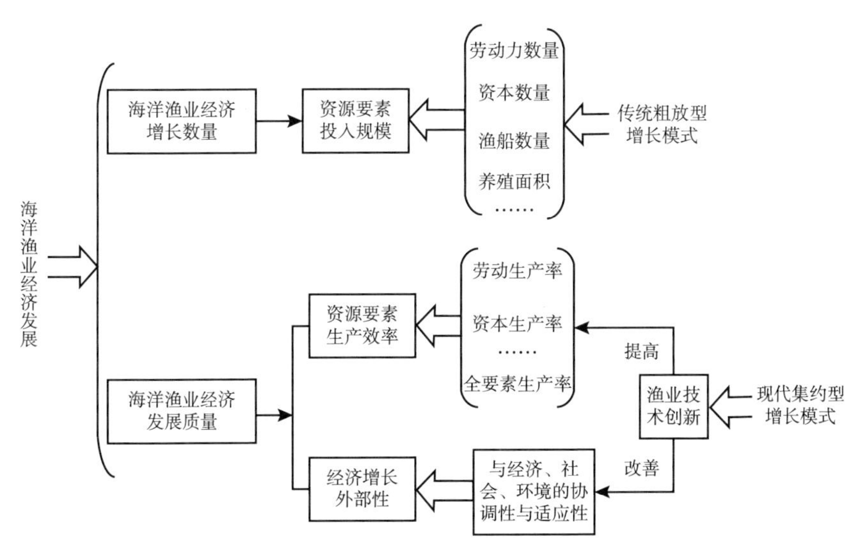

图2－5 海洋渔业经济发展的量态与质态分析

（一）量态分析：经济规模扩张

海洋渔业经济增长是指在一定时期内，一国海洋渔业人均产出水平的提高，是依赖一定的发展方式或模式，推动经济要素转化为商品与劳务总量的增加，通过渔业技术创新提高渔业生产能力，扩大最大生产可能性区域。海洋渔业经济是按照一定的方式或模式开展相关的经济活动，研究其增长变化需要分析其增长方式，按开发效率可以分为两种方式，即粗放型与集约型。海洋渔业经济实现增长主要依靠这两种方式，即生产要素投入规模的扩大和技术创新带动要素生产率的提高。粗放型增长是指海洋渔业经济增长大部分依靠其生产要素（例如渔业拉动力、渔业资本、渔船渔具等）投入规模的扩大而实现的。在增长过程中，要素投入规模扩张所引起的经济增长量的占比要大于其由生产率提高所引起的经济增长量的占比，被定义为外延式扩大再生产，其最大特征为“三高一低”（高消耗、高污染、高成本、低效益)。集约型增长是指海洋渔业较大程度上依靠技术创新提高海洋渔业生产要素生产率而实现经济增长，主要表现为要素投入规模扩张所引起的经济增长量的占比要低于其由生产率提高所引起的经济增长量的占比，被定义为内涵式扩大再生产，“三低一高”(低消耗、低污染、低成本、高效益)是其主要特征。两种增长方式贯穿于海洋渔业经济发展过程中，其表现出的特征是相对的，会因经济环境或体制变革有所改变。

海洋渔业技术进步会推动其增长方式逐渐向集约型转变，此过程是渐进的而非一蹴而成的。在经济发展初期，受制于低渔业技术水平，经济发展一般采用粗放型的经济增长方式。但是随着渔业技术水平的提高与受资源环境约束增强，传统的粗放型增长方式会逐渐被集约型增长方式所替代，不同国家或地区因区域环境、市场条件、技术水平、就业形势等差异化因素，导致海洋渔业经济增长方式存在迥异，增长方式转变进程也不同步。

海洋渔业经济增长的规模与速度取决于一国海洋渔业资源禀赋、资本积累、人力资源累计与技术水平及制度建设，劳动力、资本、技术成为影响其增长的内在因素，政策、制度、经济环境、市场机制等成为影响其发展的外部因素。因此，从产业内部与外部两个层面，分析海洋渔业经济增长情况是切实可行的。主要从两个方面对其度量：一是绝对量变化，海洋渔业总产出用海洋渔业经济生产总值(gfp)表示，用以衡量海洋渔业经济发展总体水平；二是相对量变化，用经济增长率来间接衡量，具体公式为 $r = \Delta gfp_t / gfp_{t-1}$，$\Delta gfp_t$ 为第 t 年海洋渔业经济增长量，gfp_{t-1} 为第 t - 1 年的海洋渔业经济总量。

(二) 质态分析：经济效益提升

人类社会的变化会引起经济发展质量内容的改变。迄今为止，有关对经济增长质量的定义颇多，其内涵与外延也不断拓展与更新。根据现有研究可知，对经济发展质量概念的界定主要从狭义和广义两个角度进行的。其中，在狭义上，单纯指经济增长效率，即资源要素投入产出比例、经济增长效果与效率(例如卡马耶夫、武义青、洪银兴、郭峰等、楚尔鸣、马永军等），包括劳动生产率、资本生产率、全要素生产率，资源利用效率等，主要是指全要素生产率，用来反映经济发展方式由粗放型向集约型转变[187]。在广义上，它是对狭义经济发展质量的补充，外延比较宽泛，属于规范性研究范畴，主要存在两种观点：一是以郭克莎、达斯古普塔（Dasgupta）、洛佩兹（López）、曼尼什（Manish）、廖筠和赵真真等学者为代表的主要从经济活动所产生的外部性进行界定，即增长带来的经济、社会与环境的品质优劣程度；二是钟学义等、随洪光、阿格列塔（Aglietta）、张继海和李发毅等学者从经济增长的方式、过程与结果方面界定经济发展质量。由分析可知，学者们基于自身研究需要，对经济发展质量的概念进行了界定，未形成标准的概念体系。

海洋渔业自身的产业特性决定了其对自然资源具有较强的依赖性，尤其是海域生态环境，自然资源的丰腴程度影响海洋渔业经济的持续发展。同时，海洋渔业作为基础性产业，在提供食物供给、增加渔民收入、繁荣渔村等方面具有重要的社会意义。发展质量的持续提升基于海洋渔业的可持续发展。因此，海洋渔业资源的养护在其可持续发展中发挥着重要作用，将生态理念纳入发展质量的核心范畴具有一定的现实意义。同时渔业科技创新是海域资源环境养护的关键因素，技术提升会优化资源开发模式与环境保护手段及措施，逐步改善经济发展质量。基于本研究目的与学术界对经济发展质量概念的探讨，本书认为海洋渔业经济发展质量是指通过技术创新与变革，逐步提高资源投入产出效率以及改善对生态环境的影响客观反映。基于此，本书使用全要素生产率指标，间接衡量海洋渔业经济发展质量水平。

综上分析，海洋渔业经济发展是数量增长与效益提升的有机统一，顾此一方都很难实现海洋渔业的持续发展。人类对海洋渔业经济发展的认知存在阶段性。在经济发展初期，受渔业技术水平的限制，海洋渔业资源的开发能力较低，经济行为单纯以满足自身的食品需求为目的，对提升经济发展质量的作用贡献较小。但是，随着人类捕捞能力的增强以及商品流通的发展，海洋渔业成为渔民谋生的重要手段，通过渔业技术创新改进渔用机械与捕捞作业方式，通过大量投入渔船渔具、劳动力、资本等生产要素，海洋渔业捕捞量逐渐增加，海洋渔业的作业能力与作业区域日益增强与扩大，极大地提高了海洋渔业的渔获量，逐步满足了日益提高与扩大的市场消费需求与规模。

高强度的渔业作业导致近海渔业资源的日渐衰退与海洋渔业生态系统逐渐被破坏，资源环境的衰退与破坏加剧了对海洋渔业经济发展的约束，单位投入产出效率大幅度降低。伴随养殖技术的创新，海水养殖业迅速发展，逐渐取代海洋捕捞业的主导地位，成为海产品供给的主要来源，新一轮资源开发逐渐兴起。海水养殖业一度缓解了海洋捕捞业的困境，让海洋渔业发展焕发生机。海水养殖规模扩大带动了海产品加工、机械制造、饲料及药物、水产流通、仓储运输等二、第三产业的发展，引导了生产要素资源的流动与重新配置，资源要素的流入扩大了海洋渔业第二、第三产业的经济规模，推动了海洋渔业经济体系的完善与发展水平的提升。

近年来，高强度、不规范的渔业行为对海洋生态环境产生了巨大压力，发展空间制约、海域污染、资源衰退、食品安全等一系列不可持续问题阻碍了海洋渔业的经济发展，引起了人们对渔业经济发展的反思。从此人类逐渐意识到生态环境对海洋渔业可持续发展的重要性，正确处理人与自然的关系，逐渐转变“人定胜天”的理念，追寻人与自然的和谐发展，伏季休渔、增殖放流、渔具管理制度、捕捞配额制度等相关资源养护政策、措施逐步推行开来。海洋渔业发展质量成为现阶段渔业经济发展的主要目标，通过技术创新与改革，转变渔业经济发展方式，实现经济、社会、生态效益的总体提升。

三、海洋渔业内部产业结构演进对其发展的影响机理

古典经济学理论认为经济增长来源生产要素（资本、劳动力、技术）投入，要素生产效率的提高是其动力来源，忽略了产业结构对经济增长的影响。然而在现代经济增长理论中，许多学者基于古典经济学理论，深入分析了产业结构演进与经济增长的关系，认为除资本存量积累与劳动生产力的提升外，经济结构也是影响经济增长的主要因素（Denison，1967；Kuznets，1985；Maddison，1987），是保障经济总量具有高增长率的必要条件[188]，部分学者（例如 Grossman and Helpman，1991；Lucas，1993；

Nelson and Pack，1999；等等）基于以上论断，将产业结构作为内生变量引入经济增长模型中。钱纳里（1995）[189]认为经济增长是由经济结构的一系列相互关联的变化所引起的。罗斯托（Rostow）认为现代经济增长是产业部门变化的过程，部门变化是经济结构演进的直接反映。研究实践证明：产业结构与经济发展存在较强的关联性，两者相互依存、相互影响，经济增长是产业结构演进促进其水平提高的结果[190]。

（一）基于产业结构演进的海洋渔业经济发展形态

随着国民经济的发展，海洋渔业三次产业体系逐渐完善，这在一定程度上加速了内部生产要素、资源的流动与配置，提高了其总体发展水平。中国经济发展进入新常态，海洋渔业经济面临的供给侧结构性矛盾阻碍了其可持续发展，需要基于经济增长理论与产业结构演进理论，积极探索在新经济下实现高质量发展的路径与对策。现代经济增长理论中的结构主义学派认为，受外界环境与自身内部因素的影响，经济增长是从不均衡到实现均衡的过程，产业结构优化升级在此过程中发挥着重要作用，海洋渔业经济也不例外。

海洋渔业经济发展经历了由传统经济增长模型向以产业结构演进为核心的经济增长模型的转变（见图2-6）。在新古典经济理论基础上，传统海洋渔业经济以资本积累、劳动力增加与科技进步实现增长，忽略了产业结构对海洋渔业经济发展的影响；然而结构主义学派在继承新古典经济学理论的基础上，将产业结构作为海洋渔业经济发展的内在变量纳入经济增长模型，通过产业结构调整与优化，合理配置海洋渔业资源要素，提高劳动力、资本、养殖海域等经济资源的利用率，促进海洋渔业经济的高效发展。

在传统经济增长模型中，可能会出现大量生产要素集中于海洋渔业某几个产业部门，要素过度集中会造成大量生产要素剩余，降低了其边际效率；然而在以产业结构变动为核心的海洋渔业经济增长模型中，为传统海洋渔业增长模型增加了一个调节器，即通过海洋渔业产业结构的调整，合理分配海洋渔业生产要素，避免因生产要素剩余所造成的低效率，推动海洋渔业生产要素由低生产效率部门流向高生产效率部门，从而总体上促进海洋渔业产业效率的提高。

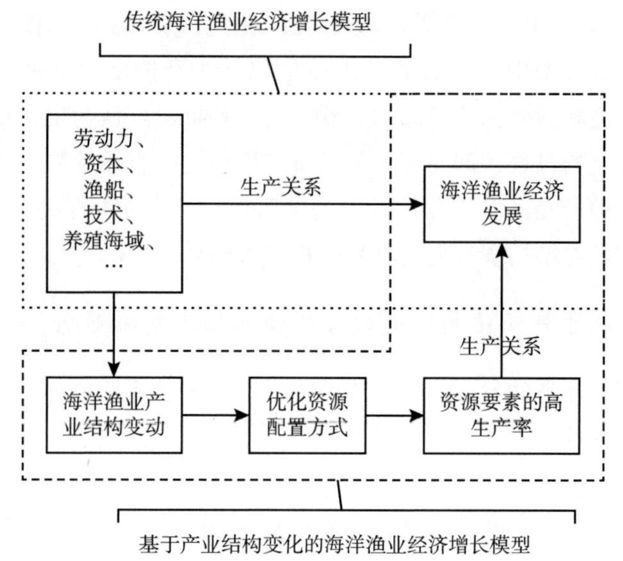

图 2-6　基于产业结构演进的海洋渔业经济发展形态

（二）产业结构演进是海洋渔业经济发展的本质要求与需求反映

海洋渔业产业结构演进反映了海洋渔业内部各产业部门之间的经济技术关系与比例关系的变化，优化渔业资源配置、推动主导产业更替、增强渔业科技创新、协调供需结构是海洋渔业产业结构演进的客观反映。

1. 优化资源再配置，提高海洋渔业经济质量

海洋渔业产业结构的变动会引导渔业劳动力、资本、渔船渔具、养殖面积、科技资源等经济要素的流动，改变经济资源的配置方式，推动经济要素向新兴渔业部门集聚。海洋渔业产业结构与经济发展的协调性会影响资源配置效率。如果海洋渔业产业结构适合海洋渔业经济发展，两者的同步性、协调性会加速海洋渔业资源向海洋渔业主要产业或高生产率的产业部门流动，一方面海洋渔业资源在主要产业与高生产率的部门集聚会加快该产业部门的发展，扩大与提升产业部门的发展规模与发展速度；另一方面会减少海洋渔业资源因集聚于低生产率部门的 X - 无效率，提高海洋渔业资源的使用价值，最终推动海洋渔业经济发展。但是如果两者不同步、不协调，会导致海洋渔业资源错配，浪费海洋渔业资源，降低海洋渔业资源的使用价值，加剧海域生态环境恶化，激化产业发展之间的矛盾，引起较大的经济波动并造成巨大经济损失。因此，要科学审视海洋渔业产业结构演进与经济发展的关系，通过调整与优化产业结构，推动经济资源的有效配置，逐步提高经济发展质量。

2. 加速海洋渔业主导产业更替，推动其向高级化发展

在海洋渔业产业体系中，存在一个引领全产业发展的主导产业，它的更替影响产业结构高级化演进与经济发展水平的提升。海洋渔业主导产业是集生产要素优势、科学技术优势、自然资源优势为一体的，只有高生产率的主导产业才能将资源、要素、科技等优势转化经济、社会、生态价值，促进海洋渔业经济的高质量发展，否则，会因资源闲置或错配造成重大经济损失。它具有较强的辐射带动效应，引领相关或相近产业的发展。海洋渔业产业结构高级化演进实质上是其主导产业依次更替的过程，符合一般产业结构演进的规律。大多数国家的历史发展证明，产业结构演进推动的主导产业由农业向制造业、服务业依次转移，海洋渔业也不例外。海洋渔业基于自身的产业特性，其产业结构演进速度要慢于一般性产业，原因在于海洋渔业第二、第三产业的经济规模一定程度依赖于第一产业的发展，紧密的经济技术关系造成海洋渔业一、二、三产业具有较强的产业关联性，导致渔业劳动力、资本、技术的流动比较缓慢。但海洋渔业二、三产业专业化水平的提高与业务范围的拓展，会逐渐弱化对其第一产业的依赖性。在未来发展中，海洋渔业主导产业可能会由第一产业转向第二或第三产业。

3. 推动科技创新成为海洋渔业经济发展的驱动力

科技创新是海洋渔业产业结构演进的重要因素，是结构调整、优化与升级的关键动能。同时，产业结构演进会优化渔业科技资源配置方式，促进科技资源的合理流动与价值提升。协调并处理好科技创新与海洋渔业产业结构的关系，逐步推进育苗技术、海产品保鲜技术、冷链物流技术、渔船渔具改进技术、病虫害防治技术、海产品精深加工技术、海域污染防治与生物多样性保护技术等改善与创新，能够极大提高其生产能力、优化其生态环境与保护自然资源，提高渔业劳动力、资本等经济要素的边际效率，综合提高海洋渔业经济的发展水平。科技创新还可以通过优化海洋渔业三次产业之间的经济关系，推动从简单的业务往来关系向高端的技术合作转变，充分发挥科技、知识在海洋渔业产业中的作用，增强知识等科技资源的溢出效应，为加快海洋渔业主导产业向二、三产业转移，提供新动能，最终实现海洋渔业经济的绿色、协调、可持续发展。另外，科技创新可以优化海洋渔业产品结构，通过为消费市场提供有效供给，推动中国海洋渔业经济供给侧结构性改革，提高海洋渔业经济质量。科技创新能够促进海洋渔业新兴产业的发展，休闲渔业作为海洋渔业的新兴产业，在科技驱动下得到较快发展，调整第三产业的内部构成，推动了产业结构的整体优化。同时，休闲渔业在拓展海洋渔业功能、繁荣渔村、提升渔业发展质量等方面发挥着重要作用。

4. 促进海洋渔业经济供需平衡

海洋渔业面临的供需关系，根据海洋渔业在经济运行过程中的角色差异，可以将海洋渔业分为供给部门与需求部门两种类型。虽然海洋渔业受市场需求的影响较大，但产业结构的调整能够推动其供需结构平衡。因此，海洋渔业结构演进是平衡海产品供需结构的过程。若海洋渔业产业结构不能协调海产品供需结构，将会导致海产品因滞销而产生大量剩余，不仅降低产业效率、浪费生产资源，而且会引发经济波动，产生较大的社会矛盾（渔民收入下降、渔业公司效益降低甚至破产等）与生态威胁（例如养殖规模扩大，海产品残饵、药残及自身污染物影响海域生态环境），导致海洋渔业经济恶性发展。因此，要通过便捷顺畅的信息交流渠道，收集与海产品有关的市场信息、政策法规等，通过信息资源分析与判断，以准确的价值判断与快捷的反应形式，及时调整海洋渔业生产结构、海产品品种结构等，促进海洋渔业经济发展。由此可以得出，海洋渔业产业结构演进过程实质是为适应市场需求逐步实现供需平衡的过程，反映出海洋渔业经济由不平衡到平衡的转变过程（见图2－7）。

海洋渔业产业结构如何通过平衡供需结构促进其发展，需要进一步考量。首先，产业结构调整能够生产出适销对路、受消费者欢迎的海洋品，即优化海产品品种结构，经济学理论中理性经济人假设以追求利润最大化为目的，利润的实现在于产品通过市场机制实现价值提升，即全部产品以合理价格售出，对生产大众需求的产品具有重要意义。其次，产业结构调整能够加快海洋渔业科技创新，通过渔业先进技术提高海洋渔业发展能力，生产高质量、精深加工产品，促进海产品的多元化。再次，产业结构演进能够优化海洋渔业生产原料供给结构，协调生产要素供给与海洋渔业发展需求，建立一种和谐稳定绿色的供应链体系，实现以最小成本、最优质量的要素投入，提高海洋渔业经济综合效益。最后，产业结构演进能够促进海洋渔业生产要素流向海洋第二、第三产业，实现产业内部流通、仓储供给与海产品生产的有效对接，通过劳动力、资本等要素集聚休闲渔业，加速海洋渔业旅游业的发展，满足消费者对海洋渔业的旅游需求。

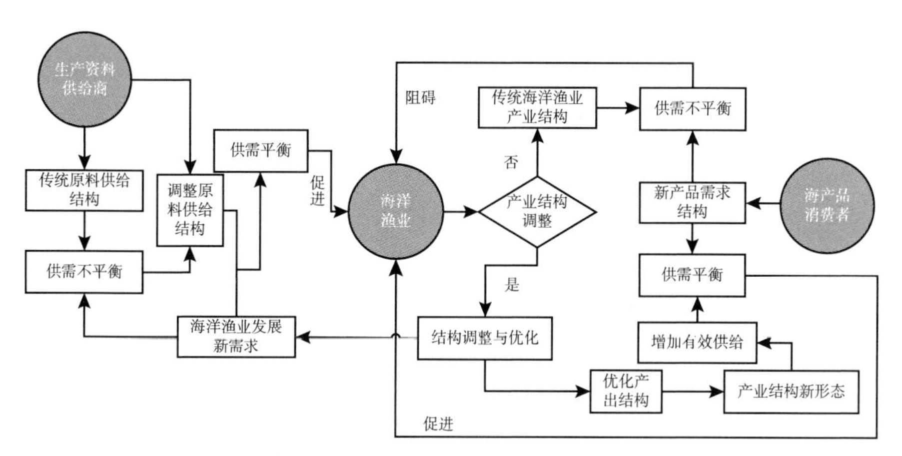

图2－7　供需结构下海洋渔业产业结构演进推进海洋渔业经济发展的作用关系

（三）产业结构演进为实现海洋渔业稳定发展提供结构性保障

海洋渔业产业结构调整的目的在于通过微观调控促进经济的稳定发展，然而海洋渔业经济发展并不是持续稳定发展的，而是呈现出上下波动的形态。为了降低海洋渔业经济波动带来的损害，需要通过结构调整的方式来推动海洋渔业经济发展逐步转向平衡状态，实现海洋渔业经济在长期内的稳定发展。由此可以推断出，海洋渔业产业结构演进实际是促进不同阶段海洋渔业经济由不平稳转向平稳的循环过程，是解决海洋渔业结构性矛盾的调节器。

1. 推进海洋渔业经济均衡发展

当市场需求或经济形势发生改变时，海洋渔业经济体系中原有的经济技术关系会与新形势不适应，导致海洋渔业经济发展缓慢，产业效率比较低，海洋渔业经济发展也由平衡状态转向不平衡状态，新形势下所面临的经济结构性矛盾困扰海洋渔业经济的稳定发展，解决这些显著性发展矛盾成为其发展的主要任务。在新经济下，海洋渔业经济技术关系发生改变，传统的经济技术关系很难适应当下的经济形态，需要通过技术创新，逐步优化产业间的经济技术关系，建立产业间的协调、和谐发展关系，促进资本、劳动力等生产要素向海洋渔业主要产业集聚，有效提高资源使用效率，从而提高其发展的整体效率，实现均衡发展。随着海洋渔业规模的扩大，海产品总量不断增加，满足了大多数消费者的市场需求，解决了中国海产品供给不足的问题，推动了海洋渔业经济由不平衡转向平衡发展。近年来，随着中国经济步入新常态，结构性矛盾比较显著，消费者对海产品的市场需求提出更高的要求，传统的海洋渔业产业结构与市场需求结构的关系出现偏离，单纯依靠海产品的数量供给无法满足日益增长变化的消费者需求，有效供给不足成为海洋渔业经济发展现阶段的主要问题，为此国家提出了海洋渔业供给侧结构性改革的战略举措，从海洋渔业供给侧调整产出结构，根据市场消费需求生产适销对路的高质量海产品。

2. 提高海洋渔业产业效率，扩大最优产出规模

渔业稳定持续发展关乎近两亿渔业人口的生计，渔业经济的稳定是社会稳定的前提。为保障渔民收入与改善渔民生活，海洋渔业就要优化产业技术关系，逐步提高产业效率与产出水平。根据产业结构演进的一般规律，海洋渔业产业结构演进会促进其逐步向高端产业发展，推动经济要素由低生产率向高生产率部门集聚，实现海洋渔业的高质量发展。受传统海洋渔业结构形态的影响，海洋渔业资源流动严重依赖于传统配置方式与形式，单纯依靠海洋渔业自身调整，很难突破资源要素低端循环锁定的状态，这需要借助外力（例如政府宏观调控），通过经济行为活动干预海洋渔业经济，促进海洋渔业结构的调整与优化。

通过合理优化海水养殖、海洋捕捞、海产品加工、水产苗种、仓储物流等产业的内在联系，合理调节资源要素在产业部门间的配置方式，推动其向高产出、高效率、高效益的主导产业集聚，加快主导产业的发展，促进产业结构向高级化演进。要充分利用主导产业的知识扩散效应与技术溢出效应，增强海洋渔业主导产业的辐射带动能力，促进海洋渔业产前、产中、产后等相关产业的发展，提高海洋渔业的整体产出水平。海洋渔业产业结构调整就是通过让大量经济资源要素集聚在较高生产效率的部门，从而扩大海洋渔业的最优产出规模，实现海洋渔业的经济高效发展。

3. 优化海洋渔业发展方式

海洋渔业的发展方式影响其可持续发展进程，不同发展阶段下的海洋渔业经济发展方式具有差异性。目前，海洋渔业经济正经历着由粗放型模式向集约化发展模式转变，海洋渔业集约化发展依赖于科技创新能力，创新能力的提高以雄厚的科技资源作为支撑。海洋渔业产业结构调整可以优化渔业科技资源的流动与配置方式，推动海洋科技资源向高端产业集聚，提高海洋渔业科技资源的利用效率与科技创新水平，科技创新能力的提高加深了海洋渔业资源开发的程度。

在可持续发展背景下，海洋渔业向生态、绿色、集约、和谐等方向发展，要改革传统的以资源消耗为主的海洋渔业经济增长方式，一方面增加科技投入，促进海洋渔业科技水平的提升与创新能力的增强；另一方面要通过转变产业发展理念，改革海洋渔业内各产业之间的关系，通过政策措施扶持一批符合可持续发展要求的海洋渔业产业发展，培育新型海洋渔业经济业态。不论是优化资源配置、变革产业关系，还是培植新兴产业发展，均是海洋渔业产业结构促进海洋渔业经济增长方式转变的内在反映，产业结构演进在转变增长方式过程中有着重要作用。海洋渔业产业结构通过合理调整，促进新兴产业发展、资源要素合理流动、人与自然和谐发展，成为时代发展变化的客观反映。

（四）产业结构演进的动态性决定了其对经济发展影响的阶段差异性

经济发展始终处于变动状态，不同背景下经济发展对资源需求具有差异性，受产业结构刚性影响，经济资源要素流动模式逐渐被锁定，影响了资源要素流动的自由度，将会导致经济资源要素过度集聚于某一类产业或部门，产生大量生产资料剩余，降低产业生产效率，相反阻碍了生产资料需求较大产业的发展，最终不利于经济的总体发展。因此，要通过结构性调整，冲破传统产业结构的刚性约束，适时引导生产资料的合理配置与流动。

从宏观角度分析，海洋渔业产业结构演进是基于产业发展需求与时代背景而不断变动的过程，是主导产业演进的过程。从微观层面分析，海洋渔业产业结构演进是生产要素与资源流动与配置方式不断优化的过程，是资源再分配的客观反映。不同时期内海洋渔业经济发展格局具有差异性，内部各产业部门的数量比例关系反映了要素资源的配置方式。因此，在海洋渔业经济发展的不同阶段，在一定结构形态下不同时期内，海洋渔业劳动力、资本、海域空间、渔船渔具等投入对其发展的影响存在差异性，这种差异来源于对要素资源需求的变化。基于此，要在把握产业结构演进的一般规律下，适时调整海洋渔业产业结构，推动劳动力、资本等生产资料流向高生产率、高需求率、高增长率的部门。

产业结构演进在促进海洋渔业发展的同时，也要存在一定的消极影响。海洋渔业产业结构形态会束缚经济资源的自由流动，影响经济的整体发展。在海洋渔业经济发展到一定时期内，要注重海洋渔业产业结构合理性，在小范围内，根据海洋渔业产业发展对生产资料的需求进行适当调节，通过优化海洋渔业生产资料配置方式，实现海洋渔业生产资料的最优价值，这是海洋渔业产业结构合理化演进的客观反映。海洋渔业产业结构合理化的目的在于实现生产资料的最大价值，让海洋渔业生产资料在海洋渔业产业中合理的循环流动。因此，海洋渔业产业结构在沿高级化方向演进的同时，更加注重其合理化的过程。实现海洋渔业的高质量发展，需要逐步优化其产业结构，明确在不同发展阶段下，产业结构演进所引起的生产资料对经济发展路径影响方式的变化，通过结构调整手段，及时优化生产要素流动与配置方式，让其始终流向具有高生产率、高增长率、高效益的产业部门。

四、区域产业结构演进对海洋渔业经济发展的影响机理

本节主要从整体角度，分析海洋渔业经济在宏观区域经济体系中受产业结构演进的影响。纵观经济发展历程，产业结构演进经历由以农业为主向以

制造业、服务业为主的过程。随着海洋渔业在经济体系中所占的比例逐年下降，是否会影响海洋渔业经济的可持续发展？本节将从区域产业结构演进视角，探索产业结构高级化、合理化演进对海洋渔业经济发展的影响机理。

（一）产业结构演进影响海洋渔业生产要素配置

1. 海洋渔业劳动力市场的双重困境

区域产业结构高级化演进表现为主导产业的依次更替，这会引导劳动力、资本、技术等生产要素流向的变动，生产要素的流出是否会影响原有主导产业的发展？对于大多数产业而言，是不会影响原有主导产业的发展，原因在于主导产业更替是基于传统主导产业出现低效率发展才向新兴产业转移的。但是海洋渔业不同于一般性产业，由于海洋渔业经济发展的生产要素具有特殊性。海洋渔业劳动力是基于多年的渔业作业实践而逐渐掌握作业技能的简单劳动力，具有较强的职业束缚性，这也是影响中国渔民转产转业的主要障碍，渔民因不具备其他产业技能很难迅速从海洋渔业转移到其他产业中。另外，纯粹依靠体力的产业（例如建筑业）与海洋渔业不存在比较优势，很难吸引渔民转向该产业，结果导致绝大部分渔业劳动力依然从事海洋渔业生产活动。大量渔业剩余劳动力转移成为海洋渔业经济发展面临的第一重困境。同时，伴随着海洋渔业作业水平的提高与机械化、智能化的发展需求，对高端渔业人才需求不断增加，渔业专业人才的涌入可能会增加渔业劳动力总量，但现阶段大量高端人才集中在高生产率或高增长率的非渔产业，导致海洋渔业呈现出高端技术人才供给不足的局面，这成为制约海洋渔业经济发展的第二重困境。

2. 渔业资本外流制约海洋渔业经济持续发展

雄厚的渔业资本支撑是产业持续发展的重要条件。海洋渔业不同于陆地农业，在生产作业活动上对高端工具（例如渔船、渔具、深水网箱等）的依赖性较强，而且这些海洋渔业作业设备的资金投入远高于陆地农业，且资本回收期较长且风险较大，但是没有外在智能化的渔业机械的投入，海洋渔业就无法开展作业活动。另外，随着中国近海渔业资源的衰退、海域污染加剧、产业用海矛盾升级，迫使海洋渔业向外海发展，离岸海水养殖与大洋性及过洋性渔业成为海洋渔业空间拓展的主要产业，产业的发展依赖于高端设备的投入（例如旧渔船改造、大型渔船购买），渔船渔具的改造与购买需要大量资金的支持。因此，从长期来看，海洋渔业对资本投入需求不断提高，区域产业结构高级化演进引导部分渔业资本要素流向第二、第三产业，导致海洋渔业出现供需不匹配的矛盾，一定程度上会影响海洋渔业经济的发展。

（二）产业结构演进通过推动经济均衡化影响海洋渔业经济发展

合理化是区域产业结构演进的主要目标之一。产业结构高级化演进会加快海洋渔业高质量生产要素（尤其是资本、技术、人才等）流入到高生产率或高增长率的产业部门中，在实现区域经济高端发展的同时，也对海洋渔业经济的发展造成一定的影响。当产业结构优化到一定阶段后，会更加注重结构的合理化，通过合理化逐步调整与优化产业布局。因此，产业结构合理化演进在保障新主导产业发展的同时，要逐步优化产业间的资源配置结构，推动区域产业的协调、均衡发展。这主要表现在两个方面：第一，产业结构合理化演进一定程度上会抑制因高级化演进给海洋渔业经济发展带来的波动，促进海洋渔业经济的稳定发展；第二，产业结构演进的反馈效应比较显著，主要体现在科技、人才、信息等成果会在合理化演进下，逐渐扩散到海洋渔业经济体系中，提升其科技水平与全要素生产率，继而提高产业整体效率，推动其高质量发展。

（三）产业结构演进促进海洋渔业产业协同、高效发展

区域产业结构高级化、合理化协同演进会推进海洋渔业内部产业的协调、高效发展。主要表现在两个方面：一是产业结构高级化演进会推动生产要素向高生产率或高增长率的部门集聚，提高生产要素的边际效率，提升海洋渔业经济发展的整体发展水平，但会引起海洋渔业经济发生较大波动，不利于经济的平稳运行；二是产业结构合理化演进则会协调各阶段内的三次产业发展问题，优化生产要素在各产业之间的配置结构，均衡三次产业因高级化演进产生的不协调性，最终促进产业间的协同推进。

由图 2－8 可知，海洋渔业工业和建筑业、海洋渔业流通和服务业同属于区域经济的第二、第三产业，劳动力、资本、技术等生产要素在从第

一产业逐步流向第二、第三产业的同时，也会加速海产品加工、渔用机械、流通贸易、仓储、休闲渔业等二、三产业的发展，二、三产业发展规模的扩大一定程度上会优化海洋渔业产业结构，提高海洋渔业经济发展的总体水平。但鉴于海洋渔业的产业属性，流向海洋渔业工业和建筑业、流通和服务业的生产要素要远远少于其他类型第二、第三产业的，要素资源的再分配方式对海洋渔业经济增长的推动作用远低于其他产业，虽然区域产业结构演进会减少海洋渔业生产要素总量，但会因高质量要素流入促进海洋渔业三产的协同、高效发展。

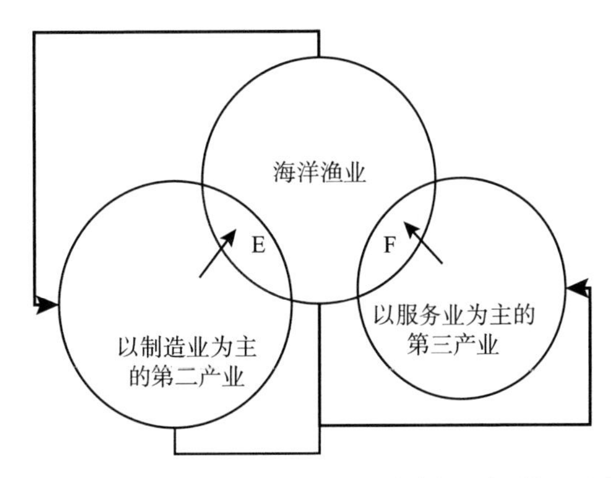

→ 箭头方向表示资源要素流动方向，直线粗细表示资源要素流动量
E：表示海洋渔业第二产业，即海洋渔业工业与建筑业；
F：表示海洋渔业第三产业，即海洋渔业流通与服务业

图 2－8　海洋渔业经济发展与区域产业结构演进的关系

五、海洋渔业经济发展对产业结构演进的影响机理

海洋渔业产业结构演进与其经济发展的关系具有相互性。由前面分析可知，海洋渔业经济发展经历了由注重数量增长到注重质量提升的过程，发展目标、理念的转变引起发展方式的改变，以转变经济发展方式的战略需求引起海洋渔业产业结构的变动，推动海洋渔业结构逐步向高级化、合理化、软化等方面演进。本节主要从外部形势推动与内动发展需求两个层面，厘清海洋渔业经济发展对其产业结构演进的影响机理。

（一）拉力分析：产业发展内部需求

1. 海洋渔业经济发展促进海洋渔业产业结构的形成

经济发展必然能够引起产业结构变动。海洋渔业经济体系的形成得益于劳动分工与专业技能提高。在发展初期，海洋渔业主要以依靠简单劳动、工具投入谋生计的海洋捕捞为主，但是随着海洋渔业的发展，产业性质由最初以生计渔业为主转变为以商业渔业为主，为谋取更大的经济利润，海洋捕捞能力逐渐提高，海产品逐渐成为渔民改善生活的门路，此时，海洋渔业产业结构主要以第一产业的养殖与捕捞为主。然而，强大的海洋捕捞能力与连续的作业强度，使得近海海洋渔业资源日渐衰退，无法满足市场的巨大需求。养殖技术的突破与渔具渔船的创新，推动了海洋渔业发展，海洋渔业规模的扩大与市场消费半径的增加，海洋渔业劳动力分工的逐步细化与专业技能范围的不断拓展，引导生产要素由第一产业向第二、第三产业转移，促进了渔业机械等工业与流通仓储等服务业的发展，呈现出一、二、三产业同步发展的格局，第一产业的绝对优势逐渐减弱。随着经济的进一步发展，海洋渔业生产资料大量流向具有高生产率或高增长率的服务业，加快了海洋渔业第三产业的发展，产业结构呈现出“一、三、二”的序列特征，然而海洋渔业第一产业仍为主导产业。由此可以推出，海洋渔业经济发展影响着其产业结构形态的塑造。

2. 海洋渔业发展的需求变化必然引起产业结构的变革

纵观海洋渔业发展历程，大部分生产资料集中在生产效率相对较低的第一产业，生产要素的低端锁定效应比较显著，对海洋渔业产业结构转型升级造成较大影响。如何突破生产要素的低端锁定，推动海洋渔业生产要素向二、三产业流动，进而优化产业结构，这依赖于政府的宏观调控与发展需求的变化。同时，海洋渔业经济经历快速发展时期，海产品总量达到历史最大状态，解决了海产品供不应求的问题。但是，传统的粗放海洋渔业发展方式也带来许多制约其可持续发展的问题，例如资源衰退、生态破坏、水域污染、食品安全等，严重制约了海洋渔业的持续绿色发展。为解决经济发展进程中所出现的不可持续问题，要通过技术创新转变经济发展方式，加快海洋渔业新旧动能转换，倡导集约化发展。由此可以看出，产

业内部发展需求成为推动海洋渔业经济结构演进的主要拉动力，海洋渔业内部发展需求的改变取决于海洋渔业经济发展所处的阶段（见图2－9）。

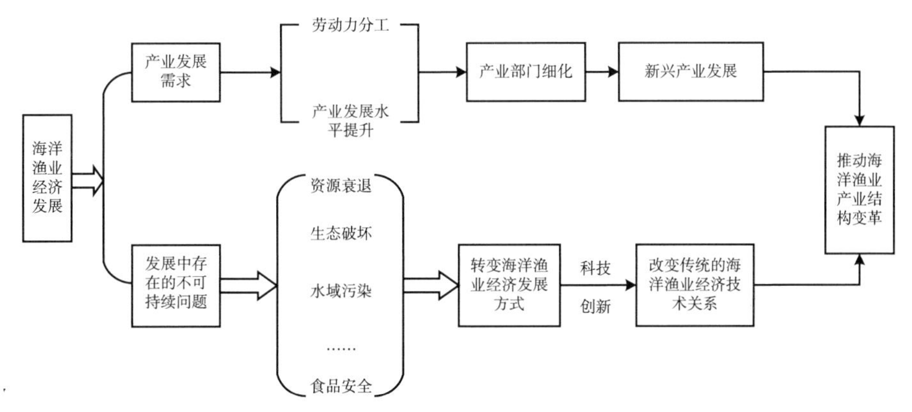

图2－9　海洋渔业经济内在发展需求推动其产业结构演进的关系

3. 海洋渔业经济发展质量提升会加速其产业结构演进

海洋渔业始终处于动态发展过程中，其质量水平的提高会促进其产业结构的演进，根源在于科技创新是海洋渔业经济发展质量提升的内部因素。海洋渔业经济发展质量的改善，意味着渔业科技水平的提升，这会提高海洋渔业生产要素的边际效率，加速生产要素流动，一定程度上改变各产业之间的发展关系。同时，海洋渔业经济发展质量的提升在于渔业科技的突破，尤其是在海产品精深加工、渔业高端装备制造、冷链物流、资源养护等方面，这些技术的应用会加速海洋渔业二、三产业的发展，增加对经济资源的需求程度，吸引大量生产要素向渔业工业与建筑业、流通与服务业集聚，优化渔业资源配置结构与方式，为其产业结构向合理化、高级化与软化演进营造良好的产业环境。

（二）推力分析：经济形势转变

海洋渔业经济发展对产业结构演进的影响主要通过发展政策、发展理念、发展需求的转变而实现的。近年来，受国际金融危机和国内经济体制改革的影响，中国经济发展逐步由高速增长转为中高速增长，经济结构优化升级，要素驱动、投资驱动转向创新驱动的新常态。在经济新常态下，要转变传统的依靠投资、出口为主要驱动的增长方式，向更加强调质量、效益、创新的方式转变，更加注重生态、社会效益的提高与经济的可持续性。为避免中国经济方面陷入“中等收入陷阱”，党的十八届五中全会提出了“创新、协调、绿色、开放、共享”五大新发展理念，为新时期中国经济发展指明了方向。同时，政府提出了供给侧结构性改革的重大举措，为中国经济改革提供了正确的战略措施。这些经济（形势与政策）的变化，为中国海洋渔业经济发展提供了新方向与措施指导。

图2－10反映了海洋渔业经济发展在经济变革下对自身产业结构演进的影响过程，海洋渔业与其他产业一样，均面临着严峻的经济形势，迫使海洋渔业经济进行改革。随着居民收入增加与生活水平的改善，海产品的需求结构发生较大变化，新的市场需求结构与传统海洋渔业供给模式不协调，导致在供给方因产品滞销产生大量海产品剩余与需求方的有效供给不足的两难困局。为保障经济运行的可持续性，要通过渔业供给侧结构性改革，不断优化海洋渔业产业结构，推动海洋渔业产业结构由低级形态向高级形态转换，由不合理向合理化转变，实现这两个转变要塑造新的动能，推动海洋渔业经济的新旧能动转换。

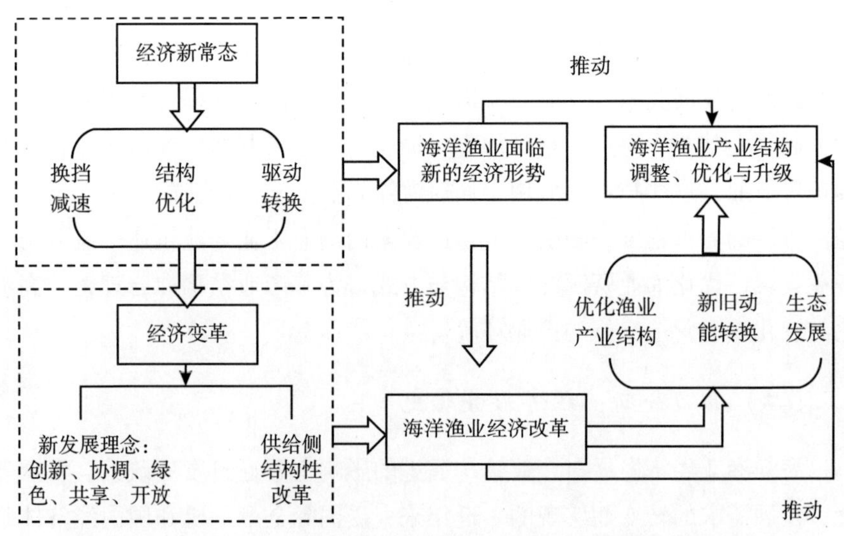

图2－10　经济变革引导海洋渔业经济发展对其产业结构演进的影响机理

在经济新常态背景下，海洋渔业经济要实现由投资、出口驱动向创新驱动转换，将渔业科技创新作为海洋渔业经济发展的新动能，这与国民经济的新发展理念相吻合。另外，在五大发展理念指导下，海洋渔业经济要实现生态发展，要不断规范海洋渔业行为标准，规范经济行为活动，减少经济活动所带来的负外部性，尤其是对生态环境的破坏。

第三章 产业结构演进与中国海洋渔业经济发展的时空差异分析

第一节 中国海洋渔业经济发展的总体态势

随着中国渔业科技创新能力的提高，海洋渔业作业能力日渐增强，产业发展取得了显著成就，现已成为世界海产品生产大国。海洋渔业经济发展增强了其经济、社会、生态等功能，产业发展综合效益不断提升，经济贡献程度与食物供给能力不断增强，产业结构逐步优化，生产要素的边际效率日益提高，海产品逐步多样化。同时，海洋渔业也面临着资源环境约束趋紧、海域污染严重、生产空间激烈竞争、养殖行为不规范、食品安全时有发生等不可持续问题，影响着其可持续发展。

一、经济贡献日益提高

从全国角度分析，海洋渔业经济实力与贡献度不断提高，2020 年全社会渔业经济总产值为 27543. 47 亿元，比 2010 年增长 113%，占农林牧渔总产值的 19. 99%，比 2010 年增长 1. 34 个百分点。水产品进出口贸易日趋增强，2020 年实现进出口贸易总额为 346. 06 亿美元，占国内进出口贸易总额的 0. 68%，比 2015 年增长 0. 86 个百分点，进出口数量保持在 900 吨左右。海洋渔业的食物供给能力显著提高，2020 年世界海洋水产品总产量达到 1. 028 亿吨，占全球水产品总产量的 65. 7%，中国海洋水产品达 3282. 5 万吨，占世界海洋水产品的 33. 95%。2016 年，海洋渔业可提供动物性蛋白质266.2万吨，约占中国生产全部动物性蛋白质的13%，且动物性蛋白质供给数量年均增长速度（3.34%）要高于陆地生态系统年均增速（2.52%）。从区域角度分析，2020年沿海渔业经济总值占全国渔业经济总值的74.23%，成为渔业经济增长的先行区，但地区发展差异比较显著，在渔业经济总产值超过2000亿元的地区中，沿海地区占83%，主要包括山东（4147.59亿元）、广东（3840.71亿元）、江苏（3597.13亿元）、福建（3135.60亿元）、浙江（2223.98亿元），其中山东省渔业经济总产值超过4000亿元，天津、河北、海南的渔业经济总产值低于1000亿元①。

二、产业结构逐步优化

随着渔业第二、第三产业的快速发展，三次产业结构比例由2010年的52.22∶23.89∶23.89演进为2020年49.08∶21.55∶29.37，渔业第三产业占比增速超过第一产业与第二产业，发展潜力巨大，渔业经济服务化趋势逐步显著，但仍以渔业第一产业为主导产业。从三大产业体系内部分析，渔业第一产业以水产养殖为主，2020年海水养殖产值为3836.2亿元，比海水捕捞产值增加1639亿元。渔业第二产业以水产品加工发展为主，其他产业伴随产业规模的扩大也得到较快发展，2020年水产品加工产值达2090.79亿元，占渔业第二产业的73.36%，海洋水产品中用于加工的水产品数量为1952.98万吨，占海产品数量的58.92%，海水加工产品占水产加工品总量的78.84%，由此可以推断出水产品加工业主要依赖于海洋渔业。渔业第三产业逐渐形成了以水产流通为主的产业部门体系，2010～2020年水产流通产值占渔业第三产业产值比重始终保持在80%～82%之间，成为拉动渔业第三产业发展的主要部门。②

三、产品种类趋于多样化

近年来，海洋渔业逐步形成了鱼类、甲壳类、贝类、藻类与其他类等

①② 资料来源：根据历年《中国渔业统计年鉴》统计整理。

种类体系。在海水养殖中，贝类为养殖的第一大种类，2020 年贝类养殖产量达 1480.08 万吨，占海水养殖总产量的 69.32%，养殖品种形成了以牡蛎（542.46 万吨）、蛤（421.76 万吨）、扇贝（174.62 万吨）为主，以贻贝、蛏为辅，鲍、螺、江珧、蚶有所发展的养殖体系。藻类养殖产量占海水养殖总产量的比例为 12.25%，为养殖的第二大种类，以海带（165.16 万吨）养殖为主，江蓠、裙带菜、紫菜养殖为辅；鱼类与甲壳类养殖产量分别占海水养殖总产量的 8.19% 与 8.31%，主要养殖鱼种有：鲈鱼、鲆鱼、大黄鱼、石斑鱼、河鲀、鲷鱼等[191]，其中以大黄鱼（25.41 万吨）、鲈鱼（19.53 万吨）、鲆鱼（11.10 万吨）与石斑鱼（19.20 万吨）为主，2020 年其年产量均超过 10 万吨。虾蟹是甲壳类养殖的主要种类，2020 年海水养殖虾占甲壳类产量的 83.8%，其中以南美白对虾为主；梭子蟹与青蟹是海水养殖蟹的主要品种。在海水捕捞中，鱼类与甲壳类是主要捕捞对象，2020 年其捕捞产量分别占海洋捕捞总产量的 68.48% 与 19.11%，头足类、贝类、藻类的捕捞产量较少。鱼类主要捕捞品种达 26 种，年产量超过 40 万吨的主要鱼种有：带鱼、鳀鱼、蓝圆鲹、鲐鱼、金线鱼、鲅鱼。①

四、养殖规模与机械化水平不断扩大与提高

海水养殖已经成为中国海产品生产的主要作业方式。2020 年海水养殖面积达 199.56 万公顷，较 2010 年降低了 4.1%。从品种养殖规模分析，以贝类最大，2020 年贝类养殖面积占海水养殖面积的 60%；从养殖水域分析，海上养殖占主导，2020 年占海水养殖面积的 56.29%。同时中国海洋渔业机械化水平不断提高，老旧渔船更新步伐加快，提升远洋渔业装备水平，海洋渔业作业效率逐步提升。2020 年海洋渔船总数达 21.40 万艘，比 2010 年下降 28.11%，海洋渔船总功率 1652.90 万千瓦，比 2010 年增长 5.8%，表明中国标准化渔船改造取得了显著成效。海洋渔船以机动渔船为主，其中生产渔船占海洋渔船总功率的 87.66%，捕捞渔船为生产渔

① 资料来源：根据历年《中国渔业统计年鉴》统计整理。

船的主要构成，其渔船数量与功率达25.13万艘与1482.77万千瓦。①

五、资源环境约束趋紧

实践证明，海岸线是人口密集与产业集聚的主要区域。海洋渔业是生活在沿海区域的居民为谋生计而发展的以海产品生产为核心的产业部门，然而大量非渔产业集聚于沿海地区，加剧了产业间的空间资源竞争，这导致相对低生产率的海洋渔业因空间要素的短缺而深陷困境。同时，产业与人口的集聚带来了大量“三废”污染物，污染物的排放破坏了海域生态环境，海域水质污染严重。另外，近年来海洋渔业的高强度、高密度作业导致产业的负外部性（残饵、药残、海产品排泄物等）增强，产业的自身污染一定程度加剧了海域生态危机。《2015年中国海洋环境状况公报》显示：5月和8月分别对101个和93个入海排污口邻近海域水质进行监测，排污口邻近海域水质劣于第四类海水水质标准分别占监测总数的65%与72%。排污口邻近海域水体中的主要污染要素为无机氮、活性磷酸盐、化学需氧量和石油类，个别排污口邻近海域水体中重金属、粪大肠菌群等含量超标。82%的排污口邻近海域的水质不能满足所在海洋功能区的水质要求，处于亚健康或不健康状态的区域占比达86%[192]。海域污染与不规范的养殖行为成为海产品易发食品安全问题的主要根源。

第二节　中国海洋渔业经济发展的时空差异分析

一、指标选择与测算方法

（一）量态指标

本研究将衡量海洋渔业经济发展的量态指标分为三个：绝对指标、相

① 资料来源：根据历年《中国渔业统计年鉴》整理。

对指标与经济波动。

1. 海洋渔业经济发展的绝对指标与相对指标

绝对指标又称总量指标，是反映社会经济现象总体规模或水平的一种综合指标，表现形式为有计量单位的统计绝对数。本节用海洋渔业经济生产总值反映海洋渔业经济发展的总量水平，分析沿海省份海洋渔业经济总量水平的年际变化情况，判断其总体发展变化趋势。由于《中国渔业统计年鉴》中未直接对海洋渔业经济生产总值进行统计，本节采用间接方法估计沿海各省份的海洋渔业经济生产总值。

在宏观经济分析时，仅采用总量指标分析是很难深入探究经济发展内在规律的，需要在总量分析的基础上，设计经济相对变化指标，这样能够更加清楚地了解经济发展的相对水平和普遍程度。本节采用海洋渔业经济增长率衡量海洋渔业经济发展速度，具体公式如式（3－1）。

$$rgmfp_{i,t} = \frac{gmfp_{i,t} - gmfp_{i,t-1}}{gmfp_{i,t-1}} \times 100\% \qquad (3-1)$$

其中，$rgmfp_{i,t}$表示 i 地区第 t 年海洋渔业经济增长率，$gmfp_{i,t}$表示 i 地区第 t 年海洋渔业经济生产总值，$gmfp_{i,t-1}$表示 i 地区第 t－1 年海洋渔业经济生产总值，i 为正整数，i＝1，2，3，…，11，t 表示时间。

2. 海洋渔业经济波动的衡量方法

经济波动反映在一定时期内由于经济繁荣与萧条所引起的经济增长呈现出具有一定规律的上升与下降的循环经济过程，经济学者一般认为这是由生产力水平的高低所引起的经济增长率的变化过程。马克思认为资本主义经济危机是生产过剩性危机，危机周期性的发生使资本主义再生产具有周期性波动[193]。美国经济学家萨缪尔森（Samuelson，2001）[194]认为经济波动是一个周而复始的过程，是由经济发展所呈现出“繁荣—衰退—复苏”的周期性客观反映。古典经济学在分析了第二次世界大战前经济体的周期波动过程，认为经济周期波动是一个经济体的经济总量的增长或者衰退交替过程。米切尔（Mitchell，1962）[195]把经济周期波动定义为经济总量水平的扩张与收缩的过程。在第二次世界大战后，经济总量在衰退期呈现绝对量下降的现象不复存在，表现出经济总量增长速度滞缓的现象。现代经济学家基于二战后的经济现象，重新对经济波动进行了界定，将古典经济学家认为的经济波动是经济总量增长或衰退的过程修改为是经济增长率呈现出“上升—下降—上升”周期性波动。基于索洛的新古典增长模型，卢卡斯（2000）[196]认为经济周期是与长期趋势相比较时，一组变量的短期相对运动。熊彼特的创新理论表明在由生产力提高所推动的经济由不平衡到平衡的过程中存在经济上下波动的周期性规律。

海洋渔业经济波动是指海洋渔业经济在增长过程中增长速度呈现上升趋势和停滞或下降趋势的交替过程，是围绕长期趋势的短期内起伏运动。海洋渔业长期趋势是指海洋渔业经济发展随时间的推移呈现出平稳上升或下降的趋势，描述了在一定时期内，海洋渔业经济活动的持续稳定性。波动幅度的大小与经济运行的稳定程度成反比。经济波动测定的方法一般是计算各年海洋渔业经济年际增长率的均方差，其公式如式（3－2）。

$$\delta_i = \sqrt{\frac{\sum_{t=1}^{n}(gmfpr_{i,t} - \overline{gmfpr_i})}{n}} \qquad (3-2)$$

在式（3－2）中，δ_i 代表 i 地区的海洋渔业经济增长率的均方差，$gmfp_{i,t}$表示 i 地区第 t 年的海洋渔业经济增长率，$\overline{gmfpr_i}$为 i 地区各年海洋渔业经济增长率的平均数。δ_i 越小，说明波动幅度越小，从而海洋渔业经济运行稳定程度越高。这种方法是从整体上测算海洋渔业经济增长的波动程度，忽略了年度变化情况，同时未能区分海洋渔业经济增长的趋势成分与周期成分，将两者混为一体进行分析，无法深入分析海洋渔业经济增长受周期性的影响。因此，采用霍德里克和普雷斯利特（Hodrick and Prescott）提出的 HP 滤波法。

霍德里克和普雷斯科特（1997）[197]基于纳尔逊和普罗索（Nelson and Plosser，1982）[198]的研究，认为经济变量既不是永远不变也不是随机变动，其趋势是缓慢变动的。HP 滤波法的目的是剔除长期趋势成分（即潜在产出），度量短期波动的周期成分（即产出缺口），基本原理是将时间序列看作是不同频率的成分的叠加，通过分离出较高频率的部分，并去掉较低频率的部分，从而去除长期趋势项，实现对短周期波动项的度量。HP 滤波分析法是假定时间序列 Y_t 是由两部构成，即长期趋势（X_t）与周期成分（C_t），即 $Y_t = X_t + C_t$，t = 1，2，3，…，T，实质上是选择一个时

间估计序列 X_t 最小化实际值和样本点的趋势值，即：

$$\min_{X_t, t=1,2,3,\cdots,T}\left\{\sum_{t=1}^{n}(Y_t - X_t)^2 + \lambda\sum_{t=1}^{T}[c(L)X_t]\right\} \tag{3-3}$$

在式（3-3）中，λ 为趋势成分波动的折算因子。当 $\lambda=0$ 时，满足最小化问题的趋势序列为 $\{Y_t\}$；当 λ 值增大时，估计的趋势越光滑；当 $\lambda\to\infty$ 时，估计的趋势将近似于线性函数。$c(L)$ 是延迟算子多项式，L 表示趋势成分 X_t 的延迟算子，$c(L)$ 可以表示为：

$$c(L) = (L^{-1}) - (1-L) \tag{3-4}$$

将式（3-4）代入式（3-3），HP 滤波的问题就转化为寻求下面的损失函数的最小值：

$$\min_{X_t, t=1,2,3,\cdots,T}\left\{\sum_{t=1}^{T}(Y_t - X_t)^2 + \lambda\sum_{t=1}^{T}[(X_{t+1} - X_t) - (X_t - X_{t-1})]^2\right\} \tag{3-5}$$

假设 C_t 与 Δ^2X_t 是相互独立，并均服从独立同分布，则当 $\lambda = var(C_t)/var(\Delta^2X_t)$ 时，HP 滤波达到最佳效果。由此可以推断出趋势成分 X_t 和周期成分 C_t 的值，即：

$$X_t = [1+\lambda(1-L^2)^2(1-L^{-1})^2] * Y_t$$

$$C_t = \frac{\lambda(1-L^2)^2(1-L^{-1})^2}{1+\lambda(1-L^2)^2(1-L^{-1})^2} * Y_t \tag{3-6}$$

根据经验研究，λ 取值取决了数值的类型。一般情况下，年度数据序列的 λ 取值为 100，季度数据序列的 λ 取值为 1600，月度数据序列的 λ 取值为 14400[199]。鉴于本节所采用的数据为年度数据，故 λ 取值为 100。

（二）质态指标

经济发展质量是经济学研究的核心内容之一，是衡量经济发展效益的重要指标。根据目前学术界研究的基本情况，对狭义的经济发展质量一般将 Malmquist 法（例如章祥荪和贵斌威，2008；李谷成等，2013；高帆，2015；等等）、随机前沿分析法（例如匡元凤，2012；梁烁和秦曼，2014；卢昆和郝平，2016；等等）与 GML 指数法（例如茹少峰，2014；孙焱林等，2015）作为主要衡量分法。广义经济发展质量涉及的范围比较宽泛，通常采用相对指数法（例如赵英才等，2006；Mlachila et al.，2014）、层次分析法（例如王君磊等，2007）、熵值法（刘小瑜等，2014）、因子分析（例如马建新等，2007）与主成分分析（例如宋斌，2013；李俊江等，2016）等方法构建综合评价指数进行衡量。基于研究内容设计，采用狭义上的海洋渔业经济发展质量的概念范畴。肖林兴（2013）[200]比较了利用 DEA - Malmquist 方法与索洛余值方法测算的全要素生产率结果，认为前者更适用于对中国省份 TFP 估计。因此，选择 DEA - Malmquist 作为海洋渔业全要素生产率的衡量方法。

Malmquist 指数是由马尔奎斯特（Malmquist）最先提出的，主要分析输入消耗的数量变化。后来，费尔（Fare）等学者基于 DEA 建立了 DEA - Malmquist 指数，用于度量跨期生产率变化的指标，并用所构造的距离函数表示。Malmquist 指数主要由技术前沿面变化和技术效率变化两个部分构成，并将全要素生产率分为技术变动与技术效率变化两个方面，通过构建的距离函数表示出多个输入与输出变量，进行线性运算的过程[201]。同时，采用定向输出和输入的方法定义距离函数，给定输入变量矩阵，输出距离函数就定义为输出变量矩阵的最优比例[202]。费尔认为可以将技术前沿定义为生产可能集的上边界，假设在每一个 $t=1, 2, 3, \cdots, T$ 决策单元通过生产技术 S^t 将经济发展投入要素 x^t 转化经济产出 y^t，可以将生产技术 S^t 在 t 时刻的生产可能集记作为：

$$S^t = [(x^t, y^t) \quad x^t \quad y^t] \tag{3-7}$$

费尔进一步定义了当期距离函数，即经济体离当期技术前沿的距离：

$$D^t(x^t, y^t) = \inf\{\theta: (x^t, y^t/\theta) \in S^t\} \tag{3-8}$$

其中，(x^t, y^t) 表示经济体当期的要素投入和经济产出；θ 是使 $(x^t, y^t/\theta)$ 落入到 S^t 的标量因子。集合 $\{\theta: (x^t, y^t/\theta) \in S^t\}$ 的下界，就是刚好使 $(x^t, y^t/\theta)$ 落到技术前沿以下的因子值。当经济体的生产效率高于技术前沿时，$D^t(x^t, y^t) > 1$；反之，$D^t(x^t, y^t) \leqslant 1$。类似的，也可以定义经济体离前一期技术前沿的距离：

$$D^{t+1}(x^{t+1}, y^{t+1}) = \inf\{\theta: (x^{t+1}, y^{t+1}/\theta) \in S^t\} \tag{3-9}$$

在生产可能集与距离函数的基础上，可以将 Malmquist 全要素生产率指数定义为：

$$M(x^t, y^{t+1}; x^t, y^t) = \left[\left(\frac{D^t(x^{t+1}, y^{t+1})}{D^t(x^t, y^t)}\right)\left(\frac{D^{t+1}(x^{t+1}, y^{t+1})}{D^{t+1}(x^t, y^t)}\right)\right]^{\frac{1}{2}} \quad (3-10)$$

在式（3－10）中，M衡量的是t时期和t+1时期的生产率变化。如果M>1，则生产率提高；如果M=1，则生产率保持相对不变；如果M<1，则反映出生产率下降。为了在测算经济体全要素生产率的同时又能衡量其技术效率变化和技术进步，Fare对M指数进行了转换，得出式（3－11）：

$$\begin{aligned} M(x^t, y^{t+1}; x^t, y^t) &= \left(\frac{D^{t+1}(x^{t+1}, y^{t+1})}{D^{t+1}(x^t, y^t)}\right) \\ &\quad \times \left[\left(\frac{D^t(x^{t+1}, y^{t+1})}{D^{t+1}(x^{t+1}, y^{t+1})}\right)\left(\frac{D^t(x^t, y^t)}{D^{t+1}(x^t, y^t)}\right)\right]^{\frac{1}{2}} \\ &= TECH^t \times TPCH^t \end{aligned} \quad (3-11)$$

在式(3－11)中，右边第一项测度了经济体从第t期到第t+1期技术效率变化(TECH)程度，TECH<1，表示技术效率下降；TECH=1，表示技术效率保持不变；TECH>1，表示技术效率上升。右边第二项主要测度了经济体从第t期到第t+1期技术进步变化(TPCH)，即两个时期内技术有效生产前沿面移动对全要素生产率的影响，TPCH<1，表示经济体从第t到t+1时期出现技术退步；TPCH=1，表示经济体从第t到t+1时期技术水平没有发生变化；TPCH>1，表示经济体从第t到t+1时期出现技术进步。

对于Malmquist全要素生产率指数与距离函数的测算有很多估计方法。费尔等构建的基于DEA线性规划方法的Malmquist指数，在计算生产率的应用中比较广泛，主要方法包括CCR模型和BCC模型。在实证研究中，一般使用非参数线性规划计算Malmquist指数。假定有i=1，2，3，…，I个研究区域(省份)在t=1，2，3，…，T时期使用n=1，2，3，…，N中投入$x^t_{i,n}$生产出m=1，2，3，…，M中产出$y^t_{i,m}$。在固定规模报酬和投入要素可强处置条件下，可以得到t时期生产技术前沿S^t的测算公式：

$$S^t = \left\{(x^t, y^t): y^t_m \leqslant \sum_{i=1}^{I} z^t_i y^t_{i,m};\ \sum_{i=1}^{I} z^t_i x^t_{i,n} \leqslant x^t_n;\ z^t_i \geqslant 0\right\} \quad (3-12)$$

在式(3-12)中，z 表示每个横截面观测值的权重。要计算 i 地区(省份)以 t 时期为基期的 t+1 时期的 Malmquist 指数，需要采用 DEA 计算 $D_0^s(x^s, y^s)$、$D_0^t(x^s, y^s)$、$D_0^s(x^t, y^t)$、$D_0^t(x^t, y^t)$等四个线性规划问题，其线性规划表达式分别为：

$$\begin{cases} (D_0^s(x_i^s, y_i^s))^{-1} = \max\theta^i \\ s.t.\ \theta^i y_{i,m}^s \leqslant \sum_{i=1}^{I} z_i^s y_{i,m}^s \\ \sum_{i=1}^{I} z_i^s x_{i,m}^s \leqslant x_{i,m}^s \\ (x_i^s, y_i^s) \notin S^t \end{cases} \tag{3-13}$$

$$\begin{cases} (D_0^t(x_i^s, y_i^s))^{-1} = \max\theta^i \\ s.t.\ \theta^i y_{i,m}^s \leqslant \sum_{i=1}^{I} z_i^s y_{i,m}^s \\ \sum_{i=1}^{I} z_i^s x_{i,m}^s \leqslant x_{i,m}^s \\ (x_i^s, y_i^s) \notin S^t \end{cases} \tag{3-14}$$

$$\begin{cases} (D_0^s(x_i^t, y_i^t))^{-1} = \max\theta^i \\ s.t.\ \theta^i y_{i,m}^t \leqslant \sum_{i=1}^{I} z_i^t y_{i,m}^t \\ \sum_{i=1}^{I} z_i^t x_{i,m}^t \leqslant x_{i,m}^t \\ (x_i^t, y_i^t) \notin S^t \end{cases} \tag{3-15}$$

$$\begin{cases} (D_0^t(x_i^t, y_i^t))^{-1} = \max\theta^i \\ s.t.\ \theta^i y_{i,m}^t \leqslant \sum_{i=1}^{I} z_i^t y_{i,m}^t \\ \sum_{i=1}^{I} z_i^t x_{i,m}^t \leqslant x_{i,m}^t \\ (x_i^t, y_i^t) \notin S^t \end{cases} \tag{3-16}$$

在式(3-13)~式(3-16)中，由于$(x_i^t, y_i^t) \notin S^t$，$(x_i^s, y_i^s) \notin S^t$，

所以 $D_0^s(x_i^s, y_i^s) \leq 1$、$D_0^t(x_i^t, y_i^t) \leq 1$，但是 $D_0^s(x_i^t, y_i^t)$ 与 $D_0^t(x_i^s, y_i^s)$ 的测算值可能要大于 1。

DEA - Malmquist 指数的测算是基于经济投入产出关系进行的，在 Malmquist 指数测算前要合理客观地选取经济投入产出指标，否则会影响指数测算的准确度。本研究就海洋渔业经济发展的投入产出指标的选择做如下说明。首先，海洋渔业经济发展的产出指标选择，选择海洋渔业经济生产总值与海产品总量作为海洋渔业经济发展的输出指标，两个指标能够直接客观地反映出海洋渔业经济总体发展水平。其中，海洋渔业经济生产总值采用剔除通货膨胀率后的相关数据。其次，海洋渔业经济发展的投入指标选取。第一，海洋渔业从业人数是海洋渔业经济发展最基本的要素投入之一，采用《中国渔业统计年鉴》中的海洋渔业从业人员年末人数衡量。第二，资本投入（尤其是渔船）是海洋渔业经济得以发展的关键要素，但由于《中国渔业统计年鉴》中缺乏海洋渔业资本投入相关数据，考虑到渔业主要以渔船作业为主，故将海洋渔船总功率作为海洋渔业的资本投入指标。第三，海洋渔业生产方式由捕捞向养殖转换及产业用海的激烈竞争，凸显了海域空间资源对海洋渔业经济发展的重要性，故将其作为产业发展的投入指标。第四，随着海洋渔业标准化发展与向离岸拓展需求增大，海洋渔业科技在海洋渔业经济发展中的作用显著提高，成为拉动海洋渔业经济高质量发展的关键要素，但由于在相关统计年鉴中缺少有关海洋科技研发投入的相关数据，本研究用海洋渔业技术推广经费作为衡量海洋渔业科技投入的间接指标，主要原因在于海洋渔业技术推广是将科技转化为生产力的关键环节，一定程度上能够反映出海洋渔业科技的重要性。

由于在《中国渔业统计年鉴》中缺乏对上海市在 2008 ~ 2016 年海水养殖面积的数据统计，统筹考虑面板数据的均衡性与测算结果的准确性，在进行海洋渔业经济 DEA - Malmquist 指数测算时，不将上海市纳入其中，选择了天津、河北、辽宁、江苏、浙江、福建、山东、广东、广西、海南等地区的海洋渔业从业人数、海洋渔船总功率、海水养殖面积与海洋渔业技术推广经费等序列作为海洋渔业经济的投入指标。

二、数据处理与说明

本节的数据主要来源于《中国渔业统计年鉴》与《中国渔业年鉴》，但是相关统计年鉴中未单列海洋渔业经济生产总值、海洋渔业产值、海洋渔业工业与建筑业和海洋渔业流通与服务业等数据，而是将其糅合在渔业经济相关统计指标中。为了更加深入地了解海洋渔业经济运行状况与定量分析的准确度，需要通过调整沿海地区相关渔业经济数据，获得海洋渔业经济发展的近似数据。

鉴于海洋渔业经济数据的可得性、统一性与有效性，本节从《中国渔业统计年鉴》（2004～2017年）中选取2003～2016年沿海10省份（包括天津、河北、辽宁、江苏、浙江、福建、山东、广东、广西、海南）的渔业经济发展相关数据作为研究样本，根据海洋渔业在渔业经济中的地位与专家讨论结果，对相关渔业经济数据进行了专业化处理，具体处理方法如表3－1所示。

表3－1　　　　海洋渔业经济相关数据指标说明

产业门类		具体产业	调整方式
第一产业	海洋渔业	海水养殖	＝海水养殖产值
		海洋捕捞	＝海洋捕捞产值
		海水育苗	$=\frac{\text{海水养殖产量}}{\text{水产养殖产量}}\times$水产苗种产值
第二产业	海洋渔业工业与建筑业	海产品加工	$=\frac{\text{海水加工产品}}{\text{水产加工品总量}}\times$水产品加工产值
		海洋渔船渔机修造	$=\frac{\text{海洋机动渔船年末拥有量}}{\text{机动渔船年末拥有量}}$ ×渔船渔机修造产值
		海洋渔用绳网制造	$=\frac{\text{海洋机动渔船年末拥有量}}{\text{机动渔船年末拥有量}}$ ×渔用绳网制造
		海洋渔用饲料、药物、海洋渔业建筑	$=\frac{\text{海水养殖产量}}{\text{水产养殖产量}}\times$（渔用饲料产值 ＋渔用药物产值＋建筑产值）

续表

产业门类		具体产业	调整方式
第三产业	海洋渔业流通与服务业	海洋水产流通	$=\frac{\text{海产品产量}-\text{用于加工的海产品数量}+\text{海水加工产品}}{\text{水产品总量}-\text{用于加工的水产品数量}+\text{水产加工品总量}}\times\text{水产流通产值}$
		海洋水产（仓储）运输	$=\frac{\text{海产品产量}+\text{用于加工的海产品数量}+\text{海水加工产品}}{\text{水产品总量}+\text{用于加工的水产品数量}+\text{水产加工品总量}}\times\text{水产(仓储)运输产值}$
		海洋休闲渔业	$=\frac{\text{海洋渔业第一产业产值}}{\text{渔业第一产业产值}}\times\text{休闲渔业产值}$

在《中国渔业统计年鉴》中所采用产值数据均是按照当年价格计算的，为了消除通货膨胀率的影响，本节以2002年为基期采用渔业生产总值价格指数对相关数据进行了调整，获得剔除价格影响的数据。在接下来的章节内，如果没有特殊说明，本书所采用的数据均是调整后的数据。

三、时空差异特征

本节主要从时间与空间维度分析海洋渔业经济增长、经济波动与经济质量的变化特征，把握海洋渔业经济发展的总体现状，探索海洋渔业经济的发展规律，为后续研究提供基础。

（一）海洋渔业经济增长的时空变化特征

1. 时间变化特征

图3-1反映了中国海洋渔业经济增长变化情况。从全国角度分析，海洋渔业经济年均增长率为5.47%，但总体上呈现下降趋势且变动幅度较大，由2004年的8.09%下降到2016年的0.79%。虽然海洋渔业经济生产总值呈现增加趋势，但是增长速度逐步放缓。海洋渔业经济增长率大致可以划分为三个阶段：一是2004~2008年的逐步下降阶段，海洋渔业经济

增长率由2004年的8.09%下降到2008年的-0.018%；二是2009~2012年的加速上升阶段，海洋渔业经济增长率由2009年的3.29%下降到2011年的10.89%，2011年达到2003~2016年的最大值；三是2012~2016年快速下降阶段，海洋渔业经济增长率下降幅度较大，2016年比2012年下降8.9个百分点。2003~2016年海产品产量的环比增长率变动幅度较小，在2009年后总体上呈现下降趋势，但下降幅度不大。[①] 海洋渔业经济增长率呈现出的上下波动特征与海产品产量增长率呈现出的波动特征大致是吻合的，在不考虑通货膨胀率影响的基础上，海产品增长率的降低是造成海洋渔业经济增长率下降的主要原因。

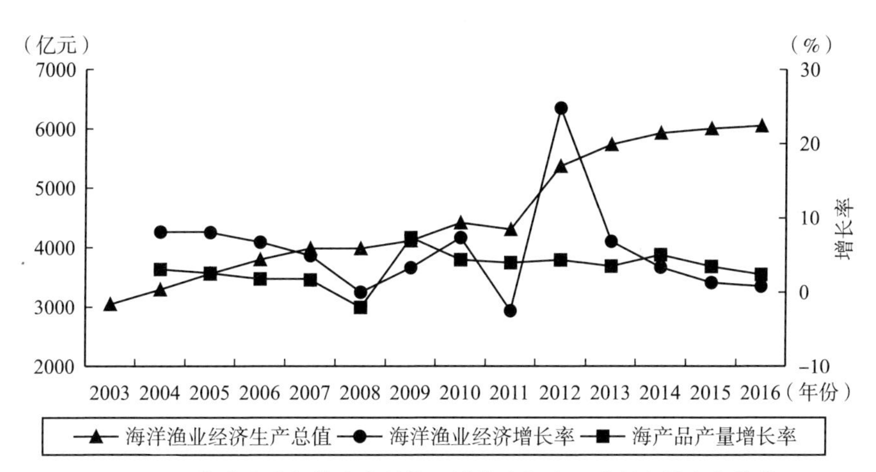

图3-1 海洋渔业经济生产总值、增长率与产品增长率的变化趋势

资料来源：《中国渔业统计年鉴》（2004~2017年）。

2. 空间差异特征

由表3-2可知，从全国角度分析，2004~2016年中国海洋渔业经济的年均增长率为5.414%，总体上呈现上升的趋势，增长幅度逐步较低，但是年际变化不大（标准差为0.067）。[②] 从区域角度分析，区域海洋渔业发展优势差异是造成区域渔业经济发展差异的主要原因。从区域年际增长

① 资料来源：根据历年《中国渔业统计年鉴》整理。

② 资料来源：《中国渔业统计年鉴》（2002~2017年）。

率指标分析，广西、江苏、河北、山东、天津、广东等地区的海洋渔业年均增长率均超过全国水平，成为推动全国海洋渔业经济增长的主要地区，而福建、浙江、辽宁、海南地区的海洋渔业年均增长率要低于全国水平。

表 3-2　　沿海各地区海洋渔业经济增长率的差异特征

地理区域	年均增长率（%）	环比增长率		
		均值（Mean）	标准偏差（σ）	变异系数（C. V.）
中国	5.414	5.597	0.067	1.193
天津	5.880	8.036	0.227	2.824
河北	6.570	8.278	0.206	2.488
辽宁	3.155	3.509	0.089	2.541
江苏	6.618	7.104	0.112	1.575
浙江	3.057	3.540	0.102	2.891
福建	5.151	5.457	0.087	1.590
山东	6.276	6.455	0.066	1.029
广东	5.872	8.036	0.227	0.992
广西	6.943	8.278	0.206	1.583
海南	2.857	3.509	0.089	3.595

资料来源：根据（2004~2017年）《中国渔业统计年鉴》整理。

在2004~2016年，广西、江苏、河北、山东等五个地区的海洋渔业年均增长率位居前五名，增长趋势明显。其中，江苏、河北、山东为中国海洋渔业的传统发展集中区，引导中国海洋渔业经济发展的趋势。近年来，随着广西地区经济改革，通过结构优化与技术创新海洋渔业获得较快发展，增长速度不断提高。近年来，作为海洋渔业经济发展大省的辽宁与浙江，其海洋渔业经济增长比较缓慢，增长速度要低于全国的平均水平。本研究构造了海洋渔业经济增长率的变异系数①，通过衡量区域海洋渔业

① 变异系数（C. V.）用来衡量观测值的变异程度，其公式为 C. V. = σ/Mean，σ 表示样本方差；Mean 表示样本均值。

经济增长的离散程度，研究区域海洋渔业经济增长率的波动情况。由表3-2可知，海南、浙江、天津、辽宁、河北等地区的海洋渔业经济增长率的变异系数较大，均超过0.2，说明这些地区的海洋渔业经济增长波动较大，离散程度较高。而山东与广东的海洋渔业经济增长率的变异系数均低于全国水平，离散程度较低，表明该地区的海洋渔业经济增长比较平稳。

（二）海洋渔业经济波动的时空变化特征

1. 时间变化特征

图3-2反映了2003~2016年中国海洋渔业经济的波动情况，是基于对海洋渔业经济生产总值序列进行处理（取对数，用lnGFP表示），采用HP滤波方法测算的海洋渔业经济长期演进趋势与短期波动情况，分别用Trend与Cycle表示。图3-2包含了三条变动曲线，即海洋渔业经济实际波动曲线、长期演进趋势曲线与短期波动曲线。其中，海洋渔业经济实际波动曲线直观地反映了海洋渔业经济呈现出“快速增长—波动上升—缓慢增长”的波动特征。

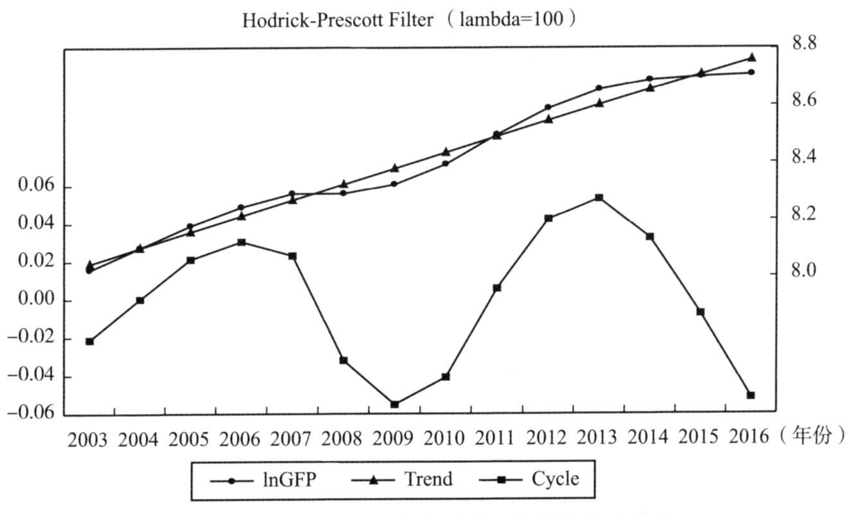

图3-2 2003~2016年海洋渔业经济的波动趋势

资料来源：根据2004~2017年《中国渔业统计年鉴》整理。

从长期演进趋势可以看出，海洋渔业经济呈现出直线上升的发展趋势。在剔除长期趋势后得到了短期波动曲线，客观地反映出海洋渔业经济发展的波动特征。在2006~2013年海洋渔业经济的短期波动较大，最大波动高度与深度分别达到5.31%、-5.53%，波动幅度在10.85%。总体来看，海洋渔业经济的短期波动呈现出“缓慢上升—波动下降—加速上升—加速下降”的特征。综上分析可知，中国海洋渔业经济的短期波动是影响中国海洋渔业经济发展的主要因素，随着海洋渔业经济的进一步发展，短期波动趋势将不会趋于平稳。

2. 区域差异特征

本节主要截取了2003年、2006年、2009年、2012年、2015年与2016年的天津、河北、辽宁、江苏、浙江、福建、山东、广东、广西、海南等地区的海洋渔业经济短期波动数据，分析沿海各地区海洋渔业经济波动情况，如图3-3所示。同时，利用沿海地区2003~2016年海洋渔业经济短期波动值的方差，进一步分析了沿海各地区海洋渔业经济短期波动的差异性。由图3-3可知，沿海各地区海洋渔业经济的短期波动均呈现正负上下波动的特征，且非同步性和非一致性的差异明显。图3-3可以看出，沿海各地区海洋渔业经济受区域经济环境（政策制度、资源禀赋、产

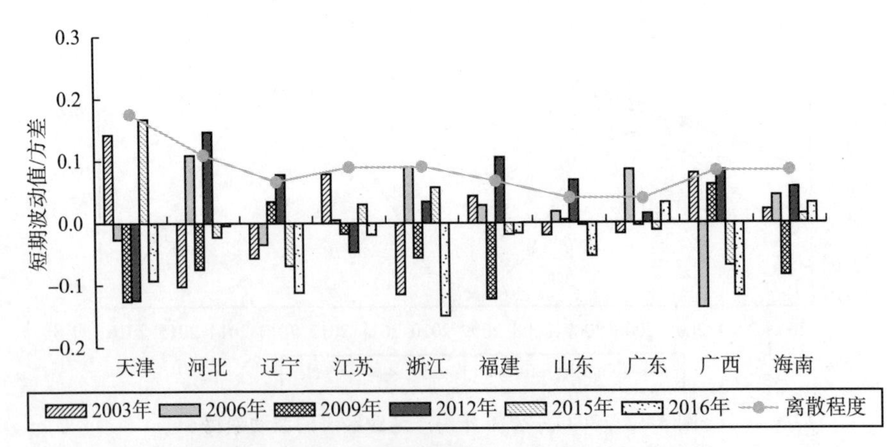

图3-3 沿海各地区海洋渔业经济波动的差异特征

资料来源：根据2004~2017年《中国渔业统计年鉴》整理。

业基础等）的影响，短期波动的变化在发展进程中的非同步性和非一致性差异显著。因此，海洋渔业产业结构演进不能一概而论或搞“一刀切”，而是在保持结构调整大方向一致性原则基础上，结合各地区海洋渔业发展实情，有针对性地逐步推进。

由短期波动的离散程度可知，山东、广东、辽宁、江苏、浙江、福建、广西、海南在2003～2016年间海洋渔业经济短期波动的方差低于10%，其离散程度要明显低于天津、河北。地区发展格局与区域产业结构升级是造成此差异的主要原因。天津作为中国经济改革的先行区，在区域产业发展定位与产业结构改革中，海洋渔业作为低效率、高资源投入的产业逐渐成为其边缘产业，导致海洋渔业产业发展的短期波动较大。河北作为京津冀经济圈主要辐射区域，北京与天津的产业结构调整与升级，尤其是唐山曹妃甸港口的投入使用，加快了其涉海相关产业向河北地区的转移，区域梯度间的产业转移加快了河北产业结构的重构，对海洋渔业发展造成巨大冲击，而山东、广东、辽宁、江苏、浙江、福建作为中国海洋渔业传统渔业大省，海洋渔业规模（例如渔业从业人数、养殖面积投入、渔船等）要远远高于天津，区域产业发展定位与结构升级虽然对海洋渔业发展造成冲击，但影响力要小于天津、河北。

（三）海洋渔业经济质量的时空变化特征

基于质态指标的测算方法，本节使用DEAP2.1软件，采用CRS模型测算了海洋渔业经济DEA－Malmquist指数，获得各地区海洋渔业经济全要素生产率的变动情况。测算结果主要包括技术效率变动（effch）、技术进步变动（techch）、规模效率变动（sech）与全要素生产率变动（tfp）四个指标，其中，全要素生产率的变动依赖于技术效率变动与技术进步变动，即全要素生产率＝技术效率×技术进步。

1. 时间变化特征

由测算结果可知，海洋渔业经济全要素生产率的年均值为1.005，表明全要素生产率年均提升0.5%，总体上呈现出不断增长的发展趋势，但增长幅度不大。从图3－4可以看出，海洋渔业全要素生产率在2007～2008年下降幅度较大，原因可能受2008年金融危机的影响，市场不稳定导致产业发展速度缓慢，资源要素使用效率降低；2009～2016 年变动幅度较低，基本保持平稳，这与中国经济进入新常态与供给侧结构性矛盾突出，经济发展缓慢有关。在 2010～2011 年、2012～2013 年、2014～2015 年内海洋渔业全要素生产率均低于 1.000，其下降幅度低于 2007～2008 年。总体而言，海洋渔业全要素生产率上下波动幅度较小。

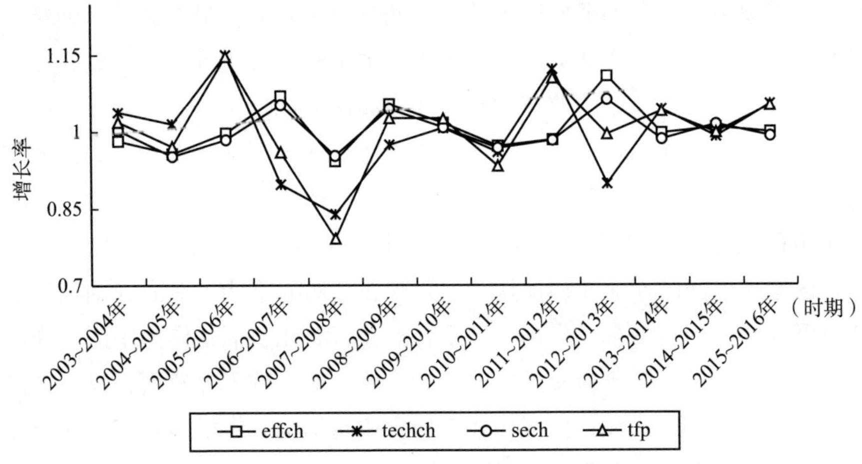

图 3－4　2003～2016 年海洋渔业全要素生产率的变动趋势

资料来源：根据 2004～2017 年《中国渔业统计年鉴》整理。

从图 3－4 全要素生产率指数的分解结果可知，海洋渔业技术效率变动与技术进步的均值分别为 1.006 与 0.995，海洋渔业技术效率变动大于 1.000，说明整体上中国海洋渔业技术效率是提高的，但技术进步变动在 2003～2016 年总体呈现出下降趋势，说明海洋渔业技术进步相较于产业发展的技术需求表现为退步特征。因此，可以说 2003～2016 年海洋渔业全要素生产率的提高得益于海洋渔业技术效率的改善而非技术进步。

2. 空间差异特征

地区经济发展水平与海洋渔业资源禀赋的不同造成海洋渔业全要素生产率的空间差异性比较显著。由前面可知，2003～2016 年中国海洋渔业全要素生产率年均值为 1.005，江苏、海南、广东、浙江、天津等地区超过全国平均水平，其中江苏最高，达 1.045，说明这些地区的海洋渔业年均全要素生产率总体上呈现出逐步提高的趋势。然而山东、广西、福建、辽宁、河北等地区的海洋渔业全要素生产率的平均值均低于1.000，表明这些地区的海洋渔业年均全要素生产率出现下降态势（见表3-3）。

表3-3　　　　沿海各地区海洋渔业全要素生产率变动差异

地区	effch	techch	sech	tfp	tfp 排序	C. V.
天津	1.001	1.014	1.001	1.015	5	0.320
河北	0.983	0.985	0.983	0.969	10	0.169
辽宁	1.000	0.975	1.000	0.975	9	0.150
江苏	1.051	0.995	1.009	1.045	1	0.078
浙江	1.000	1.016	1.000	1.016	4	0.192
福建	1.000	0.979	1.000	0.979	8	0.105
山东	1.000	0.99	1.000	0.990	6	0.062
广东	1.024	0.993	1.001	1.017	3	0.072
广西	1.000	0.985	1.000	0.985	7	0.075
海南	1.000	1.022	1.000	1.022	2	0.347

从区域布局分析，中国南方沿海地区海洋渔业年均全要素生产率普遍高于北方沿海地区。同时采用变异系数（C. V.）分析了2003~2016年各地区海洋渔业全要素生产率的变动情况，海南、天津、浙江、河北、辽宁、福建等地区的变异系数均超过江苏、广西、广东、山东等地区，表明海南、天津、浙江、河北、辽宁、福建等地区的海洋渔业全要素生产率年际变化较大，造成较大波动的原因可能是区域海洋渔业技术升级与产业结构调整。

从全要素生产率的分解结果可知，天津、江苏、广东的海洋渔业技术效率大于1.000，说明海洋渔业技术效率在2003~2016年逐步提升，而河北、辽宁、浙江、福建、山东、广东、海南等地区的海洋渔业技术效率为1.000，表明这些地区在2003~2016年技术效率没有发生改变。从技术进步变动角度分析，天津、浙江、海南的海洋渔业技术进步变动大于1.000，说明这些地区海洋渔业经过技术创新推动其前沿技术面向外拓展，扩展了海洋渔业生产可能性边界；而其他沿海省份的海洋渔业技术进步变化均小于1.000，说明该地区海洋渔业技术出现了退步。综上可知，天津海洋渔业全要素生产率的提高是由技术效率与技术进步共同提升的作用结果；江苏与广东的海洋渔业全要素生产率的提高主要依赖技术效率水平的提升，而浙江的海洋渔业全要素生产率的提高主要是由技术进步提升推动的。

第三节　中国海洋渔业产业结构演进的时空差异分析

结合第二章产业结构演进的相关分析，本节主要从产业结构高级化、合理化、软化、生产结构四个方面，分析海洋渔业产业结构演进的时间与空间差异特征。

一、指标选择与测算方法

（一）产业结构高级化

对于产业结构高级化的度量，在学术研究中存在颇多争议，没有一致性的度量指标。目前主要的度量方法包括四种，即非农产业比重、产业结构变动值、产业结构层次系数、Moore 结构变动系数。

（1）非农产值比重。产业结构高级化是指产业结构重心逐渐由第一产业的农业向第二、第三产业转移的过程，可以依据克拉克定律采用非农业产值占经济总产值的比重进行衡量[203]，具体公式如下：

$$R_{i,j} = \frac{GDP_{i,j} - AGDP_{i,j}}{GDP_{i,j}} \times 100\% \qquad (3-17)$$

在式（3－17）中，$R_{i,j}$表示 i 地区第 j 年非农产业产值占国内生产总值的比重，即产业结构高级化程度；$GDP_{i,j}$表示 i 地区第 j 年国内生产总值；$AGDP_{i,j}$表示 i 地区第 j 年农业产值。$R_{i,j}$越大，则产业结构高级化程度越高。此方法遵循了经济结构服务化发展规律，计算比较简单且结果比较直观，但是随着经济服务化程度的加剧，用非农产业所占比重很难反映出产业结构高级化的趋势。为此，部分学者对此进行了修改，即采用第三产业与第二产业的比值[29]或者高新技术产业的比重进行衡量[204]。

（2）产业结构变动值。基于动态理论视角设计的能够反映产业结构变动程度的指标，主要考察产业结构从基期到报告期的变动程度，具体公式如下：

$$V_j = \sum_{i=1}^{3} [(x_{i,j,1}/\sum_{i=1}^{3} x_{i,j,1}) - (x_{i,j,0}/\sum_{i=1}^{3} x_{i,j,0})]/(x_{i,j,0}/\sum_{i=1}^{3} x_{i,j,0}) \quad (3-18)$$

在式（3-18）中，V_j 表示 j 地区的产业结构变动度，$x_{i,j,1}$ 表示 j 地区第 i 产业报告期的产值，$x_{i,j,0}$ 表示 j 地区第 i 产业基期的产值，i=1，2，3，$\sum_{i=1}^{3} x_{i,j,1}$ 表示 j 地区报告期产业生产总值；$\sum_{i=1}^{3} x_{i,j,0}$ 表示 j 地区基期产业生产总值。V_j 值大于 0，表示产业结构不断上升，V_j 值小于 0 表示产业结构不断下降。虽然此测算方式能够反映某一区域产业结构变动程度，但是对产业结构演进方向的客观判断不清楚，应用在判断产业结构高级化程度不合适。

（3）产业结构层次系数。靖学青[205]、闫海洲[206]提出采用产业结构层次系数度量产业结构高级化程度，并将产业结构层次系数定义为，根据产业属性将区域内产业划分为 m 个产业，并基于这些产业在区域经济中所占的比重（q(j)，且 $0 < q(j) \leqslant 1$），将其按照从高层到低层的顺序进行排列，加权求和便可得到该区域产业结构层次系数，具体公式如下：

$$W = \sum_{i=1}^{m} \sum_{j=1}^{i} q(j) \quad (3-19)$$

在式（3-19）中，W 表示某区域的产业结构层次系数，W 值越大，产业结构层次系数越大，产业结构高级化程度越高。产业结构层次系数的局限在于不能客观地反映某区域一定时期（一般为 1 年）内产业结构高级化的绝对水平，可以用来比较不同地区产业结构高级化程度或不同时期内产业结构高级化变动情况。

（4）Moore 结构变动系数。20 世纪 70 年代末，约翰·H. 摩尔（John H. Moore）提出了 Moore 结构变动系数，用向量形式表示不同产业的占比，计算基期向量与报告期向量夹角的余弦值，通过三角函数运算，测算出向量夹角，并作为产业结构变动系数，计算公式如下：

$$M' = \cos(\alpha) = \sum_{i=1}^{m}(w_{i,0} \times w_{i,t}) / \sqrt{(\sum_{i=1}^{m}(w_{i,0}^2)) \times (\sum_{i=1}^{m}(w_{i,t}^2))}$$

$$\alpha = \arccos(M') \tag{3-20}$$

在式（3－20）中，M'是基期向量与报告期向量夹角的余弦值，表示为Moore结构变动值，$w_{i,0}$表示第i产业在基期占总产值的比重，$w_{i,1}$表示为第i产业在报告期占总产值的比重，m表示产业部门的数量，α为矢量夹角，即基期向量与报告期向量的夹角。α值越大，产业结构变动越快，能够较好地反映产业结构演进的变动速率情况。但是无法反映产业结构高级化的变化方向。为此，部分学者（例如靖学青、付凌晖、周磊）对Moore结构变动系数进行了相应的改进。付凌晖（2010）基于Moore结构变动系数构造一种度量产业结构高级化的指标，并通过实证测算发现此指标能够更好地衡量产业结构高级化。具体过程为：首先，按照三次产业划分的标准，将全部产业划分为三类产业门类，并以三次产业对GDP贡献度为分量构造向量$X_0 = (x_{1,0} \quad x_{2,0} \quad x_{3,0})$；其次，分别计算$X_0$与产业由低层次到高层次排列的向量$X_1 = (1 \quad 0 \quad 0)^T$，$X_2 = (0 \quad 1 \quad 0)^T$；$X_3 = (0 \quad 0 \quad 1)^T$的夹角$\alpha_j(j=1, 2, 3)$，计算公式如下：

$$\alpha_j = \arccos(\sum_{i=1}^{3}(x_{i,j} \times x_{i,0}) / \sqrt{\sum_{i=1}^{3} x_{i,j}^2 \times \sum_{i=1}^{3} x_{i,0}^2}) \tag{3-21}$$

根据式（3－21）计算出矢量夹角，用三次产业的比重向量与对应坐标轴的夹角来定义产业结构高级化值，具体公式如下：

$$V_{i,j} = \sum_{i=1}^{3}\sum_{j=1}^{i}\alpha_j \tag{3-22}$$

$V_{i,j}$值越大，表明产业结构的高级化水平越高。此方法得到较多学者（例如罗神清，2013；王辉，2014）的验证，比较适合于对产业结构高级化的度量。

综上所述，结合研究需要与以上四种方法的优势，采用海洋渔业第三产业产值与第二产业产值的比重与Moore结构变动值两种方法衡量海洋渔业产业结构高级化水平。

（二）产业结构合理化

产业结构演进主要包括两种方向，即合理化与高级化。产业结构合理化侧重产业之间的协调程度与资源在产业间配置的合理性，即衡量要素投入结构与产出结构的耦合程度。产业结构合理化的度量方法根据研究需要的不同具有差异性，目前主要包括泰尔指数法、结构偏离度法、函数构造法、标准模式法、结构熵指数法等。大多数学者采用结构偏离度衡量产业结构的合理化水平，被看作是要素投入结构和产出结构的一种耦合态势，具体公式如下：

$$E_t^j = \sum_{i=1}^{n}\left|\frac{y_{i,t}^j / y_t^j}{L_{i,t}^j / L_t^j} - 1\right| = \sum_{i=1}^{n}\left|\frac{y_{i,t}^j / L_{i,t}^j}{y_t^j / L_t^j} - 1\right| \tag{3-23}$$

在式（3-23）中，E_t^j 表示 j 地区在第 t 时期的产业结构合理化程度；i 表示产业，n 表示产业部门数；$y_{i,t}^j$ 表示 j 地区在第 t 时期内 i 产业的产值；y_t^j 表示 j 地区在第 t 时期内所有产业产值之和，即总产值；$L_{i,t}^j$ 表示 j 地区在第 t 时期内 i 产业发展的劳动力投入量；L_t^j 表示 j 地区在第 t 时期内所有产业发展的劳动力投入总量；$y_{i,t}^j / L_{i,t}^j$ 与 y_t^j / L_t^j 分别表示 j 地区在第 t 时期的第 i 产业与总体经济的劳动生产率。当 $y_{i,t}^j / L_{i,t}^j = y_t^j / L_t^j$ 时，第 i 产业的劳动生产率等于总体经济的劳动生产率，在此时，经济处于均衡状态，产业结构得到最佳合理化程度。但部分学者（例如干春晖等[30]，2011）认为此方法存在缺陷，主要是忽略了各产业主体的相对重要性。近年来，大部分学者采用泰尔指数度量产业结构合理化程度。泰尔指数（Theil index）又称泰尔熵标准，是由德国经济学家泰尔于 1967 年利用信息理论中的熵概念提出来的，最初用来衡量个人之间或地区之间收入不平等的指标，此指数经常被使用。后来经过多位学者的验证与分析，一致认为泰尔指数也是衡量产业结构合理化相对较好的指标，被众多学者广泛使用。本研究在借鉴干春晖等做法的基础上，为保证数据的非负性与可比性对泰尔指数进行适度修改，修改后的产业结构合理化具体测算公式如下：

$$TL_t^j = \sum_{i=1}^{3}\left(\frac{y_{i,t}^j}{y_t^j}\right)\left|\ln\left(\frac{y_{i,t}^j / y_t^j}{L_{i,t}^j / L_t^j}\right)\right| \tag{3-24}$$

在式（3-24）中，TL_t^j 表示 j 地区在第 t 时期的产业结构合理化程度。当经济发展处于均衡状态时，即 $y_{i,t}^{j}/L_{i,t}^{j} = y_{t}^{j}/L_{t}^{j}$，泰尔指数等于0，表示产业结构处于绝对合理化水平。TL_{t}^{j} 值越大，表示产业结构与就业结构越不协调，产业结构就越不合理。

由于缺少海洋渔业三次产业从业人数的具体统计，导致本研究无法采用泰尔指数衡量海洋渔业产业结构合理化水平。鉴于产业结构的协调性、完整性与速度的均衡性是产业结构合理化的三个标准，产业结构协调性是其中心内容[207]，借鉴王晓明（2011）[208]的做法，采用结构熵衡量海洋渔业产业结构的协调程度，间接度量海洋渔业产业结构合理性。在信息经济理论中，熵指数用来反映系统中因素的活跃程度。熵指数越大，系统内因素的活跃度就越高。产业结构熵指数是信息论中的熵指数概念向产业经济中的延伸与应用，海洋渔业产业结构熵指数计算公式为：

$$e_{i,t} = \sum_{j=1}^{n} [X_{i,j,t} \ln(1/X_{i,j,t})] \tag{3-25}$$

在式（3－25）中，$e_{i,t}$表示 i 地区在 t 时期的海洋渔业产业结构熵指数，$X_{i,j,t}$表示在海洋渔业产业体系内 i 地区 t 时期内 j 产业占海洋渔业总产值的比重，j 表征海洋渔业产业种类，且 $j \in N^{+}$。由式（3－25）可以看出，当海洋渔业各产业占海洋渔业生产总值的比重相等时，海洋渔业产业结构熵指数达到最大值。如果海洋渔业内各产业发展出现不均匀，产业结构熵指数就越较小。换言之，如果海洋渔业产业结构熵指数越大，说明海洋渔业产业结构的发展趋于多元化，产业之间的发展程度较为协调，这得益于海洋渔业生产要素的合理流动与配置，反之，则说明海洋渔业经济中产业发展不协调，海洋渔业产业结构趋向单一化，产业结构不合理。综上所述，海洋渔业产业结构熵指数越高，各产业发展将比较均衡、协调，产业结构就越合理。

（三）产业结构软化

产业结构优化升级的基本着力点是在推进产业结构高级化、合理化过程中，逐步实现产业结构软化，提高三大产业中服务业（软化产业）在国民经济发展中的比重或提高“软要素”（例如信息、技术、服务和知识等）在硬产业发展中的作用。海洋渔业作为基础产业，同样面临着产业结构软化升级的问题。通过海洋渔业产业结构演进升级，逐步提高海洋渔业服务水平与产业地位。学术界从理论视角对产业结构软化的研究颇多，但在衡量产业结构软化方法方面研究较少，目前主要采用的测算方法有三种，即服务业占国内生产总值比重（例如邓于君与李美云，2014）、第三产业总产值占国内生产总值比重（例如王然，2013）、第三产业就业人数占就业总人数的比重（例如李健等，1994）。总体来看，对于产业结构软化度量主要涉及服务业在国民经济中的地位或者服务业投入要素在总体经济投入要素的比例。故采用海洋渔业第三产业占海洋渔业生产总值的比重作为衡量海洋渔业产业结构软化的度量指标，具体公式如下：

$$ssoften_{i,t} = \frac{ftiv_{i,t}}{fpv_{i,t}} \tag{3-26}$$

在式（3－26）中，$ssoften_{i,t}$表示 i 地区第 t 时间内海洋渔业产业结构软化水平；$ftiv_{i,t}$表示 i 地区第 t 时间内海洋渔业第三产业（海洋渔业流通与服务业）的产值；$fpv_{i,t}$表示 i 地区第 t 时间内海洋渔业生产总值。$ssoften_{i,t}$值越大，表明海洋渔业产业结构软化水平越高，反映了在海洋渔业产业体系中第三产业所占比重不断提高，即海洋渔业的服务化水平显著提高。

基于以上测算方法，学者们对产业结构的软化程度进行了阶段划分。李健等认为产业结构软化度的取值范围在 0～1 之间，越接近于 1，产业结构的软化程度越高[209]。根据产业结构的软化程度，一般将产业划分为三种类型，即硬型产业（软化度＜40%）、软化型产业（40%≤软化度≤60%）、高度软化型产业（软化度＞60%）[210]。从经济体系整体角度分析，产业结构升级能够促进产业体系逐渐由硬型产业向软化型产业和高度软化型产业依次转移，实质是产业服务化程度与水平的提高。产业结构软化水平的提高，推进产业“软要素”在产业体系中的合理配置，提高“软要素”生产效率。

（四）生产结构

海洋渔业是围绕海产品而逐步形成的集生产、加工、流通、贸易、旅游等为一体的产业门类体系，保持一般产业结构属性的前提下，还具有自身的产业特性，海洋渔业三次产业关联性要大于一般性的产业，海洋渔业第二、第三产业的发展依赖于第一产业的发展规模。为充分反映出海洋渔业特有的产业属性，本研究将海洋渔业生产结构引入到海洋渔业产业结构研究范畴中。部分学者（例如包特力根白乙和宋香荣）对渔业生产结构进行了多元分析，认为渔业生产结构属于多层次的复合结构，是渔业内部各产业之间以及产业内部各类生产之间的组成及相互关系的客观反映，其中海洋捕捞、海水养殖与水产品加工是海洋渔业的一级生产结构[211]。为了全面客观地反映海洋渔业生产结构的演进，本节将从海产品类型角度设置两种指标，即以鲜活海产品生产为主的养捕结构与以海产品加工为主的加工系数。

（1）海洋渔业养捕结构。该指标重点反映在不同生产方式作业下海洋渔业产量的变动情况。纵观海洋渔业经济发展历程，第一产业始终在海洋渔业经济体系中占主导地位，生产结构的变化会对海洋渔业经济发展带来较大影响，主要包括两个层面：一是微观层面，海洋渔业生产结构的演进会引起生产要素地位与配置的转变，例如海洋渔业生产方式由捕捞转向养殖，增强了对海水养殖空间的依赖性，从而提高了海域空间资源对海产品生产的重要性；二是宏观层面，海洋渔业生产结构的演进会引起海洋渔业第二、第三产业发展规模的变化，海水养殖与远洋渔业的发展加大了对海洋渔业船舶、建筑、流通、仓储等需求，一定程度上会促进海洋渔业第二、第三产业的发展。由此分析可知，海洋渔业生产结构的变化会引起投入要素配置方式的变更，进而影响海洋渔业经济的可持续发展。海洋渔业生产结构指标的具体测算公式为：

$$mfcs_{i,t}=\frac{fqi_{i,c,t}}{fqi_{i,f,t}} \quad (3-27)$$

在式（3－27）中，$mfcs_{i,t}$为 i 地区第 t 年的海洋渔业生产结构系数，$fqi_{i,c,t}$表示 i 地区第 t 年的海洋渔业养殖产量，$fqi_{i,f,t}$表示 i 地区第 t 年的海洋渔业捕捞产量。海洋渔业生产结构 $mfcs_{i,t}$的大小不能反映海洋渔业发展的优劣，仅能反映海洋渔业生产方式的变化，以及对海洋渔业经济发展要素的影响，能为促进中国海洋渔业经济转型提供参考依据。

（2）海产品加工系数。该指标主要反映海产品精深加工程度与海产品供给的多元化水平。海产品加工水平的提高主要存在两个因素：一是海产品易腐烂、不易存储的产品属性；二是市场对多元化海产品的消费需求。前者是推动海产品加工业发展的基础动力，后者是扩大海产品加工规模与加工产品多样化的根本推动力。同时，海产品加工规模与水平的扩大和提高，一方面能够吸引生产要素（例如劳动力、资本、技术、知识等）聚集于海洋渔业第二产业内，促进海洋渔业资源的流动与再配置；另一方面加速推进鲜活海产品供给能力的提升和海洋渔业流通与服务业的发展。因此，设置海洋渔业加工系数反映海洋渔业产业结构演进具有一定的价值。故本研究将海产品加工系数定义为海水加工产品数量占鲜活海产品数量的比重，具体公式如下：

$$mfsp_{i,t} = \frac{fpq_{i,t}}{tfq_{i,t}} \tag{3-28}$$

在式（3－28）中，$mfsp_{i,t}$为 i 地区第 t 年的海产品加工系数，$fpq_{i,t}$表示 i 地区第 t 年的海洋渔业的海水加工产品数量；$tfq_{i,t}$表示 i 地区第 t 年海洋渔业鲜活海产品数量。由于海水加工产品数量要小于用于产品加工的海产品数量，用于加工的海产品数量小于鲜活海产品总量，所以 $fpq_{i,t}$的取值应该属于［0　1］。

二、时空差异特征

基于前面相关内容分析，本节主要从三次产业贡献度、产业结构高级化、产业结构合理化、产业结构软化、生产结构等方面实证分析中国海洋渔业产业结构演进的时空差异特征。

（一）海洋渔业三次产业贡献度分析

1. 时间变化特征

海洋渔业经济发展依赖于三次产业发展，通过海洋渔业三次产业贡献度的分析，进一步明确海洋渔业经济增长的动力来源与演进路径。从年均贡献度分析，2003～2016 年中国海洋渔业三次产业对海洋渔业经济增长的平均贡献度分别为 44.23%、32.55%、23.13%，海洋渔业第一产业的贡献度大于海洋渔业第二、第三产业的贡献度，以第一产业为主导的海洋渔业产业结构形态没有发生改变。从总体发展趋势分析，中国海洋渔业第一产业与第二产业对海洋经济发展的贡献度从2012年呈下降趋势，但下降的幅度较小。

由图3-5可知，2003~2016年海洋渔业第一产业与第二产业贡献度差距可以划分两大阶段：2003~2007年的递减阶段，即两者贡献度的差距呈现逐渐缩小趋势；2008~2016年的递增阶段，即两者贡献度的差距又逐渐增加，但增加力度不显著。而海洋渔业第三产业在2003~2016年呈现出逐步增长的趋势，增长幅度在5%左右。根据海洋渔业第三产业贡献度年际波动情况，可以将其划分为三个阶段，即2003~2007年的平稳增长阶段，2008~2012年的快速波动增长阶段与2012~2016年的缓慢增长阶段。从海洋渔业产业结构形态分析，2003~2016年中国海洋渔业产业结构形态始终呈现出“一二三”型，仍以海洋渔业第一产业为主，但三次产业对海洋渔业经济发展贡献度的差距逐步缩小。

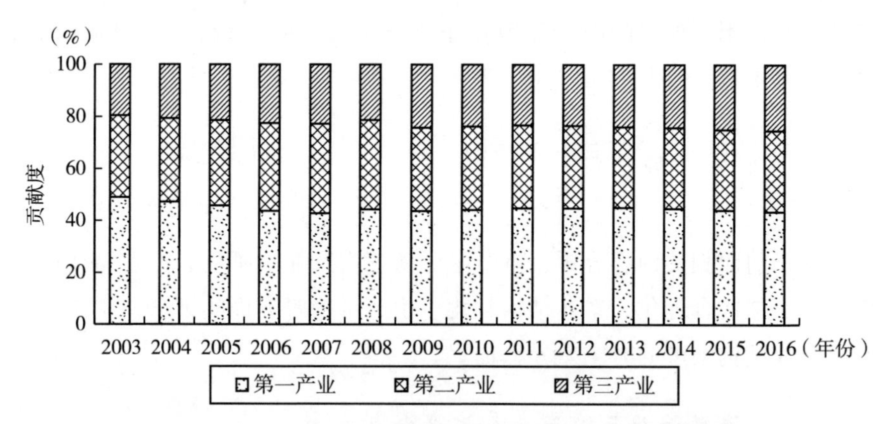

图3-5 2003~2016年海洋渔业三次产业贡献度的变化趋势

资料来源：根据2004~2017年《中国渔业统计年鉴》整理。

2. 区域差异特征

受区域资源禀赋、经济基础、政策支撑等方面的影响，沿海各地区海洋渔业三次产业对海洋渔业经济增长的贡献存在较大差异。本书基于海洋渔业发展数据，测算了沿海各地区2003~2016年海洋渔业三次产业贡献度，并采用2003～2016年的三次产业的平均贡献分析海洋渔业三次产业贡献度的区域差异性（见图3－6）。从图3－6可以看出，天津、海南、河北、广西、江苏、辽宁等地区海洋渔业第一产业的平均贡献度超过50%，表明这些区域海洋渔业经济增长主要依赖于第一产业发展，是海洋渔业产业结构转型升级的核心地区。广东与福建的海洋渔业第一产业平均贡献度要低于天津、海南、河北、广西、江苏、辽宁等地区，但仍然为海洋渔业经济发展的主导产业。山东与浙江的海洋渔业第一产业的平均贡献度要低于海洋渔业第二产业的平均贡献度，说明海洋渔业第二产业在两地区得到较快发展，逐渐成为两地区经济增长的主要产业。

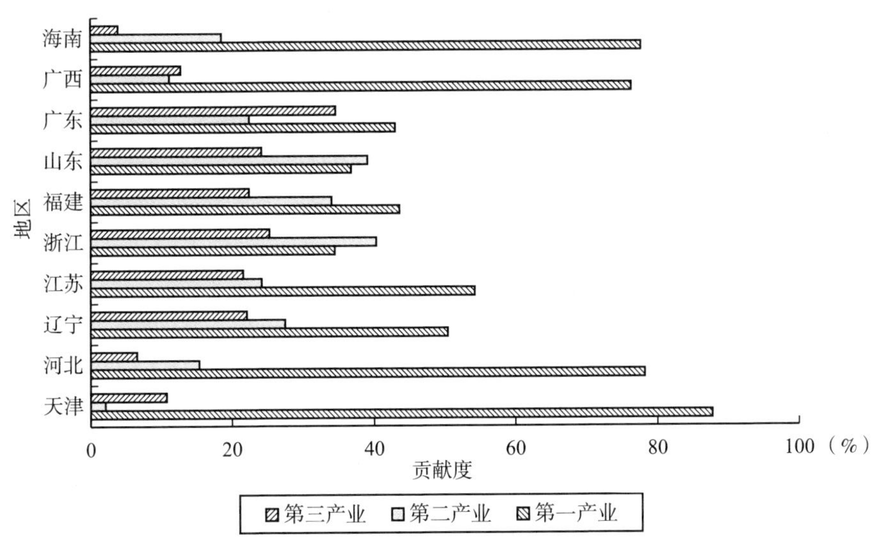

图3－6 沿海各地区海洋渔业三次产业贡献度的区域差异

资料来源：根据2004～2017年《中国渔业统计年鉴》整理。

从海洋渔业第二产业平均贡献度分析，浙江、山东、福建、广东、江苏等地区海洋渔业第二产业的平均贡献度高于20%，而天津、河北、海南等地区的海洋渔业第二产业贡献度低于20%。从海洋渔业第三产业平均贡献度分析，广东、浙江、山东、福建、辽宁、江苏等地区的第三产业贡献度超过20%，其余地区均低于10%。产生此结果的原因为广东、浙江、山东、福建、辽宁、江苏为中国海洋渔业经济大省，海洋渔业第二、第三产业的发展依赖于雄厚的海洋渔业经济发展基础，例如渔港建设。

比较分析2003年与2016年海洋渔业产业结构形态可知（见表3-4），天津、河北、辽宁、海南等地区的海洋渔业产业结构形态没有发生变化，仍呈现出“一二三”型，福建海洋渔业产业结构形态由2003年的“一三二”型转为2016年的“一二三”型，海洋渔业第二产业发展超过第三产业，但仍以第一产业为主导。江苏海洋渔业产业结构形态变化呈现出第三产业发展比较迅速，其产值超过海洋渔业第二产业，产业结构形态呈现出“一三二”型。

表3-4　2003年与2016年沿海地区海洋渔业产业结构形态　单位：%

地区	2016年产业贡献度			产业结构形态	2003年产业贡献度			产业结构形态
	第一产业	第二产业	第三产业		第一产业	第二产业	第三产业	
天津	92.63	0.18	7.20	一三二	95.66	1.72	2.62	一三二
河北	85.18	10.41	4.41	一二三	71.60	21.45	7.95	一二三
辽宁	54.59	24.79	20.62	一二三	54.95	22.89	22.16	一二三
江苏	50.81	16.86	32.33	一三二	58.32	29.93	11.75	一二三
浙江	30.93	39.16	29.91	二一三	40.93	35.06	24.01	一二三
福建	44.40	38.53	17.07	一二三	42.43	28.54	29.02	一三二
山东	39.41	35.92	24.67	一二三	34.98	42.83	22.19	二一三
广东	39.85	15.09	45.06	二一三	48.38	24.74	26.88	一三二
广西	78.38	12.54	9.08	一二三	78.10	7.65	14.35	一三二
海南	77.52	18.10	4.38	一二三	84.39	12.97	2.64	一二三

资料来源：根据2004~2017年《中国渔业统计年鉴》整理。

浙江与广东的海洋渔业产业结构形态在2016年呈现出“二一三”型，海洋渔业第一产业的主导地位已经被第二产业所取代，但第三产业的经济效益仍低于第一产业。山东的海洋渔业产业结构形态由2013年的“二一

三”型转为2016年“一二三”型，海洋渔业第二产业的发展优势逐渐降低，可能是受2008年金融危机的影响，导致海洋渔业第二产业的发展速度降低与经济效益下滑。总体来看，中国海洋渔业第三产业对海洋渔业经济发展的贡献度要小于第一、第二产业，除广东与浙江外，其他沿海地区仍以海洋渔业第一产业为主。

（二）海洋渔业产业结构高级化的时空差异特征

本节主要采用Moore结构变动值反映海洋渔业结构高级化程度。基于式（3-21）与式（3-22）测算了海洋渔业产业结构高级化水平，并从时间与空间维度系统分析海洋渔业产业结构高级化演进趋势与空间差异特征。

1. 时间变化特征

由图3-7可以看出，中国海洋渔业产业结构高级化水平总体上呈现增长趋势，这与海洋渔业经济向服务化转移的方向是基本吻合的。2003~2016年海洋渔业Moore结构变动系数基本保持在5.25~5.40，年际变动浮动不大，年均增长率在0.21%，客观反映出中国海洋渔业产业结构高级化演进比较缓慢。2003~2007年海洋渔业Moore结构变动系数处于快速增长阶段，这与海洋渔业功能拓展与部门完善有较大关系，产业体系的完善与产业规模的相对扩大推进了产业结构高级化水平的提高。2008~2011年海洋渔业Moore结构变动系数呈现波动下降趋势，反映了此阶段海洋渔业产业结构高级化水平有所下降，这可能是受中国经济发展进入降挡减速的新常态与2008年金融危机的影响，导致海洋渔业第二、第三产业受到较大冲击，影响其稳定发展。2012~2016年海洋渔业Moore结构变动系数呈现出平稳增长趋势，海洋渔业产业结构高级化程度由2012年的5.35增加到2016年的5.40，2015年后增长趋势明显，原因在于受中国供给侧结构性改革战略措施的影响，海洋渔业经济发展通过优化内部产业结构，产业整体效益逐步改善。

同时，利用海洋渔业第三产业占第二产业的比重衡量了海洋渔业结构高级化程度，其变化趋势基本上与Moore结构变动系数的变化趋势是一致的（见图3-7）。

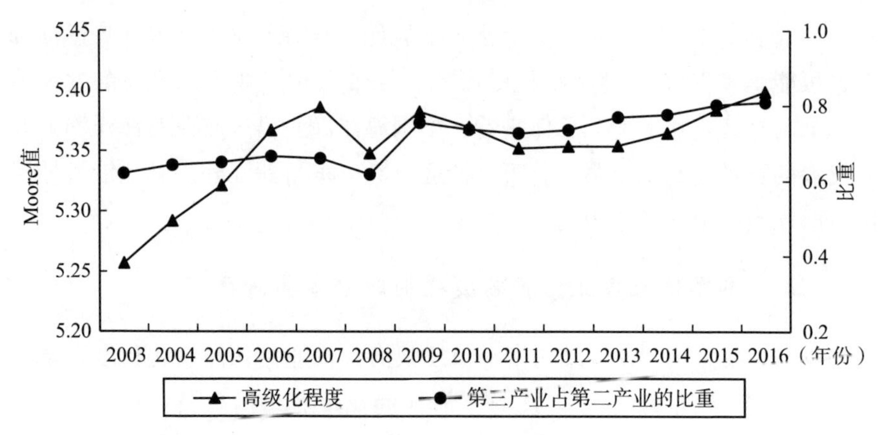

图 3-7　2003~2016 年海洋渔业产业结构高级化变动趋势

资料来源：根据 2004~2017 年《中国渔业统计年鉴》整理。

2. 区域差异特征

图 3-8 反映了沿海各地区海洋渔业产业结构高级化的差异特征。根据 2003~2016 年海洋渔业产业结构高级化均值，采用聚类分析方法将中国沿海地区海洋渔业产业结构高级化程度划为三个层次：第一层次是 Moore 结构变动均值高于 5.4 的地区，主要包括广东、浙江与山东；第二层次是 Moore 结构变动均值在 5.2~5.4 之间的地区，主要包括福建、江苏与辽宁；第三层次是 Moore 结构变动均值低于 5.0 的地区，主要包括广西、天津、海南与河北。

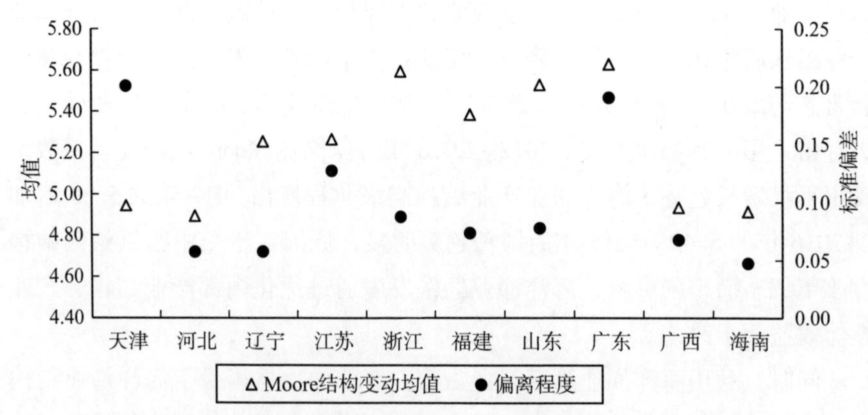

图 3-8　沿海各地区海洋渔业产业结构高级化的变化差异

资料来源：根据 2004~2017 年《中国渔业统计年鉴》整理。

由此可以看出，海洋渔业高级化程度较高的地区基本上为中国海洋渔业经济发展大省，广东、浙江、山东分别是珠三角、长三角与环渤海经济区的海洋渔业经济发展较好的地区。天津是中国经济发展的重要地区，涉海重工业、制造业、交通运输业等非海洋渔业产业得到较快发展，但海洋渔业经济逐渐衰退。广西与海南的海洋渔业发展受较强的技术约束导致开发能力不足，限制海洋渔业经济的发展规模。河北作为北京与天津两地区的经济腹地或产业转移重点区域，国家加强了对河北海岸线的开发程度，通过港口与高新技术产业园区建设，加速区域结构调整的同时削弱了对海洋渔业经济发展的投入，导致海洋渔业发展缓慢且规模逐渐缩小。

海洋渔业 Moore 结构变动值的标准偏差反映了各地区海洋渔业产业结构高级化在 2003 ~ 2016 年的变动情况。由图 3 – 8 可知，在 2003 ~ 2016 年，天津、广东与江苏的 Moore 结构变动值的标准偏差均高于 10%，其年际变动幅度要大于沿海其他地区。从 2003 ~ 2016 年海洋渔业产业结构高级化的年均增长速度分析，广东、江苏、浙江、天津、海南的结构高级化的年均增长速度大于 0，而河北、福建、山东、广西、辽宁的结构高级化程度的年均增长速度小于 0。

（三）海洋渔业产业结构合理化的时空差异特征

产业结构熵是衡量海洋渔业产业结构合理化的重要指标。本节基于式（3 – 25）测算了海洋渔业产业发展的协调程度，并从时间与空间两个维度系统分析海洋渔业产业结构合理化水平的变化趋势与区域差异。

1. 时间变化特征

由图 3 – 9 可以看出，中国海洋渔业产业结构熵总体上呈现逐年增加的趋势，产业结构合理化程度由 2003 年的 1.783 增加到 2016 年的 2.117，年均增长 1.33%，以 2009 年为分界点，2003 ~ 2008 年中国海洋渔业产业结构合理化水平低于 2，2009 年后（含 2009 年）海洋渔业产业结构合理化水平高于 2。这说明了随着海洋渔业经济的结构性改革，海洋渔业产业结构的合理化水平不断提高，海洋渔业生产要素得到合理配置与有效利用。

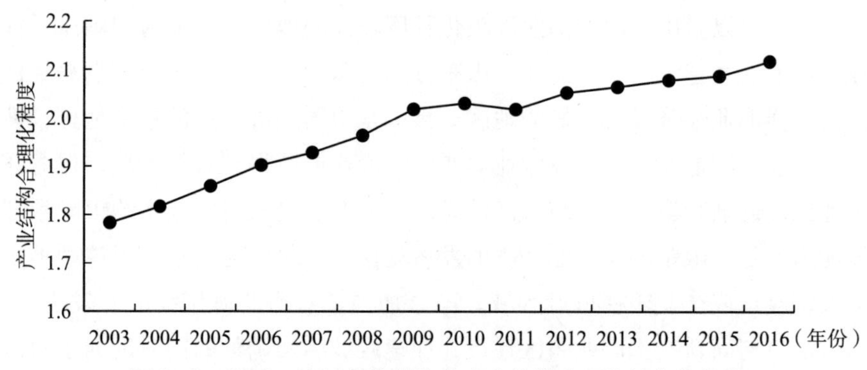

图3-9　2003~2016年海洋渔业产业结构合理化的变化趋势

资料来源：根据2004~2017年《中国渔业统计年鉴》整理。

从增长速度分析，2003~2009年与2012~2016年的海洋渔业产业结构合理化水平的增长速度要高于2009~2011年。本节认为引起海洋渔业产业结构合理化水平提高的主要原因：一是市场调节效果显著，充分发挥了市场在资源配置方面的作用，优化了海洋渔业生产要素再分配的方式与结构，提高了生产要素的边际效益；二是政府宏观调控作用增强，政府出台的有关海洋渔业的柴油补贴、渔船双控、渔民转产转业等政策措施，优化了海洋渔业经济发展环境，为海洋渔业产业效率的提升提供了政策支撑。

2. 区域差异特征

本节基于沿海各地区海洋渔业产业结构合理化水平的均值，采用聚类分析方法将沿海11地区划分为3个层次。第一层次是指产业结构合理化程度大于2.0的地区，仅包括山东与辽宁；第二层次是指产业结构合理化程度在1.5~2.0之间，主要包括福建、江苏、广东、浙江与广西；第三层次是指产业结构合理化程度在1.0~1.5之间，主要包括河北、海南与天津。由此可以看出，72.73%的沿海地区海洋渔业产业结构合理化水平处于1.0~2.0之间。从2016年的海洋渔业结构合理化水平可以看出，山东的海洋渔业产业结构合理化程度最高，为2.304，其次为辽宁与江苏，天津、海南的海洋渔业产业结构合理化程度均小于1.0。

根据2003~2016年地区海洋渔业产业结构合理化变动趋势（见图3-10）

分析，沿海10地区海洋渔业产业结构合理化变动趋势差异显著。天津、河北、海南地区的海洋渔业产业结构合理化总体上呈现出下降趋势，其中天津与海南的下降趋势明显，说明这些地区海洋渔业产业之间发展不协调，影响了海洋渔业生产要素边际效率的提高，致使海洋渔业产业结构不合理问题比较严重。山东、浙江与江苏等地区的海洋渔业产业结构熵呈现增加趋势，表明随着海洋渔业产业结构的改革，这些地区的产业结构合理程度不断改善，实现了生产要素效率的提升与不同产业之间的协调发展。

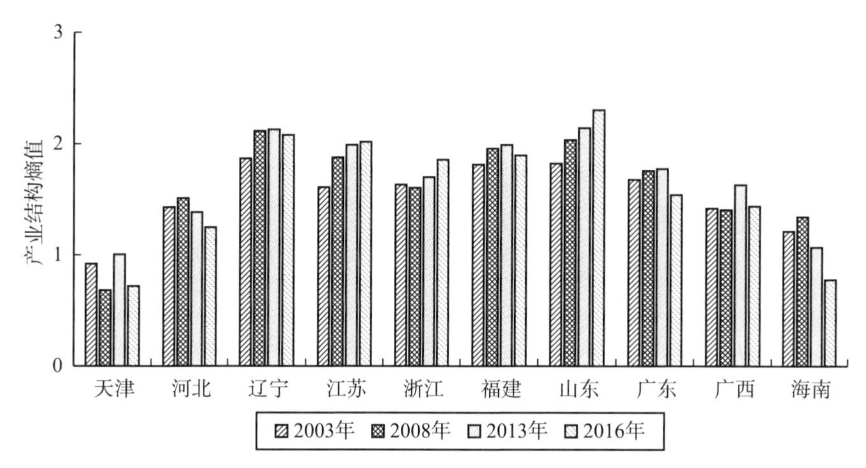

图3-10　沿海各地区海洋渔业产业结构合理化的变动趋势

资料来源：根据2004年、2009年、2014年、2017年《中国渔业统计年鉴》整理。

（四）海洋渔业产业结构软化的时空差异特征

基于前文分析，本节利用式（3-26）测算了中国海洋渔业产业结构软化水平，并从总体与区域视角，分析海洋渔业产业结构软化程度的时间变化趋势与空间差异特征。

1. 时间变化特征

海洋渔业产业结构软化主要衡量在海洋渔业经济发展中“软要素”投入所带来的经济价值，是产业发展动能转换的客观反映。海洋渔业第三产业发展直接影响海洋渔业产业结构软化水平，从图3-11可以看出，中国海洋渔业第三产业产值总体上呈增长趋势，2003~2016年的年均增长率为

7.64%。2003~2012 年增长趋势比较明显，年均环比增长率在 9% 左右，但 2013~2016 年增长趋势比较平稳，平均环比增长率低于 2003~2012 年 5 个百分点。海洋渔业第三产业的发展使得中国海洋渔业产业结构软化度总体上呈现出增长趋势，但增长速度比较缓慢，2016 年达到 25.29%，比 2003 年增长约 6 个百分点，年均增长率在 2.11%。

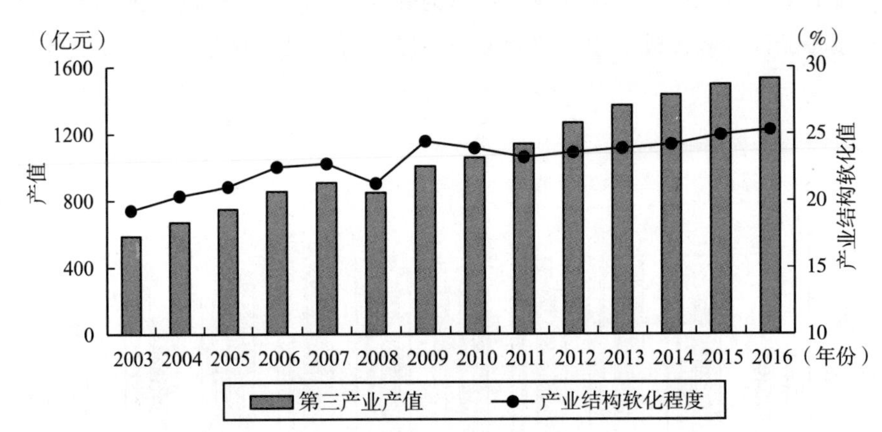

图 3-11　2003~2016 年海洋渔业第三产业产值和产业结构软化变动趋势

资料来源：根据 2004~2017 年《中国渔业统计年鉴》整理。

根据马云泽（2004）提出的产业划分标准，海洋渔业产业结构软化指数低于 40%，属于硬产业，表明海洋渔业经济发展主要依赖于劳动力、资金等"硬要素"，而非科技、信息、知识、人才等"软要素"，仍然以要素、投资驱动为主，科技创新驱动还未形成，但海洋渔业产业结构软化的增长趋势表明在中国宏观经济改革背景下，通过渔业供给侧结构性改革，将不断提高"软要素"在海洋渔业经济发展的作用，加速推动海洋渔业发展的新旧动能转换，促进海洋渔业创新发展。

2. 区域差异特征

受区域经济发展水平的影响，沿海各地区海洋渔业产业结构软化存在较大差异。2016 年，广东、江苏、浙江、山东等地区的海洋渔业产业结构软化水平高于全国平均水平。广东的海洋渔业产业结构软化程度高于 40%，已经从硬型产业转向软化型产业，江苏的海洋渔业产业结构软化程度增长趋势明显，由2003年的11.76%增加到2016年32.33%，山东与浙江的海洋渔业产业结构软化程度增长比较缓慢，海南、河北、天津、广西等地区的产业结构软化程度均低于10%。由2003～2016年沿海各地区海洋渔业产业结构软化程度的均值可以看出，仅有广东、浙江、山东等地区海洋渔业产业结构软化程度高于全国平均水平，70%的沿海地区低于全国平均水平。由此可以推断出，中国海洋渔业产业结构软化的区域性差异比较显著且不均衡特征明显。从海洋渔业产业结构软化的平均变动水平分析，沿海各地的产业结构软化水平均低于40%，均属于硬产业，且海南与河北的海洋渔业产业结构软化的平均程度均低于10%。

从年均增长速度与离散程度分析，江苏、天津的海洋渔业产业结构软化的年均增长速度与离散程度均高于6%，呈现出“高增速、高离散”的变化特征，说明两地区的海洋渔业产业结构软化水平提高较快且年际波动幅度较大，但江苏与天津在波动趋势上存在显著差异，2003～2016年江苏的海洋渔业产业结构软化水平整体上呈现增长趋势，由2003年的11.76%增加到2016年的32.33%，而天津海洋渔业产业结构软化水平呈现出上下波动趋势，年际差异较大。河北、福建、广西、辽宁等地区的海洋渔业产业结构软化水平的年均增长速度均小于0且离散程度高于2%，呈现出“负增速、低离散”的变化特征。浙江、山东、广东、海南等地区海洋渔业产业结构软化水平的年均增长速度均大于0且离散程度低于4%，呈现出“低增速、低离散”的变化特征（见表3－5）。

表3－5　沿海各地区海洋渔业产业结构软化的区域差异特征　　单位：%

地区	2003年	2016年	年均增长速度	均值	离散程度
天津	2.69	7.20	7.85	10.68	7.98
河北	6.95	4.41	－3.44	6.50	4.36
辽宁	22.16	20.62	－0.55	22.08	1.56
江苏	11.76	32.33	8.09	21.57	8.20
浙江	24.01	29.91	1.70	25.27	2.34
福建	29.03	17.0	－4.01	22.41	4.14

续表

地区	2003 年	2016 年	年均增长速度	均值	离散程度
山东	22. 19	24. 67	0. 82	24. 17	1. 96
广东	26. 88	45. 06	4. 05	34. 58	5. 25
广西	14. 34	9. 08	-3. 45	12. 69	3. 18
海南	2. 64	4. 38	3. 98	3. 88	1. 15

资料来源：根据 2004 年和 2017 年《中国渔业统计年鉴》整理。

（五）海洋渔业生产结构演进的时空差异特征

养捕结构与产品加工系数是海洋渔业生产结构的重要构成，是海产品生产方式变化的客观反映。本节利用式（3－27）与式（3－28）测算了海洋渔业生产结构系数，从时间与空间维度，分析海洋渔业养捕结构与加工系数的变化趋势与空间差异。

1. 时间变化特征

图 3－12 反映了海洋渔业养捕结构变动趋势，从中可以看出海水养殖产量与海洋捕捞产量的年度差距在不断扩大，由 2006 年的 18. 73 万吨扩大至 2016 年的 436. 11 万吨，海水养殖的海产品供给能力逐步增强。海产品养殖方式的变化引起中国海洋渔业养捕结构转变，以 2006 年为转折点，2006 年前海产品生产主要以海洋捕捞为主，2006 年后生产方式由海洋捕捞为主转为以海水养殖为主，海水养殖成为中国海洋渔业的主要生产方式，生产方式的转变一定程度上提高了海产品供给的稳定性。

由图 3－12 可知，中国海洋渔业海产品种类中加工海产品占海产品总量的比例呈现稳定增加趋势，2016 年加工海产品比例达 50. 86%，比 2003 年增长了约 15 个百分点，年均增长速度约为 2. 68%。2011 年后加工海产品比例超过一半，说明海产品加工技术的改善提高了产品多样性，一定程度上缓解了中国海产品易腐烂与长距离运输难的问题，扩大了海产品的销售半径，提高了海洋渔业经济效益。

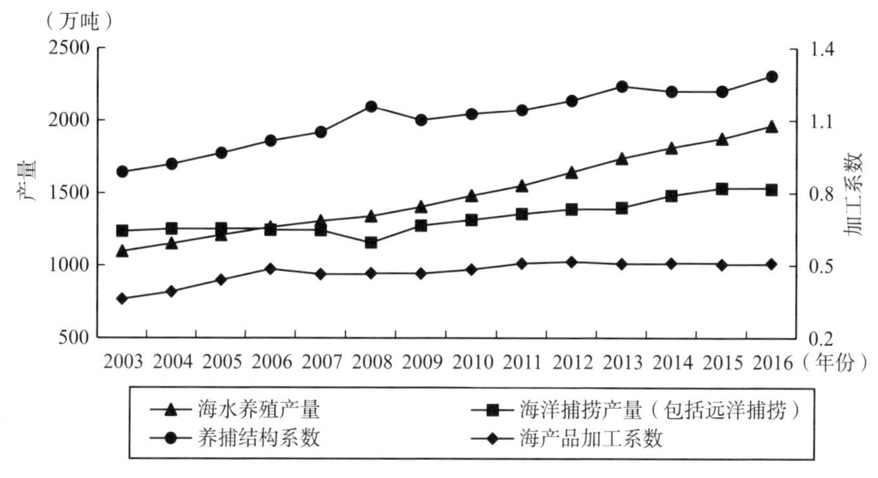

图 3－12　2003～2016 年海洋渔业生产结构的变动趋势

资料来源：根据 2004 年和 2017 年《中国渔业统计年鉴》整理。

2. 区域差异特征

由于沿海各地区海洋渔业经济发展基础与优势不同，海洋渔业生产结构演进具有显著差异。在 2003～2016 年，天津、浙江与海南的海洋渔业生产结构仍然以海洋捕捞为主，其养捕结构系数的均值分别为 0.373、0.271、0.189，天津与浙江的养殖捕捞结构系数呈现下降趋势，说明海洋捕捞在两地区海产品生产中的主导地位不断增强或海水养殖业发展速度较慢；而海南的养捕结构系数总体上呈现上升趋势，但是年际波动幅度较大。辽宁、福建、山东、广东等地区海洋渔业养捕结构系数在 2003 年后均大于 1 且呈现不断增加的趋势，这表明该区域的海洋渔业生产结构已经由海洋捕捞为主演进为海水养殖为主，而且海水养殖的主导地位日益增强。河北、江苏与广西等地区的海洋渔业养捕结构分别在 2007 年、2006 年、2005 年发生改变，海水养殖业成为该地区海产品供给的主要生产方式（见表 3－6）。

表 3－6　海洋渔业生产结构的区域划分

划分标准	生产结构	地区
养捕结构系数＜1	以海洋捕捞为主	天津、浙江、海南
养捕结构系数＞1	以海水养殖为主	辽宁、福建、山东、广东、河北、江苏、广西

基于图 3－13，从海洋渔业产品加工水平角度分析，2003～2016 年天津、河北、广东、广西、海南等地区的加工海产品产量占鲜活海产品产量的比例均低于 50%，在海产品年均加工水平上，天津 < 河北 < 广西 < 广东 < 海南，表明这些地区可能受海产品加工技术水平制约或海产品消费需求的引导，使海洋渔业产品供给主要以鲜活海产品为主。山东、辽宁、江苏等地加工海产品的比重分别在 2009 年后、2015 年后、2004 年后超过 50%，山东的加工海产品比例 2016 年达到 86.46%，在海产品年均加工水平上，山东 > 辽宁 > 江苏；福建除 2011 年与 2015 年外加工海产品比例均低于 50%，海产品加工系数的不同客观反映了沿海各地区在海产品精深加工方面存在较大差异。

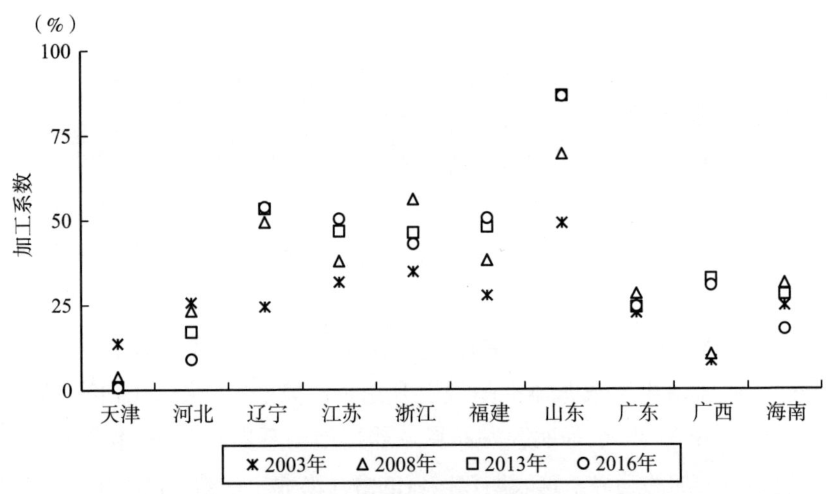

图 3－13　2003 年、2008 年、2013 年与 2016 年沿海各地区海产品加工程度的变化趋势

第四章
海洋渔业产业结构演进对海洋渔业经济发展的影响

结合第二章产业结构演进与海洋渔业经济发展的理论关系及影响机理分析，本章主要从产业内部，采用客观定量方法检验产业结构演进对海洋渔业经济发展的影响关系及作用规律、探究海洋渔业产业结构高级化、合理化、软化与生产结构演进对海洋渔业经济增长、经济波动、经济质量的影响，为后面研究提供客观支撑与依据。

第一节　变量设置与数据来源

一、变量设置

围绕本书的核心内容与本节所要解决的关键问题，客观地选择与设置变量是进行数据统计分析与计量分析的前提（见表 4 - 1）。本书以产业结构演进与海洋渔业经济发展的关系为主要研究内容，核心变量主要涉及海洋渔业经济发展与产业结构演进两个方面。基于第三章的研究内容，本节核心变量指标应包括海洋渔业经济增长总量、经济波动与经济质量；海洋渔业产业结构高级化、合理化、软化与生产结构等。另外，鉴于海洋渔业产业结构演进对海洋渔业经济增长的影响依赖于经济增长模型，在经济增长模型中主要涉及劳动力、资本等生产要素，需要将海洋渔业劳动力与资本作为模型变量。海水养殖面积对海洋渔业经济发展重要性犹如土地对农业经济发展的重要性，是其主要的要素投入。因此，将海水养殖面积视为与海洋渔业劳动力、资本同样重要的经济要素，作为探究海洋渔业经济发展结构效应的主要变量。

表 4－1　　变量选择与符号设置

<table>
<tr><th>类别</th><th colspan="2">变量名称</th><th>变量符号</th></tr>
<tr><td rowspan="8">核心变量</td><td colspan="2">海洋渔业经济生产总值（亿元）</td><td>gfp</td></tr>
<tr><td colspan="2">海洋渔业经济波动</td><td>fluctuation</td></tr>
<tr><td colspan="2">海洋渔业经济发展质量</td><td>mftfp</td></tr>
<tr><td colspan="2">产业结构高级化</td><td>sadvance</td></tr>
<tr><td colspan="2">海洋渔业产业结构合理化</td><td>srationalize</td></tr>
<tr><td colspan="2">海洋渔业产业结构软化</td><td>ssoften</td></tr>
<tr><td rowspan="2">海洋渔业生产结构</td><td>养捕结构</td><td>mfcs</td></tr>
<tr><td>加工系数</td><td>mfsp</td></tr>
<tr><td rowspan="5">中间投入变量</td><td colspan="2">海洋渔业劳动力（万人）</td><td>flabor</td></tr>
<tr><td colspan="2">海洋渔业资本（亿元）</td><td>mfcapital</td></tr>
<tr><td colspan="2">海水养殖面积（千公顷）</td><td>mfarea</td></tr>
<tr><td colspan="2">海洋渔业机械总动力（万千瓦）</td><td>fmechanic</td></tr>
<tr><td colspan="2">海洋渔业技术推广经费（万元）</td><td>ftech</td></tr>
<tr><td rowspan="2">控制变量</td><td colspan="2">居民水产品消费价格指数（%）</td><td>acpi</td></tr>
<tr><td colspan="2">经济对外开放水平（%）</td><td>open</td></tr>
</table>

二、变量说明

根据本书实证检验的需要，对上述变量进行说明。

（1）被解释变量：海洋渔业经济发展，主要从量态与质态两个维度进行测度，包括海洋渔业经济生产总值、海洋渔业经济波动、海洋渔业经济质量三个指标，相关指标的数据已在第三章进行了测算，在此不再阐释。

（2）核心解释变量：海洋渔业产业结构演进，主要包括海洋渔业产业结构高级化、合理化、软化与生产结构四个变量，相关变量数据已在第三章进行了测算，在此不再阐释。

（3）中间变量：海洋渔业生产要素，主要包括海洋渔业劳动力、资本、海水养殖面积、海洋渔业机械总动力、海洋渔业技术推广经费等指标。①海洋渔业劳动力采用《中国渔业统计年鉴》中海洋渔业从业人数作为具体衡量指标，用来反映海洋渔业劳动力的年际变化。②海水养殖面积相关数据直接截取于《中国渔业统计年鉴》，用来反映海洋渔业发展的自然资源投入情况。③海洋渔业资本作为重要的生产要素投入，《中国渔业统计年鉴》在2007年前对渔业固定资产投资做过相应的统计，2008年后没有继续对相关数据进行统计。为此，本书采用农林牧渔业固定资产投入量乘以海洋渔业占农林牧渔业总产值比重间接衡量海洋渔业的固定资产投入水平。借鉴谢云兰[212]（2015）、王波和韩立民[213]（2017）、姚和张（Yao and Zhang[214]，2001）等测算固定资产存量的方法——永续盘存法进行测度，具体测算公式为

$$k_{i,t} = (1-\delta)k_{i,t-1} + \lambda I_{i.t} \tag{4-1}$$

在式（4-1）中，$k_{i,t}$表示i地区第t年的资本投入量；δ表示固定资产折旧率，λ表示固定资产的资本形成率，借鉴王继祥等（2012）[215]的做法，δ取值为8%，λ取值为90%。$I_{i,t}$表示i地区第t年的资本投入存量。以2003年为基期测算海洋渔业2004~2016年的固定资本存量。④海洋渔业机械总动力，主要反映海洋渔业机械作业能力与水平，采用海洋渔船功率进行衡量。⑤海洋渔业技术推广经费。技术投入是海洋渔业经济发展的重要生产要素，主要包括技术人员与经费两个层面，选择海洋渔业经费投入为衡量指标，但由于在《中国渔业统计年鉴》和《中国渔业年鉴》中未对海洋渔业技术经费投入进行统计，借鉴李晓燕（2017）[216]的做法，采用渔业技术推广经费间接衡量海洋渔业经济发展的技术投入水平。借鉴朱平芳和徐伟民（2003）[217]的做法，以居民消费价格指数与固定资产价格指数的平均数作为渔业技术推广经费的价格指数，并以2002年为基期对渔业技术推广经费进行平减。

（4）控制变量。选择居民水产品消费价格指数、对外开放水平指标作为控制变量。①居民水产品消费价格指数。消费需求能够引起海洋渔业产业结构的变动，进而影响海洋渔业经济发展，由于“居民水产品消费价格指数是反映居民家庭购买水产品项目费用价格变动趋势和程度的相对

数”[218]，故采用其作为衡量水产品消费需求变化指标。②对外开放水平。考虑到海洋渔业经济发展不仅受国内市场的影响，还受到国际市场影响，因此选择经济对外开放水平衡量海洋渔业经济发展所处的国际市场环境，并采用进口总额①占 GDP 比重作为经济对外开放水平的衡量指标。

三、数据来源

基于数据的可得性以及统计口径的统一性，在综合考虑各地区海洋经济发展的异质性基础上，选择 2004 ~ 2016 年沿海 10 省份②（包括天津、河北、辽宁、江苏、浙江、福建、山东、广东、广西、海南）的海洋渔业经济发展相关指标作为研究样本。在选择的变量中涉及经济产值的数据，均采用相应的指数以 2002 年为基期进行平减，例如渔业经济生产总值指数、固定资产价格指数、居民消费价格指数等，以消除通货膨胀对经济发展的影响，提高计量回归的准确度。

在数据来源方面，海洋渔业经济生产总值及三次产业的产值是根据历年的《中国渔业统计年鉴》[219]中的渔业经济相关数据进行调整获得的；海洋渔业劳动力、海洋渔业固定资产、海水养殖面积、海洋渔业机械总动力、海洋渔业技术推广经费等相关数据均来自历年的《中国渔业统计年鉴》与《中国渔业年鉴》[220]；渔业经济生产总值指数、固定资产价格指数、居民消费价格指数、居民水产品消费价格指数等相关数据来自历年的《中国统计年鉴》[221]和《中国农村统计年鉴》[222]；对外开放程度中所涉及的进口总额与 GDP 数据来自历年的《中国统计年鉴》与沿海地区统计年鉴。

① 由于进口总额数据采用美元作为计量单位，为了计量单位的统一性，采用年平均汇率值将其转换为以人民币为计量单位的数据。

② 说明：上海市作为中国经济发展的核心地区，海洋渔业发展规模较小且部分指标数据统计不完整，故未将其纳入本研究的范围之内。

第二节 海洋渔业产业结构演进对海洋渔业经济增长的影响

本节主要从海洋渔业经济内部视角，研究海洋渔业产业结构高级化、合理化、软化与生产结构演进对海洋渔业经济增长的影响，明确海洋渔业产业结构演进对海洋渔业经济增长的直接效应与间接效应。

一、直接效应检验

（一）模型选择与设计

本节主要从产业内部，研究海洋渔业产业结构演进对海洋渔业经济增长的影响，测度产业结构高级化、合理化、软化与生产结构演进对海洋渔业经济增长的影响程度。产业结构影响经济增长是经济学研究的核心问题，众多学者从不同专业视角采用不同的研究方法深入研究了两者的作用关系。近年来，学者们的研究方法主要是基于生产函数，采用不同的计量模型进行估算，于斌斌（2015）[223]基于二元经济理论框架构建了经济增长模型，并采用SAR（空间滞后模型）与SEM（空间误差模型）进行计量分析；谢云兰（2015）[212]基于柯布-道格拉斯（C-D）生产函数建立了以产业结构为门槛的经济增长模型；刘元春（2003）[224]基于改进后的C-D生产函数研究了制度变迁与二元结构对经济增长的影响；黄茂兴和李军军（2009）[225]在假设各地区生产函数遵循规模报酬不变的C-D生产函数基础上研究技术选择、产业结构升级对经济增长的影响；陶桂芬和方晶（2016）[226]、干春晖等（2011）[30]通过线性函数直接建立了产业结构合理化与高级化影响经济增长线性模型，并采用GMM方法进行估计；周少甫等[227]（2013）基于两部门经济增长模型采用分位数回归分析了产业结构对中国经济增长的影响；而田红等（2009）[228]则基于多部门经济增长模型研究了山东省产业结构对经济增长的影响；刘伟和张辉（2008）[49]采用转换份额法分析了产业结构变迁对经济增长的影响，郑若谷等（2010）[30]采用改进后的随机前沿生产函数分析了转型期经济增长的结构效应。

由此可以看出，基于生产函数研究产业结构对经济增长的影响是学术界普遍采用的研究范式。借鉴学者们的经验做法，采用生产函数建立以海洋渔业产业结构为门槛的经济模型，分析产业结构演进对海洋渔业经济发展的影响与作用方式。

1. 生产函数设定

在生产函数选择方面，大部分学者采用柯布－道格拉斯（C－D）生产函数进行分析，但C－D生产函数必须事前设定投入要素的替代模式，要求所有投入要素的替代弹性之和必须等于1，而VES生产函数克服了此缺陷，要素的替代弹性系数不为常数，会随着要素的稀缺性或技术水平的变化而变化，更符合现实的经济状况。因此，采用VES生产函数，其一般形式为：

$$Y = f(K, L) = A * K^{\frac{\rho}{1+a}} * \left[L + \left(\frac{b}{1+a}\right) * K\right]^{\frac{a\rho}{1+a}} \tag{4-2}$$

在式（4－2）中，K、L分别表示资本、劳动力投入量，A表示科学技术进步系数，a、b为外生参数，ρ表示规模报酬的系数。科技投入是资本投入重要组成部分，为明确科技投入在产业结构演进中对经济增长的影响以及资本投入结构的变化，本研究将科技投入单独作为影响经济发展的要素进行分析。另外，基于海洋渔业产业特性，海水养殖面积与渔船作为海洋渔业经济发展的自然资源与生产工具投入，对海洋渔业经济发展起着至关重要的作用，故在式（4－2）上引入海洋科技投入（ftech）、海水养殖面积（mfarea）、海洋渔业机械总动力（fmechanic）三个中间投入消耗指标，并对公式等号两边同时取对数，转化为：

$$\begin{aligned} \ln Y = \ln A + \frac{\rho}{1+a}\ln K + \frac{a\rho}{1+a}\ln\left(L + \left(\frac{b}{1+a}\right)\cdot K\right) + \varphi_1 \ln ftech \\ + \varphi_2 \ln mfarea + \varphi_3 \ln fmechanic \end{aligned} \tag{4-3}$$

对式（4－3）中的 $\ln(L+(b/(1+a))\cdot K) = \ln(L+\lambda K) = F(\lambda)$，在 $\lambda=0$，$b=0$ 处按照泰勒级数展开，可得到式（4－4）。

$$F(\lambda) = L + \frac{K}{L}\cdot\lambda + 0(\lambda) \tag{4-4}$$

将式（4－4）代入式（4－3）并进行简化，可得到式（4－5）：

$$\ln Y = \ln A + \frac{\rho}{1+a}\ln K + \frac{a\rho}{1+a}\ln L + \frac{a\rho b}{(1+a)^2}\frac{K}{L} + \varphi_1 \ln ftech + \varphi_2 \ln mfarea + \varphi_3 \ln fmechanic \quad (4-5)$$

式（4－5）中，令 $\beta_0 = \ln A$，$\beta_1 = \rho/(1+a)$，$\beta_2 = a\rho/(1+a)$，$\beta_3 = a\rho b/(1+a)^2$，$\beta_4 = \varphi_1$，$\beta_5 = \varphi_2$，$\beta_6 = \varphi_3$，并引入个体异质性的截距项和随个体与时间而改变的扰动项，建立海洋渔业经济增长的静态面板模型（4－6）：

$$\ln gfp_{i,t} = \beta_0 + \beta_1 \ln mfcapital_{i,t} + \beta_2 \ln flabor_{i,t} + \beta_3 \frac{mfcapital_{i,t}}{flabor_{i,t}} + \beta_4 \ln ftech_{i,t} + \beta_5 \ln mfarea_{i,t} + \beta_6 \ln fmechanic_{i,t} + z_i'\delta + \mu_i + \varepsilon_{it} \quad (4-6)$$

其中，i 表示沿海地区，t 表示年份，β_j（j＝1，2，3，4，5，6）表示海洋渔业资本、海洋渔业劳动力、海洋渔业资本劳动比率、海洋渔业科技经费、海水养殖面积、海洋渔业机械总动力对海洋渔业经济增长的影响系数，gfp 为海洋渔业生产总值，mfcapital、flabor 分别表示海洋渔业资本、劳动力投入量，考虑到资本投入的滞后性，故将滞后一项的海洋渔业资本投入与技术投入引入到模型中；z_i' 为不随时间而变的个体特征，u_i 和 ε_{it} 分别表示个体异质性的截距项和随个体与时间而改变的扰动项。同时，考虑除影响海洋渔业经济发展的内在因素外，还存在许多外在因素影响其发展。因此，在式（4－6）的基础上加入了控制变量 M，选对外开放程度（open）、居民水产品消费价格指数（acpi）作为模型估计的控制变量，令 $fclar_{i,t} = mfcapital_{i,t}/flabor_{i,t}$ 得到新的回归模型，如式（4－7）所示。

$$\ln gfp_{i,t} = \beta_0 + \beta_1 \ln mfcapital_{i,t-1} + \beta_2 \ln flabor_{i,t} + \beta_3 fclar_{i,t} + \beta_4 \ln ftech_{i,t-1} + \beta_5 \ln mfarea_{i,t} + \beta_6 \ln fmechanic_{i,t} + \beta_7 M + z_i'\delta + \mu_i + \varepsilon_{it} \quad (4-7)$$

2. 门槛模型设计

为探究海洋渔业产业结构演进对海洋渔业经济增长影响的间接效应，本书采用汉森（Hansen，2000）提出的门槛回归模型，分析海洋渔业经济增长的结构效应。该模型的优点在于门槛值的确定是由样本数据内生决定，并运用 Bootstrap 方法估计门槛值的显著性，客观性较强。门槛模型的具体形式为：

$$y_{it}=\theta'X_{it}+\eta_1 d_{it}I(q_{it}\leqslant\gamma)+\eta_2 d_{it}I(q_{it}>\gamma)+u_i+e_{it} \quad (4-8)$$

在式（4－8）中，X_{it}为解释变量，q_{it}为门槛变量，γ为门槛值，u_i用于反映截面个体效应，$e_{it}\sim iid(0,\delta^2)$为随机干扰项；$\theta'$、$\eta_1$、$\eta_2$为待估参数。$I(\cdot)$为引入的示性函数，根据门槛变量与门槛值关系确定取值，如果存在单一门槛，则取值为0或1，当门槛变量不大于门槛值时，$I(\cdot)=1$，否则，取值为0。

$$I(\cdot)=\begin{cases}1 & (q\leqslant\gamma)\\ 0 & (q>\gamma)\end{cases} \quad (4-9)$$

为探究海洋渔业产业结构（MFS）对海洋渔业经济增长影响的直接效应是否存在阶段性特征，故将其作为门槛变量引入到经济增长模型中，即将式（4－7）代入式（4－8），获得产业结构演进影响海洋渔业经济增长的直接效应检验的门槛回归模型：

$$\begin{aligned}lngfp_{i,t}=\theta'\cdot(&\beta_0+\beta_1 lnmfcapital_{i,t-1}+\beta_2 lnflabor_{i,t}+\beta_3 fclar_{i,t}\\&+\beta_4 lnftech_{i,t-1}+\beta_5 lnmfarea_{i,t}+\beta_6 lnfmechanic_{i,t}+\beta_7 M)\\&+\eta_1 d_{it}I(MFS_{it}\leqslant\gamma)+\eta_2 d_{it}I(MFS_{it}>\gamma)+u_i+e_{it}\end{aligned} \quad (4-10)$$

门槛模型估计的前提是要获得最优门槛值$\hat{\gamma}$，最优门槛值要使残差平方和$SSR(\gamma)$最小，即$\hat{\gamma}(\gamma)=\arg\min SSR(\gamma)$。可以通过构造LR似然比统计量，检验模型是否存在门槛值及门槛效应是否显著，似然比统计量LR计算公式为：

$$LR=\frac{SSR_0-SSR(\hat{\gamma})}{SSR(\hat{\gamma})} \quad (4-11)$$

其中，SSR_0、$SSR(\hat{\gamma})$分别表示不存在门槛效应与存在门槛效应时的残差平方和。由于构造的LR统计量不满足于标准的χ^2分布，无法查其临界值，汉森（2000）提出采用自助抽样法（Bootstrap）得到渐进p值，根据不同的显著性水平（一般取值为1%、5%或10%）与p值的关系，判断门槛值的显著性水平，如果LR值所对应的p值小于预先设定的显著水平，则表明该模型存在门槛。如果存在单一门槛效应，可进行双门槛检验，然后再根据LR判断是否存在双门槛，以此类推。

（二）稳定性与门槛效应检验

1. 稳定性检验

数据的稳定性一定程度上会影响模型回归结果的精度，故大部分回归模型要求变量数据是平稳的。因此，在进行模型估计前要对变量数据的稳定性进行检验，一般采用单位根检验方法。本书选取的样本数据为平衡面板数据，符合单位根检验的条件。主要采用不同根单位根的费雪式（Fisher－ADF）检验与相同根单位根的 Levin－Lin－Chu（LLC）检验方法。Fisher－ADF 检验具体思路为对每个个体分别进行检验，然后再将这些信息综合起来，判断整体是否通过检验，选择滞后 1 期的 ADF 回归检验所有数据序列，由于模型所涉及的 lngfp、lnflabor、lnmfcapital、fclar、lnmfarea、lnsmechanic 等变量的均值都不为 0，故假设真实模型存在漂移项。

检验结果（见表 4－2）显示，lngfp、lnflabor、lnmfcapital、fclar、lnmfarea、lnsmechanic 等变量均通过了 5% 的显著性水平检验，均强烈拒绝面板数据存在单位根的原假设，故原有序列数据是稳定的。

表 4－2　　　　稳定性检验结果

变量	Fisher－ADF 检验				LLC 检验	检验结果
	P	Z	L*	P_m	Adjusted t*	
lngfp	51.928***	－3.826***	－4.005***	5.048***	－2.345***	平稳
lnflabor	46.037***	－3.781***	－3.736***	4.117***	－3.653***	平稳
lnmfcapital	55.057***	－3.984***	－4.063***	5.543***	－4.446***	平稳
fclar	42.368**	－2.936**	－2.910**	3.537 * *、	－6.006***	平稳
lnmfarea	88.476***	－6.645**	－7.677**	10.827**	－3.185***	平稳
lnsmechanic	58.142**	－4.689***	－4.818***	6.031***	－4.573***	平稳
lnftech	63.500***	－5.219***	－5.441***	6.878***	－8.618***	平稳
sadvance	57.792***	－4.180***	－4.490***	5.976***	－4.055***	平稳

续表

变量	Fisher - ADF 检验				LLC 检验	检验结果
	P	Z	L*	P_m	Adjusted t*	
srationalize	38.927***	-2.510***	2.545***	2.993***	-1.878***	平稳
ssoften	58.566***	-4.484***	-4.691***	6.098***	-3.765***	平稳
mfcs	40.687***	-2.963***	-2.981***	3.271***	-4.141***	平稳
mfsp	45.125***	-3.446***	-3.520***	3.973***	-4.141***	平稳
open	50.265***	-4.047***	-4.109***	4.785***	-3.852***	平稳
acpi	106.294***	-7.885***	-9.316***	13.644***	-7.770***	平稳

注：**、*** 分别表示5%、1%的显著水平。P 为逆卡方变换；Z 为逆正态变换；L* 为逆逻辑变换；P_m 为修正逆卡方变换。

2. 门槛效应检验

在进行静态面板数据估计时，要通过 Hausman 检验判断模型是否适合采用固定效应模型，检验结果显示 P 值为 $0.000<0.05$，强烈拒绝原假设"H_0：μ_i 与 $x_{i,t}$、z_i 不相关"，认为应该使用固定效应模型而非随机效应模型，符合静态门槛模型的要求。本书使用 Hansen 门槛效应检验方法，通过"自助抽样法 bootstrap（2000）"计算 P 值，检验结果（见表4-3）显示：在5%的显著水平下，sadvance、ssoften、mfcs 与 mfsp 对海洋渔业经济增长的影响均存在单一门槛值，srationalize 对海洋渔业经济增长的影响存在双门槛。同时对门槛估计值的真实性进行检验，门槛估计值和相应的95%置信区间如表4-3所示，显示了 sadvance、ssoften、mfcs 与 mfsp 真实存在一个门槛值，分别为4.990、12.98%、50.26%与43.69%，srationalize 真实存在两个门槛值，分别为1.509和1.984。因此，本书分别选择单一门槛与双门槛模型对其进行估计。

表 4-3　　　　门槛效应检验结果

门槛变量	检验指标	单门槛检验	双门槛检验	三重门槛	检验结果	门槛值（γ）	95%置信区间
sadvance	RSS	1.167	1.203	—	单门槛	4.990	[4.890　5.008]
	MSE	0.0097	0.0095				
	F 值	10.87 **	2.33				
srationalize	RSS	1.140	1.012	0.913	双门槛	1.509	[1.484　1.531]
	MSE	0.011	0.009	0.009		1.984	[1.938　1.989]
	F 值	18.15 ***	13.68 **	11.69			
ssoften	RSS	1.226	1.209	—	单门槛	12.98%	[12.57%　13.50%]
	MSE	0.0114	0.0112				
	F 值	6.01 **	1.56				
mfcs	RSS	1.036	0.933	—	单门槛	50.26%	[40.67%　52.36%]
	MSE	0.0096	0.0086				
	F 值	28.44 ***	11.91				
mfsp	RSS	1.123	1.073	—	单门槛	43.69%	[42.57%　44.74%]
	MSE	0.01	0.0099				
	F 值	15.35 **	5.03				

注：*、** 分别表示 10% 和 5% 的显著水平。

（三）模型回归结果

本节主要估计了海洋渔业产业结构（MFS）演进对海洋经济增长的直接效应，分别以 sadvance、srationalize、ssoften、mfcs 与 mfsp 为门槛变量与核心解释变量构建了五个模型，即模型 1 是以产业结构高级化为门槛变量进行回归后得到估计结果；模型 2 是以产业结构合理化为门槛变量进行回归后得到估计结果；模型 3 是以产业结构软化为门槛变量进行回归后得到估计结果；模型 4 是以海洋渔业养捕结构为门槛变量与核心解释变量进行回归后得到估计结果；模型 5 是以海洋渔业加工系数为门槛变量与核心解释变量进行回归后得到估计结果。从模型 1 ~ 模型 5 的回归结果分析可知，所有模型的 R^2 均高于0.7，说明回归模型对观测值的拟合程度比较好，同时 F 检验均通过了 1% 的显著性水平，说明了模型中被解释变量与所有解释变量之间的线性关系在总体上是显著的，表明模型 1 ~ 模型 5 的整体回归方程是比较好的（见表 4 -4）。

表 4 -4　海洋渔业产业结构演进影响海洋渔业经济增长的直接效应回归结果

解释变量	被解释变量（$lngfp_{i,t}$）				
	模型 1	模型 2	模型 3	模型 4	模型 5
$lnflabor_{i,t}$	0.200 *** (2.40)	0.121 * (1.73)	0.209 ** (2.41)	0.026 (0.38)	0.161 ** (2.31)
$lnmfcapital_{i,t-1}$	0.188 *** (6.01)	0.220 *** (7.53)	0.205 *** (6.89)	0.203 *** (6.30)	0.196 *** (6.77)
$lnftech_{i,t-1}$	0.127 *** (2.85)	0.088 ** (1.95)	0.120 ** (2.63)	0.089 ** (2.20)	0.083 ** (1.91)
$lnmfarea_{i,t}$	0.026 (0.40)	0.015 (0.25)	-0.009 (-0.14)	0.007 (0.11)	0.005 (0.08)
$lnsmechanic_{i,t}$	-0.036 (-0.47)	-0.012 (-0.17)	-0.012 (-0.16)	-0.026 (-0.38)	0.030 (0.41)
$lnMFS_{i,t}$ ($MFS \leqslant \gamma_1$)	2.088 *** (2.90)	0.210 ** (1.76)	0.167 *** (2.76)	-0.093 (-1.42)	-0.155 ** (-2.05)
$lnMFS_{i,t}$ ($\gamma_1 < MFS \leqslant \gamma_2$)	-	0.042 (0.33)	-	-	-
$lnMFS_{i,t}$ ($MFS > \gamma_2$/(γ_1))	2.166 *** (2.95)	-0.300 ** (-2.72)	0.115 ** (2.60)	0.276 ** (2.65)	0.049 (1.17)
$fclar_{i,t}$	0.002 (1.17)	0.001 (0.73)	0.0005 (0.37)	-0.0004 (-0.23)	0.003 * (1.80)
$acpi_{i,t}$	-0.011 *** (-4.34)	-0.010 *** (-4.52)	-0.010 *** (-4.37)	-0.008 (-3.39)	-0.011 ** (-2.05)
_cons	1.959 *** (1.60)	5.404 *** (17.16)	5.635 *** (16.41)	5.499 *** (16.33)	5.506 *** (16.34)
R^2	0.885	0.817	0.891	0.707	0.905
F	50.75 ***	53.72 ***	49.28 ***	59.08 ***	55.71 ***
obs	120	120	120	120	120

注：*、**、*** 分别表示 10%、5%、1% 的显著水平，（　）内表示 t 值。

从模型1与模型3的估计结果可以看出，产业结构高级化与软化对海洋渔业经济增长的正向影响均比较显著，且通过了5%的显著性检验，当海洋渔业产业结构高级化越过门槛值4.990时，其对海洋渔业经济增长的影响程度增强，但海洋渔业产业结构软化越过门槛值12.98%时，其对海洋渔业经济增长的影响程度减弱。模型2结果显示海洋渔业产业结构合理化低于门槛值1.509时，其对海洋渔业经济增长的影响呈现正向作用，且通过了5%的显著性水平，但当介于1.509与1.984之间时，产业结构合理化对海洋渔业经济增长的影响未通过5%的显著性检验，而海洋渔业产业结构合理化越过门槛值1.984时，产业结构合理化对海洋渔业经济增长的影响通过5%的显著性水平检验，但对海洋渔业经济增长的影响呈现出负向作用。模型4结果显示，海洋渔业养殖捕捞结构对海洋渔业经济增长的影响由不显著变为显著，且在越过门槛值50.26%后，海洋渔业养捕结构对海洋渔业经济增长产生较大的正向作用。模型5结果显示，在海洋渔业加工系数低于门槛值43.69%时，海洋渔业加工系数对海洋渔业经济增长为负影响，且通过了5%的显著性水平检验；然而当其越过门槛值43.69%时，海洋渔业加工系数的变动对海洋渔业经济增长产生正向影响，但是未通过5%的显著性水平检验。

（四）结果分析

从回归结果中可以看出，海洋渔业产业结构演进对海洋渔业经济增长的影响存在阶段性特征，即在不同海洋渔业产业结构程度下，海洋渔业产业结构演进对海洋渔业经济增长的影响具有显著的差异性。接下来，将分别对模型1~模型5的回归结果进行分析。

（1）海洋渔业产业结构高级化对海洋渔业经济增长具有正向影响，会促进海洋渔业经济的发展。在表4-4的模型1中，海洋渔业产业结构高级化对海洋渔业经济增长的影响均通过了5%的显著性水平检验，且影响系数为正，在越过门槛值4.990后影响程度提高。一方面根据配第-克拉克定理可知，随着国民经济的发展，生产要素会由低生产率部门向高生产率部门转移，即从以农业为主的第一产业向以工业为主的第二产业与以服务业为主的第三产业转移。海洋渔业产业结构高级化反映了海洋生产要素的转移规律，表明随着海洋渔业经济的进一步发展，海洋渔业生产要素由第一产业逐步向第二、第三产业转移。当海洋渔业生产要素集中在第二、第三产业中，生产要素的集聚将会促进海洋第二、第三产业的发展，从而促进海洋渔业经济整体水平的提高。另一方面随着中国海洋渔业科技水平的改善与提高，渔业机械化与智能化水平的提高，将会造成大量的劳动力剩余，也就是中国现在所面临的渔民转产转业的问题。渔民为了实现自我价值提高与获得稳定生活收入，将逐步向海洋渔业第三产业或者第二产业转移，生产要素边际效率的提高将会加速海洋渔业经济发展。综上所述，海洋渔业产业结构高级化会促进海洋渔业生产要素的流动与配置，提高生产要素的边际效用，促进海洋渔业经济发展。

（2）海洋渔业产业结构合理化对海洋渔业经济增长的影响具有差异性。在表4－4中模型2的回归结果发现，海洋渔业产业结构合理化对海洋渔业经济增长的影响在低于1.509和高于1.984均通过5%的显著性水平检验，但是在介于1.509与1.984之间时未通过5%的显著性检验。当低于门槛值时1.509时，海洋渔业产业结构合理化演进对海洋渔业经济增长具有正向影响，但是当高于门槛值1.964时，海洋渔业产业结构合理化演进对海洋渔业经济增长的影响为负。这一结果表明海洋渔业产业结构合理性对海洋渔业经济增长的影响存在显著差异性。基于海洋渔业产业属性，海洋渔业三次产业存在较强前向与后向关联性，经济关联度高于一般的产业门类。因此，在海洋渔业经济发展初期，海洋渔业产业结构的合理化会促进海洋渔业生产要素在海洋渔业三次产业中合理配置，增强三次产业发展的协调性，从而促进海洋渔业整体水平的提高。

但是根据美国经济学家赫希曼（A. O. Hirschman）的“不平衡增长理论”[229]与美国发展经济学家罗斯托（W. W. Rostow）主导产业理论[230]，本书认为经济发展不可能始终是均衡发展或平均发展的，会随着市场需求变化或者政策推动实现不均衡发展，促进主导产业的形成与更替。从中国海洋渔业经济发展的历程可以看出，现阶段中国海洋渔业始终以第一产业为主导产业，但是主导地位的优势逐渐降低。因此，可以推断在海洋渔业产业结构合理化值高于1.509后对海洋渔业经济增长的影响呈现出不显著到负向显著的原因可能是主导产业的形成与变更，海洋渔业主导产业的发展需要大量生产要素投入作为支撑，吸引海洋渔业生产要素向其集聚，这与海洋渔业产业结构合理化是相悖的，即产业结构合理化演进会对海洋渔业主导产业形成产生抑制作用。随着中国海洋渔业产业结构的调整，尤其是海洋渔业第二、第三产业的快速发展，加之海洋渔业第一产业的升级均会促进海洋渔业生产要素流向第二、第三产业，促进第二、第三产业的发展，会造成海洋渔业三次产业发展的不协调，导致海洋渔业产业结构合理化对海洋渔业经济增长具有负向影响。

（3）海洋渔业产业结构软化会显著地促进海洋渔业经济增长，但影响程度存在差异性。表4－4 模型3 的回归结果显示，无论产业结构软化在低于或高于门槛值12.98%时，海洋渔业产业结构软化对海洋渔业经济增长均具有促进作用，反映了中国海洋渔业第三产业规模的扩张会加快海洋渔业经济发展。海洋渔业第三产业为服务性产业，主要包括海洋渔业水产流通、水产（仓储）运输、休闲渔业以及其他产业（文化、教育、科学技术和信息等）等，其中水产流通、水产（仓储）运输为主要产业类型，在保障海洋渔业第一产业、第二产业的持续稳定发展中发挥较大作用，休闲渔业作为海洋渔业的功能拓展产业，随着居民生活水平的提高与改善，其产业规模与经济效益不断扩大与提高。而渔业文化教育、科学技术与信息产业在带动海洋渔业整体发展中，尤其是海洋渔业科技发挥着重要作用。因此，中国海洋渔业产业结构软化程度的提高会加速海洋渔业经济发展。

由产业结构软化对海洋渔业经济增长的影响程度来看，在海洋渔业产业结构软化越过门槛值12.98%后，产业结构对海洋渔业经济增长的影响程度降低，但降低幅度较小。本书认为，一方面，产生此结果的内在机理是随着海洋渔业生产要素向第三产业转移，会扩大海洋渔业第三产业的规模并促进其发展，从而带动海洋渔业整体实力的提升。但是海洋渔业第三产业的发展规模要依赖于海洋渔业第一、第二产业的发展，当第三产业的发展规模超过第一、第二产业，将会降低经济资源效率与单位效益水平。另一方面，随着产业结构高级化程度的提高，海洋渔业生产要素将会集中在海洋渔业第三产业，大量生产要素的集聚将会产生拥挤效应，也会降低海洋渔业生产要素的边际效用，一定程度上会减弱海洋渔业生产要素投入对海洋渔业经济增长的影响程度。另外，海洋渔业第三产业尤其是科技、教育、信息、金融等产业的发展对高素质的劳动力需求增多，而从第一产业与第二产业中转移过来的劳动力很难满足其发展需求，无法推动海洋渔业第三产业中科技、教育、信息、金融等产业发展。

（4）海洋渔业养捕结构对海洋渔业经济增长的显著影响会伴随着生产方式的变更而逐步扩大。表 4－4 模型 4 的回归结果显示，海洋渔业养捕结构在低于门槛值 50.26% 时，未通过 5% 的显著性水平，而在越过门槛值 50.26% 时，通过了 5% 的显著性检验且影响系数达到 0.276，即海洋渔业养捕结构变动 1%，海洋渔业经济增长将提高 0.276%。本书分析了以海洋渔业养捕结构为门槛变量获得的回归结果，认为产生此结果的内在机制为海洋渔业主要生产方式变更。在海洋渔业发展初期，海洋渔业生产方式主要以海洋捕捞业为主，海水养殖业发展缓慢，但是海洋捕捞业受自然环境与资源变动的影响较大，导致海洋经济增长波动较高。海洋渔业养捕结构反映的是海水养殖规模与捕捞规模的比例变动情况，养捕结构系数的提高一定程度上反映了海洋捕捞业的衰弱，但是在以海洋捕捞业为主的发展阶段，这会抑制海洋渔业经济的持续发展。

自 1978 年改革开放后中国确立了“以养为主”的方针后，海水养殖业得到快速发展，在 2006 年海水养殖产量超过海洋捕捞产业量，成为海产品供给的主要来源。受资源环境约束和捕捞限额等规定的影响，中国海洋捕捞业的发展规模受到极大限制，海洋捕捞总量（包含远洋渔业）基本维持在 1500 万吨左右，海产品供给潜力较小。然而，随着海水养殖技术的改善与进步，养殖海产品成为中国海洋渔业主要的产品供给种类，对推动海洋渔业经济的稳定持续发展发挥了重要作用。随着养殖捕捞结构系数的提高，海水养殖规模将不断扩大，这会极大地促进海产品加工与建筑业、渔业流通与服务业的发展。因此，当养捕结构高于 50.26% 后，海洋渔业养捕结构的优化将会促进中国海洋渔业经济的稳定发展。

（5）海洋渔业加工系数变化在低于门槛值时对海洋渔业经济增长呈现负向影响，随着海洋渔业经济的深入发展，这种负向作用减弱。表 4－4 模型 5 的结果显示，海洋渔业加工系数在低于门槛值 43.7% 时对海洋经济增长的影响通过了 5% 的显著性检验，但为负向影响；当其越过门槛值

43.7%时，转变为正向影响但未通过5%显著性检验。本研究认为产生这种回归结果的主要原因在于居民对海产品的饮食偏好与渔业加工水平。从居民的饮食偏好分析，为了追求海产品的鲜味感，大部分居民对于海产品的消费主要以鲜活海产品为主而非加工产品。在经济发展初期，海产品的消费市场主要集中在沿海地区，但是随着保鲜技术水平的提高，加工后的海产品逐渐向距离生产地较远的市场销售，但是所占比例较低。因此，在低于门槛值43.7%时，加工海产品的增加或加工能力的增强会因销售不畅将抑制海洋渔业经济的总体发展。

然而，随着居民消费偏好的改变和海产品加工技术的改进与提升，加工海产品种类不断丰富，由传统单一的冷冻、鱼糜制品及干腌制品转为冷冻、鱼糜制品及干腌制品、藻类加工品、罐制品、水产饲料、鱼油以及其他产品（助剂和添加剂、珍珠）。近年来，海产品加工技术水平得到较大改善与提高，主要表现在两方面：一是从海产品中提取人类所需要微量元素（例如脂溶性维生素A、维生素D、ω-3脂肪酸、氨基酸等），生产以养生、抗衰老等保健与医药产品为主的高端加工产品（例如海藻碘片、抗艾滋病毒新药911、深海鱼油等）。二是从海产品中提取化工原料制造产业发展所需的生产资料，例如以海藻酸及海藻酸盐为原料制成的液态肥、固态肥等，这一定程度上促进了海洋渔业的发展。精深加工海产品具有较大潜力，但开发力度较低，这也是造成在海产品加工系数高于门槛值后不显著的原因。

二、间接效应检验

基于前面的门槛效应检验结果，根据门槛值确定的估计区间，分段研究在不同海洋渔业产业结构变动区间内海洋渔业生产要素投入对海洋渔业经济增长的影响，即海洋渔业产业结构演进对海洋渔业经济发展的间接效应[①]。在进行回归分析前，要检验面板数据间是否存在组间异方差、组内

① 海洋渔业产业结构演进的间接效应主要是指产业结构变动引起的生产要素对海洋渔业经济发展的作用程度的变化。

自相关与组间同期相关。

检验结果（见表4－5）显示：在1%的显著水平下，组间异方差与组间同期相关性检验均通过了1%的显著性水平，故强烈拒绝面板数据组间存在同方差与无组间同期相关的假设，认为组间存在异方差和组间同期相关，而组内自相关检验结果表明接受“不存在一阶组内自相关”的原假设，认为组内不存在自相关。

表4－5　　　组间异方差、同期相关与组内自相关检验结果

<table>
<tr><th colspan="2">检验内容</th><th>Chi2</th><th>F值</th><th>截面独立性测试</th></tr>
<tr><td colspan="2">组间异方差</td><td>755.24***</td><td>—</td><td rowspan="2">—</td></tr>
<tr><td colspan="2">组内自相关</td><td>—</td><td>2.792</td></tr>
<tr><td rowspan="2">组间同期相关</td><td>Pesaran</td><td colspan="2" rowspan="2">—</td><td>4.407***</td></tr>
<tr><td>Friedman</td><td>33.308***</td></tr>
</table>

注：*** 表示1%的显著水平。

由于样本数据间存在异方差与同期相关，直接进行固定效应模型回归会造成伪回归问题。为避免异方差与同期相关性带来的影响，采用FGLS方法研究海洋渔业产业结构演进所引起的海洋渔业劳动力、资本与科技对海洋渔业经济增长的影响变化情况。

（一）模型回归结果

基于式（4－7）采用FGLS估计随机效应模型，考虑不同时期宏观经济环境、市场环境等因素影响海洋渔业生产要素对海洋渔业经济增长的作用程度，故引入了年份（year）作为时间虚拟变量加以控制，并进行了分段回归，结果如表4－6所示。

表 4－6　　海洋渔业产业结构演进影响海洋渔业经济增长的间接效应回归结果

变量	被解释变量 lngfp										
	模型 1		模型 2			模型 3		模型 4		模型 5	
	sadvance ≤4. 986	sadvance >4. 986	srationalize ≤1. 509	1. 509 < srationdlize ≤1. 984	srationalize >1. 984	ssoften ≤12. 98%	ssoften >12. 98%	mfcs ≤50. 26%	mfcs >50. 26%	≤43. 69%	mfsp >43. 69%
$lnflabor_{i,t}$	0. 310 *** (2. 21)	0. 153 ** (2. 21)	0. 266 ** (2. 07)	0. 493 *** (4. 41)	0. 412 *** (4. 44)	0. 241 *** (4. 15)	0. 159 ** (2. 21)	0. 077 (0. 88)	0. 555 *** (6. 50)	0. 680 *** (7. 87)	0. 181 ** (2. 66)
$lnnfcapital_{i,t-1}$	0. 666 *** (11. 08)	0. 313 *** (8. 40)	0. 771 *** (5. 92)	0. 478 *** (4. 00)	0. 183 *** (4. 05)	0. 697 *** (11. 12)	0. 258v (6. 52)	0. 734 *** (12. 36)	0. 201 *** (4. 58)	0. 133 (1. 18)	0. 354 *** (7. 49)
$lnftech_{i,t-1}$	0. 187 *** (6. 36)	0. 097 *** (3. 31)	0. 168 ** (2. 52)	0. 246 *** (5. 36)	0. 101 *** (2. 84)	0. 175 *** (6. 81)	0. 250 *** (7. 70)	0. 310 *** (10. 73)	0. 352 *** (5. 44)	0. 119 ** (3. 04)	0. 354 *** (11. 33)
$lnmfarca_{i,t}$	－0. 105 *** (－3. 01)	－0. 082 ** (－3. 97)	－0. 279 *** (－3. 68)	－0. 029 (－0. 44)	－0. 091 *** (－3. 30)	－0. 057 * (－1. 67)	－0. 102 *** (－4. 89)	－0. 025 (－0. 84)	0. 066 * (0. 68)	0. 056 (1. 33)	－0. 008 (－0. 22)
$lnsmechanic_{i,t}$	0. 221 *** (4. 52)	0. 584 *** (8. 75)	0. 318 * (1. 74)	0. 327 *** (4. 60)	0. 402 ** (4. 31)	0. 264 *** (5. 40)	0. 617 *** (8. 79)	0. 528 *** (6. 80)	0. 130 (1. 37)	0. 251 *** (4. 35)	0. 662 *** (7. 91)
$fclar_{i,t}$	－0. 021 *** (－4. 38)	－0. 003 *** (－2. 68)	0. 019 (1. 42)	0. 109 *** (2. 81)	0. 001 (0. 69)	－0. 016 *** (－3. 57)	0. 04 * (1. 76)	－0. 005 (－0. 96)	－0. 002 (－0. 84)	0. 027 (1. 63)	－0. 017 ** (1. 61)
$acpl_{i,t}$	－0. 012 (－1. 30)	0. 012 ** (2. 11)	－0. 010 (－1. 02)	－0. 007 (－0. 58)	－0. 006 (－1. 26)	－0. 009 (－1. 01)	0. 014 ** (2. 37)	－0. 012 (－1. 60)	0. 002 (0. 27)	0. 002 (0. 19)	－0. 014 *** (－2. 27)
时间虚拟变量	控制	控制	控制	控制	控制	控制	控制	控制	控制	控制	控制
_cons	3. 596 *** (3. 61)	1. 327 *** (2. 47)	3. 613 *** (3. 44)	2. 509 * (1. 93)	3. 139 *** (6. 76)	3. 307 *** (3. 23)	1. 515 *** (2. 66)	3. 346 *** (4. 32)	3. 180 *** (4. 10)	2. 685 *** (2. 67)	4. 182 *** (5. 20)
Wald chi2	4871. 56 ***	8729. 52 ***	4070. 73 ***	2818. 34 ***	7764. 76 ***	4899. 36 ***	9573. 10 ***	8121. 83 ***	16224. 09 ***	2320. 94 ***	4722. 87 ***
Obs	81	39	31	51	38	83	37	90	30	44	76

注：*、**、*** 分别表示 10%、5%、1% 的显著水平，(　) 内表示 z 的取值。

从表4－6模型1～模型5的回归结果分析可知，Wald chi2值均通过了1%的显著性检验，说明模型总体回归效果比较好。从解释变量的回归结果分析，可以看出海洋渔业劳动力在以海洋渔业产业结构高级化、合理化、软化与加工系数为门槛时均通过了5%的显著性水平检验，但影响系数的变化具有差异性；而仅有以海洋渔业养捕结构为门槛时，海洋渔业劳动力在低于门槛值时未通过5%的显著性检验。海洋渔业资本在以海洋渔业产业结构高级化、合理化、软化与养捕结构为门槛时，均通过了1%的显著性水平检验，但影响系数的变化具有差异性；然而以海洋渔业加工系数为门槛时，海洋渔业资本在低于门槛值时未通过5%的显著性检验。海洋渔业科技对海洋渔业经济增长的影响均通过了5%的显著性检验，但是在不同海洋渔业产业结构背景下，海洋渔业科技对海洋渔业经济增长的影响存在显著性差异。根据表4－6回归结果大致可以得出两点结论：一是在海洋渔业产业结构不同水平下，海洋渔业生产要素（例如劳动力、资本、科技等）对海洋渔业经济增长的影响存在差异性；二是不同海洋渔业产业结构所引起的海洋渔业生产要素对海洋渔业经济增长的影响方式也具有差异性。

（二）结果分析

本节主要分析海洋渔业产业结构演进所引起的海洋渔业劳动力、资本与科技投入影响海洋渔业经济增长的变化及其原因。

1. 海洋渔业劳动力的结构响应异质性分析

海洋渔业劳动力对海洋渔业经济增长的影响，除在以海洋渔业养捕结构为门槛外，大致呈现出下降趋势，作用程度减弱。总体来说，海洋渔业劳动力的这种变化产生的内在原因是海洋渔业科技与机械化作业能力的提高。在中国海洋渔业发展初期，受较低科技水平的影响，绝大部分海洋渔业活动均通过体力劳动完成，大量劳动力供给成为保障海洋渔业经济发展的主要动力。在此阶段海洋劳动力对海洋渔业经济增长具有较大的促进作用。但是随着中国海洋渔业经济的深入发展，海洋渔业科技水平不断提升，尤其是在渔业机械设备取得突破后，机械化作业能力逐步提高，渔业机械使用将会替代大量的体力劳动，削弱了海洋渔业劳动力对海洋渔业经济增长的促进作用。

（1）海洋渔业产业结构高级化与软化。在以海洋渔业产业结构高级化与软化为门槛时，海洋渔业劳动力对海洋渔业经济增长的作用程度减弱，原因是在受渔业科技与机械化水平的影响外，还受产业属性及发展规模的影响（见图4－1）。根据产业结构演进的一般规律，海洋劳动力将会从农业部门向服务性部门转移，大量劳动力的转移将会促进海洋渔业第三产业的发展，原则上会提高其对海洋渔业经济增长的影响程度，但是受海洋渔业产业属性的限制，即海洋渔业第三产业主要服务于海洋渔业第一、第二产业，海洋渔业第一、第二产业的发展规模制约海洋渔业第三产业的发展，原因在于服务于海洋渔业一二产业的水产流通与水产（仓储）运输在海洋渔业第三产业占主导地位，水产流通与（仓储）运输产业规模扩张依赖于海洋渔业第一、第二产业发展需求，大量劳动力在海洋渔业第三产业内部集聚会在短期内促进水产流通、仓储运输业发展，但为了获得较大经济利润与边际投资效率，水产流通或仓储运输企业将不会无限制的进行规模扩张，对海洋渔业劳动力的吸纳能力相对较小。

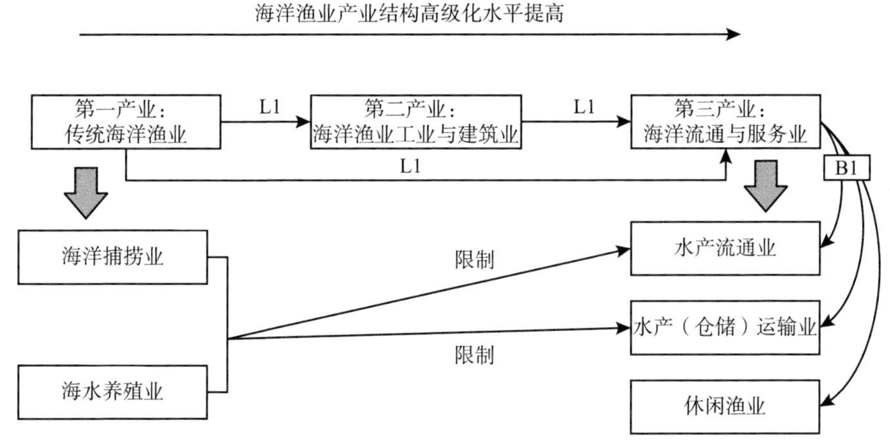

L1：表示海洋渔业劳动力随产业结构高级化程度提高向第二、第三产业转移；
B1：在海洋渔业第三产业内部，劳动力的流动与分配情况。

图4－1　海洋渔业产业结构高级化演进下劳动力在三次产业中的流动与转移过程

近年来，休闲渔业作为新型产业形态在海洋渔业中得到较快发展，产业规模的扩大吸纳部分海洋渔业劳动力，一定程度上缓解了渔民转产转业的压力。但是，目前休闲渔业总体发展规模较小，对渔业劳动力的缓解作用是比较微小的。另外，随着中国海洋渔业产业结构软化水平的提高，海洋渔业第三产业中的科研、教育、信息、金融等产业得到较快发展，产业发展规模与服务水平逐步提升，对高素质的劳动力需求增加，但从第一产业或第二产业中所转移的劳动力很难满足产业发展的需求。因此，综合分析认为在海洋渔业劳动力的吸纳能力方面，海洋渔业第三产业低于国民经济第三产业，对缓解海洋渔业劳动力的作用比较小。

（2）海洋渔业产业结构合理化。从模型 2 回归结果中可以看出，海洋渔业劳动力对海洋渔业经济增长的影响整体上呈现出先提高后降低的趋势，产生此结果的内部机制如图 4 - 2 所示。在产业结构合理化程度低于 1.984 时，海洋渔业劳动力对海洋渔业经济增长的作用程度逐步提高。在海洋渔业产业发展初期，第二、第三产业发展比较缓慢，绝大部分海洋渔业劳动力集中在海洋捕捞与海水养殖业中，促进了海洋渔业第一产业的发展。随着海洋渔业产业体系的逐步拓展，海洋渔业第二、第三产业逐步发展起来，海洋渔业产业结构合理化程度的提高将会推动海洋劳动力向二、三产业转移，提高海洋劳动力的边际报酬，部分海洋渔业劳动力的转移一方面缓解了海洋渔业第一产业劳动力过剩问题，另一方面促进了海洋渔业第二、第三产业的发展，进一步完善了海洋渔业产业体系。因此，在产业结构合理化程度低于第二个门槛值时，海洋渔业劳动力对海洋渔业经济增长的正向影响显著提高。

当越过门槛值 1.984 时，海洋渔业劳动力对海洋渔业经济增长的促进作用有所降低，但是降低的幅度较小。本章认为产生此结果的内在原因包括两点：一是海洋渔业产业结构合理化程度提高一定程度上会影响区域性海洋渔业主导产业的形成；二是海洋第二、第三产业发展受限于海洋渔业第一产业的发展规模与速度，不能大量吸纳过多剩余劳动力，但是劳动力过于集中在第二、第三产业会产生拥挤效应，一定程度上影响海洋渔业经济的发展，海洋渔业劳动力剩余成为海洋渔业经济发展所面临的主要问题。

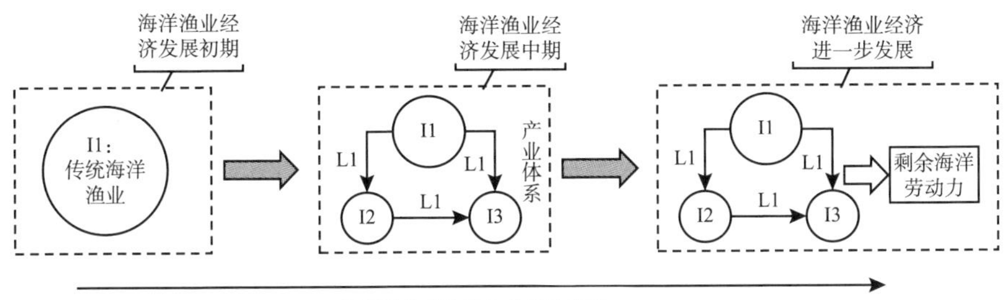

注：I1、I2、I3分别表示海洋渔业第一、第二、第三产业。

图4-2　海洋渔业产业结构合理化演进下海洋渔业劳动力的流动与转移过程

(3) 海洋渔业生产结构。从模型4回归结果可知，海洋渔业养捕结构水平的提升会增强海洋渔业劳动力对海洋渔业经济发展的促进作用；但是海洋渔业加工系数的增加会减弱海洋渔业劳动力对海洋渔业经济发展的促进作用。海洋渔业养捕结构反映的是海产品生产方式的变更，养捕结构系数越大，表明海水养殖业的产品供给能力越高。随着海洋渔业经济的发展，在2006年后中国海洋渔业养殖产量超过捕捞产量，养捕结构系数超过1，海水养殖业也成为中国海产品供给的主要来源。随着中国海水养殖技术（育苗、养殖设施、病害防治等）水平提高，加之海产品市场需求总量的增加，促进了海水养殖业快速发展，产业发展规模逐步增大，吸纳了大量因海洋捕捞业衰退而产生的海洋渔业劳动力，提高了海洋渔业劳动力的边际效率，加速了海洋渔业经济发展。因此，随着中国海洋渔业养捕结构的优化，海洋渔业劳动力对海洋渔业经济发展的正向作用增强。

海洋渔业加工系数反映了在市场中海洋渔业产品的多样性，模型5的回归结果显示，海洋渔业劳动力对海洋渔业经济发展的正向作用快速减弱。就产生此结果的主要原因，本章主要从两个方面进行分析，一是随着中国海洋渔业产业链的拓展，部分海洋渔业劳动力转移到海洋渔业第二产业中，解决了第二产业因低技术限制而产生的劳动力需求不足问题，促进了海洋渔业经济的发展，但是随着中国海洋渔业加工技术水平的提高，机械化作业能力增强，渔业机械对体力劳动的替代效应增强，降低了体力劳动供给对海洋渔业经济发展的促进作用；二是随着中国海洋渔业第二产业向机械化、智能化、信息化发展，对“懂技术、能经营、会管理”的现代化海洋渔业高水平人才的需求日益提高，原有传统的体力供给难以满足其发展需求，这也反映了海洋劳动力作用下降的原因。

2. 海洋渔业资本的结构响应异质性分析

海洋渔业资本对海洋渔业经济增长的影响比较显著，在不同门槛值下其作用程度具有显著差异。由表4-6可知，在以海洋渔业产业结构高级化、合理化、软化与养捕结构为门槛变量时，海洋渔业资本投入对海洋渔业经济发展的影响均比较显著，但促进作用减弱。在以海洋渔业加工系数为门槛变量时，海洋渔业资本对海洋渔业经济发展的正向影响在越高门槛值后显著增强。本研究将对产生此结果的内在机理进行分析。

（1）海洋渔业产业结构高级化。模型1的回归结果反映出在海洋渔业产业结构高级化程度较低时，海洋渔业固定资本投入对促进海洋渔业经济发展发挥了重要作用，当经济发展水平提升到一定高度后，如果单纯依赖传统的以固定资产投入为主的投资模式很难产生较大回报率，这与现阶段所提出的转换驱动要素，加快推进新旧动能转换的政策是一致的。海洋渔业在经济发展初期对固定资本投入需求较大，尤其是在渔港与码头建设、渔船与渔具等设备购置、加工厂房、冷藏冷冻仓库等方面，基础设施完善与作业工具的完备是推动海洋渔业经济发展基本条件。因此，在海洋渔业产业结构高级化低于门槛值时，海洋渔业资本的促进作用比较大。当海洋渔业产业结构高级化越过门槛值4.986后，海洋渔业资本投入对海洋渔业经济增长的促进作用减弱，说明了随着海洋渔业经济的发展，海洋渔业中渔港建设、交通线路等基础设施也逐步完善，产业发展所需要的渔用机械设备、冷冻冷藏仓库、渔用建筑等逐步完备，海洋渔业经济发展动力将发生改变，由追求以固定资产投资为主转向以人力资本与科技资本为主，如果仍坚持传统的投资模式，很难促进海洋渔业经济的跨越式发展。

（2）海洋渔业产业结构合理化。海洋渔业产业结构合理化描述了海洋渔业产业之间的协调发展与资源合理配置程度。通过回归结果分析，在产业结构合理化低于门槛值1.509时，海洋渔业资本投入对海洋渔业经济发展的影响比较显著，每增加1%的海洋渔业资本投入，海洋渔业经济将增长0.771%，然而在越过门槛值1.509与1.984后，海洋渔业资本对海洋渔业经济发展的作用程度减弱，尤其是在海洋渔业产业结构合理化高于

1.984 后，海洋渔业资本对海洋渔业经济增长的弹性降低到 0.183，即每增加 1% 的海洋渔业资本投入，海洋渔业经济将增加 0.183%。海洋渔业产业结构合理化推动了海洋渔业资本在海洋渔业三次产业中的合理配置，在海洋渔业三次产业发展初期，渔业资本的投入会完善产业发展所需要的基础设施与生产设备，对海洋渔业经济发展具有较大的推进作用。但是随着海洋渔业基础设施的进一步完善，三次产业发展对固定资本投资的需求减弱，同时也降低了海洋渔业资本对海洋渔业经济发展的作用程度。

（3）海洋渔业产业结构软化。在以海洋渔业产业结构软化为门槛变量时，海洋渔业资本对海洋渔业经济发展的正向影响均比较显著，但是作用程度减弱。在低于门槛值 12.98% 时，海洋渔业资本每增加 1%，海洋渔业经济将增加 0.241%。但当高于门槛值 12.98% 时，海洋渔业资本每增加 1%，对海洋渔业经济的产生的影响降低 0.159%。产生此结果的原因在受海洋渔业发展阶段的影响外，还受到产业属性与产业关联性的影响。首先，随着海洋渔业产业结构软化水平的提升，海洋渔业资本将会由第一产业流向第三产业，促进海洋渔业第三产业的发展，从而提高海洋渔业经济的总体水平。但是当海洋渔业第三产业中的水产流通与仓储物流产业发展到一定程度后，会降低对固定资本的需求程度，开始转向以提高冷藏、物流技术为主的科技资本，如果不改变传统的投资模式将会阻碍海洋渔业经济的进一步发展。其次，随着海洋渔业产业结构软化程度的提高，海洋渔业第三产业中的科技、教育、信息、金融等产业发展迅速，这些产业的发展对科技、人力资源的需求度较高，进一步加剧海洋渔业第三产业对科技资本或人力资本的需求程度，传统资本投资结构与产业发展需求的不协调性会降低海洋渔业经济增长效率。

（4）海洋渔业生产结构。以海洋渔业养殖结构为门槛变量的回归结果显示，当养捕结构低于 50.26%，海洋渔业资本对海洋渔业经济发展的推动作用比较显著，其每增加 1%，海洋渔业经济将增加 0.734%。在经济发展初期，海洋渔业的产品供给方式主要以海洋捕捞业为主，而海洋捕捞业发展需要雄厚的固定资本作为支撑，渔船、渔具购置和渔港、码头建设均依赖于大量的资本投入，大吨位渔船与先进捕捞设备的使用能够提高海洋渔业捕捞能力，推动海洋渔业经济发展。但是当养捕结构越过门槛值

50.26%后，海洋渔业资本每增加1%，对海洋渔业经济发展的所产生的影响降低0.201%。原因可能是随着中国海洋渔业养捕结构系数的提高，海水养殖逐渐成为海产品供给的主要部门，海洋捕捞业的主导地位因近海渔业资源的衰退而逐渐丧失。相比较于海洋捕捞业，海水养殖业对固定资本的需求较小，但对海水养殖技术等投入需求较大。所以，在海洋渔业养捕结构越过门槛后，海洋资本投入对促进海洋渔业经济发展的作用减弱。

在以海洋渔业加工系数为门槛变量时，当低于门槛值43.69%时，海洋渔业资本虽然对海洋渔业经济发展的影响未通过5%的显著性检验，但作用方向是正向的，符合一般的海洋经济发展规律。然而，在海洋渔业加工系数高于门槛值43.69%后，对海洋渔业经济发展产生较大促进作用，且通过了1%的显著性检验。这一变化反映了在海洋渔业发展初期，受低水平的加工技术与以鲜活水产品为主的市场需求的影响，海产品加工企业发展规模较小，主要以传统作坊式进行生产。但是随着海产品加工技术水平的提高，海产品精深加工能力不断增强，加工产品逐渐丰富化，加之因冷藏技术的提高，消费市场的扩大与消费偏好的转变，促进了海洋渔业加工企业的发展，企业规模的扩大需要大量资本要素作为支撑，尤其在先进加工设备购买或更新、厂房扩建等方面，大量海洋渔业资本的投入将会促进海洋渔业第二产业的发展。

3. 海洋渔业科技的结构响应异质性分析

海洋渔业科技在不同门槛变量下对海洋渔业经济增长的影响存在显著差异。从表4-6的回归结果中可以看出，在以海洋渔业产业结构高级化为门槛变量时，当其越过门槛后，海洋渔业科技投入对海洋渔业经济发展的影响程度降低；而在以海洋渔业产业结构软化与生产结构为门槛时，当其越过门槛后，海洋渔业科技投入对海洋渔业经济发展影响程度提高；在以海洋渔业产业结构合理化为门槛变量时，在越过第一个门槛值时，海洋渔业科技对海洋渔业经济发展的正向作用增强，当越过第二个门槛值后，其作用程度降低。

（1）海洋渔业产业结构高级化。以海洋渔业产业结构高级化为门槛变量的回归结果显示，海洋渔业科技投入对海洋渔业经济增长的正向作用比较显著，但是作用程度在越过高门槛值后有所降低。本研究主要从三个方面进行分析：首先，海洋渔业是高技术需求产业，对技术的依赖性要高于陆域种植业，其作业工具的制造具有较高的技术要求，例如大型机动渔船，探测仪等渔具、深海网箱、多功能海水养殖平台、冷藏设备等制造与升级均依赖于高新技术，不论在何时高技术含量的作业工具与设备均是海洋渔业发展的基础条件。另外，随着中国近海渔业资源衰退与空间资源的激烈竞争，离岸养殖成为海洋渔业持续发展的重要方向，例如2016年开展的黄海冷水团开发项目，这对海洋渔业作业工具提出更高的科技要求，传统作业工具难以满足新的发展需求，需要通过科技创新提升海洋渔业机械化水平与作业能力。这也决定了海洋渔业科技在渔业经济发展初期发挥了重要作用。其次，海洋渔业属于高投资、高风险产业，易受到风暴潮、台风、赤潮、绿潮等自然灾害与生态灾害的影响，高新技术成为海洋渔业降低投资风险与提高投资回报率的重要保障，一定程度上增加了海洋渔业对高新技术的依赖性。最后，海洋渔业所赖以发展的生态环境具有脆弱性，易受到来自海洋产业与陆域污染物的污染，为实现海洋渔业的可持续发展需要加强海洋渔业资源生态环境养护，资源环境修复与生态保护技术是实现海洋渔业资源生态环境养护的重要手段。

在海洋渔业产业结构高级化越过门槛值后，海洋渔业科技对海洋渔业经济发展的影响程度减弱，这与一般经济发展规律相悖，造成此结果的原因可能是所采用的海洋渔业科技数据存在偏差，由于在《中国渔业统计年鉴》中未对海洋渔业科技投入进行相关统计，本文采用渔业技术推广经费进行了间接衡量，海洋渔业技术推广经费主要作用于海洋渔业第一产业，尤其是随着中国海洋渔业产业结构高级化程度的提高，海洋渔业第二、第三产业对科技资源的需求增大，而用于衡量海洋渔业第一、第二、第三产业总体的科技投入水平会存在估计偏差，但不会改变海洋渔业科技对海洋渔业经济发展的作用方向。因此，模型回归结果所显示出的海洋科技对海洋渔业经济发展的正向作用具有一定的参考价值。

（2）海洋渔业产业结构合理化。模型2的回归结果显示：海洋渔业产业结构合理化对海洋渔业经济发展的正向作用均通过5%的显著性检验，但是作用程度存在差异。在海洋渔业产业结构合理化低于门槛值1.509时，海洋渔业科技对海洋渔业经济发展具有正向作用，得益于海洋渔业自身的产业属性，产生此结果的内在因素与在以海洋渔业产业结构高级化低于门槛值时的原因是一致的。但当海洋渔业产业结构合理化越过门槛值1.509后，海洋渔业科技对海洋渔业经济发展的正向作用提高，表明了随着中国海洋渔业产业结构合理化水平的提升，促进了海洋渔业科技资源向海洋渔业第二、第三产业转移，促进了海洋渔船渔机修造、海洋渔用绳网制造、海洋渔用饲料、药物、海洋渔业建筑、海产品加工、物流、仓储等产业的发展，从而推动了海洋渔业经济的总体发展水平。海洋渔业科技资源向高生产率部门的流动，不仅拓展了渔业科技服务的范围，且极大地提高了海洋渔业科技对海洋渔业经济增长的正向作用程度。

当越过第二个门槛值1.984后，海洋渔业科技对海洋渔业经济发展的正向作用减弱。造成此结果的原因主要包括两个方面：一是海洋渔业产业结构合理化是促进海洋渔业科技资源在三次产业中合理配置，实现海洋渔业三次产业的协调均衡发展，但根据“不平衡增长理论”与主导产业理论，经济发展很难实现所有产业的均衡发展，而是通过集中优势，集聚经济资源塑造区域性主导产业，通过主导产业的辐射带动效应推动关联产业的协同发展，从而提高区域经济发展水平，但是片面追求产业的均衡发展，将会影响经济持续增长。二是可能由所采用的海洋渔业科技数据存在偏差造成的，本文采用海洋渔业科技推广经费间接衡量海洋渔业的科技投入会造成估计的偏差，但不影响海洋渔业科技对海洋渔业经济发展的作用程度，本章认为第一个原因是造成海洋渔业科技作用程度降低的主要因素。

（3）海洋渔业产业结构软化。以海洋渔业产业结构软化为门槛变量的回归结果显示，海洋渔业科技对海洋渔业经济增长的影响均比较显著，而且在产业结构软化越过门槛值后，海洋渔业科技的正向作用效果增强，即海洋渔业科技每增加1%，海洋渔业经济将增加0.250%。在海洋渔业产业结构软化低于门槛值12.98%时，海洋渔业科技对海洋渔业经济发展的正向作用比较显著，这是由海洋渔业自身的产业属性决定的，产生此结果的内在原因与在以海洋渔业产业结构高级化低于门槛值时的原因是基本一致的。

在产业结构软化高于门槛值12.98%后，海洋渔业科技对海洋渔业经济发展的正向影响增强，表明随着中国海洋渔业经济的进一步发展，海洋渔业第三产业中的海洋渔业科技、教育、信息等产业发展迅速，科研教育管理事业的发展为加速海洋渔业科技创新提供大量的科技资本与人力资本，促进海洋渔业技术的更新与升级。随着海洋渔业科研教育事业深入发展，校企合作下的“产学研用”发展模式得到较大推广，极大地推进了海洋渔业实用性技术创新与实干型的复合式人才的培养，而且涌现出了较多海洋渔业科技创新孵化基地，为海洋渔业技术转化提供了有效平台。同时，注重渔业技术推广工作，逐步完善海洋渔业技术推广体系，有效推广海洋渔业高新技术，海洋渔业科技扩散效应的增强，将会推动海洋渔业经济总体发展水平。

（4）海洋渔业生产结构。以海洋渔业养捕结构与加工系数为门槛变量的回归结果显示，在高于门槛值后，海洋渔业科技对海洋渔业经济发展产生较大的促进作用。以海洋渔业养捕结构为门槛变量时，海洋渔业科技不论在低于或高于门槛值均对海洋渔业经济发展具有显著的促进作用，且正向作用效应有所提高。在海洋渔业经济中，海洋渔业第一产业占主导地位，海洋渔业科技创新主要聚焦于海产品供给，而海水养殖与海洋捕捞是海产品供给的两种方式。海洋科技创新主要服务于海水养殖业与海洋捕捞业。在低于门槛值50.29%，海产品供给主要以海洋捕捞业为主，机动渔船是海洋捕捞业的主要投入，也是决定海洋捕捞能力的关键因素，抗风浪、大吨位、高性能的捕捞渔船对技术具有较高的依赖性，渔船技术的高低决定了海产品捕捞量。当高于门槛值50.29%后，海水养殖逐渐成为海产品供给的主要方式，海水养殖在海水育苗、病害防治、深水网箱、多功能养殖平台等方面具有较高的技术要求。同时，随着海洋渔业离岸养殖的发展，海洋渔业科技将在海水养殖业持续发展中扮演重要角色。

以海洋渔业加工系数为门槛变量的回归结果显示，在低于门槛值43.69%时，海洋渔业科技投入对于海洋渔业经济发展的影响比较显著，海洋科技投入每增加1%，海洋渔业经济将增长0.101%，当越过门槛值43.69%后，海洋渔业科技投入对海洋渔业经济增长的作用增强，即海洋科技投入每增加1%，海洋渔业经济将增长0.142%，表明海洋渔业加工系数的提高会提高海洋渔业科技影响海洋渔业经济发展的作用程度。随着海产品加工技术水平的提高，海产品精深加工能力不断增强，加工海产品逐步多样化，例如海洋食品、海洋生物药物、保健品、化工品等，精深加工海产品的出现依托渔业科技创新，渔业科技投入会为技术创新提高重要的资金保障，提高海洋渔业科研能力与技术水平。海洋渔业第二产业中海产品加工业以海洋渔业第一产业的鲜活水产品生产为基础，海产品加工能力的改善将会扩大对鲜活海产品的需求，促进海洋渔业第一产业发展，同时也会带动海洋渔业第三产业中冷链物流与仓储业发展，从而提高海洋渔业的总体发展水平。

第三节　海洋渔业产业结构演进对海洋渔业经济波动的影响

经济波动是衡量经济发展稳定性的重要指标，是反映一国或地区的经济活动沿着经济增长的总体趋势而表现出有规律的收缩和扩张，是经济运行中不可避免的、有规律的交替出现的繁荣、收缩、萧条、扩展现象[231]。自经济学家朱格拉首次开展经济波动研究后，经济波动研究成为学术研究的热点。许多学者从不同视角深入分析了经济波动产生的机理，主要分为三个方面：一是从需求侧分析，认为造成经济波动的主要根源为投资变动、消费水平或结构变动、国际贸易波动等；二是从供给侧分析，认为生产要素供给、产业结构演进是引起经济波动的关键因素；三是从宏观层面分析，认为政府行为、政策制度、经济灾害能够引起经济波动。经文献梳理发现，学者们由于研究角度与方法不同，造成研究结果具有差异性。但总体上认为产业结构演进是引起经济波动的主要因素。本节将基于现有学术研究成果，主要从供给侧方面探究海洋渔业产业结构演进对海洋渔业经济波动的影响及作用规律。

一、模型设计与估计方法

（一）模型设计

现代经济增长理论认为，国民经济实现增长主要包括两种方式：生产

 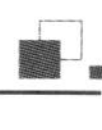

要素推动与技术进步推动，前者促进了经济的短期增长，后者是实现经济的长期发展。不论生产要素在各产业中流动还是技术变革，均会引起经济快速增长的波峰或低速增长甚至负增长的波谷交替出现，形成经济波动现象。然而所有的经济资源或要素均是在一定的结构中被组织，在既定条件下，产业结构的变化会引起经济资源或要素的配置方式发生改变，进而引起经济周期性波动。基于以上分析，可以将产业结构作为一种制度性要素纳入经济增长模型中，获得新的经济增长模型。基于海洋渔业经济发展实际，建立海洋渔业经济增长模型：

$$gfp_{i,t} = f(flabor_{i,t},\ mfcapital_{i,t},\ MFS_{i,t},\ A) \tag{4-12}$$

在式（4－12）中，$gfp_{i,t}$反映i地区第t年海洋渔业经济产出，用海洋渔业经济生产总值衡量；$flabor_{i,t}$表示i地区第t年海洋渔业劳动力投入，用海洋渔业就业人员数量衡量；$mfcapital_{i,t}$表示i地区第t年海洋渔业资本投入，用海洋渔业资本存量衡量；$MFS_{i,t}$表示i地区第t年海洋渔业产业结构，分别用海洋渔业产业结构高级化、合理化、软化、生产结构衡量；A表示技术与制度等有关因素（短期内可以假设技术进步和制度变迁是一个固定的常数）。对式（4－12）两边同时取对数获得式（4－13）：

$$lngfp_{i,t} = \beta_0 + \beta_1 lnflabor_{i,t} + \beta_2 lnmfcapital_{i,t} + \beta_3 lnMFS_{i,t} + \varepsilon_{i,t} + \mu_i \tag{4-13}$$

假定海洋渔业经济产出与投入均有两部分构成，即潜在值、实际值与潜在值的差（波动变化值）。因此，可以将$lngfp_{i,t}$转换为$lngfp_{i,t} = lngfp'_{i,t} + \Lambda gfp_{i,t}$，其中$lngfp'_{i,t}$表示实际经济产出值的趋势成分，即潜在产出；$\Lambda gfp_{i,t}$表示实际产出与潜在产出的差，用来反映经济波动程度。同理，可以得到劳动力、资本与产业结构的转换形式：

$$lnflabor_{i,t} = lnflabor'_{i,t} + \Lambda flabor_{i,t}$$
$$lnmfcapital_{i,t} = lnmfcapital'_{i,t} + \Lambda mfcapital_{i,t}$$
$$lnMFS_{i,t} = lnMFS'_{i,t} + \Lambda MFS_{i,t} \tag{4-14}$$

其中，$\Lambda flabor_{i,t}$、$\Lambda mfcapital_{i,t}$、$\Lambda MFS_{i,t}$分别表示海洋渔业劳动力、资本与产业结构的波动情况。产业结构一般具有刚性特征，本期的产业结构与前后若干期有着紧密的关联或因果关系。借鉴方福前和詹新宇（2011）[31]、丁振辉和张猛（2013）[232]的做法，假定产业结构调整是一期到位，也就是说第 t 时期的产业结构调整的稳定值是第 t－1 期产业结构调整的实际值，即 $\ln MFS'_{i,t}=\ln MFS_{i,t-1}$，那么 $\Lambda MFS_{i,t}$可以表示为：

$$\Lambda MFS_{i,t}=\ln MFS_{i,t}-\ln MFS'_{i,t}=\ln MFS_{i,t}-\ln MFS_{i,t-1}=\ln\frac{MFS_{i,t}}{MFS_{i,t-1}} \tag{4-15}$$

其中，$\ln(MFS_{i,t}/MFS_{i,t-1})$ 恰好是反映海洋渔业产业结构的变动速度指标，可以用 $gMFS_{i,t}$表示，g 表示海洋渔业产业结构的变动速率。对式（4－13）去除趋势成分可得到式（4－16）：

$$\begin{aligned}\ln gfp_{i,t}-\ln gfp'_{i,t}=\beta_0&+\beta_1(\ln flabor_{i,t}-\ln flabor'_{i,t})\\&+\beta_2(\ln mfcapital_{i,t}-\ln mfcapital'_{i,t})\\&+\beta_3(\ln MFS_{i,t}-\ln MFS'_{i,t})+\varepsilon_{i,t}+\mu_i\end{aligned} \tag{4-16}$$

进一步简化可以得到式（4－17）：

$$\begin{aligned}\Lambda gfp_{i,t}&=\beta_0+\beta_1\Lambda flabor_{i,t}+\beta_2\Lambda mfcapital_{i,t}+\beta_3\Lambda MFS_{i,t}+\varepsilon_{i,t}+\mu_i\\&=\beta_0+\beta_1\Lambda flabor_{i,t}+\beta_2\Lambda mfcapital_{i,t}+\beta_3 gMFS_{i,t}+\varepsilon_{i,t}+\mu_i\end{aligned} \tag{4-17}$$

式（4－17）反映了海洋渔业劳动力、资本与产业结构演进对海洋渔业经济波动的影响。由于海洋渔业产业结构变动数据基本上为正值，而海洋渔业劳动力、资本与海洋渔业经济的波动有正值和负值，出于探究产业结构演进对经济波动的影响的研究目的，借鉴方福前和詹新宇（2011）[31]、丁振辉和张猛（2013）[232]的做法，对海洋渔业劳动力、资本与海洋渔业经的波动值取绝对值，分别记为：

$$\begin{aligned}wgfp_{i,t}&=|\Lambda gfp_{i,t}|\\wflabor_{i,t}&=|\Lambda flabor_{i,t}|\\wmfcapital_{i,t}&=|\Lambda mfcapital_{i,t}|\end{aligned} \tag{4-18}$$

式（4－18）反映了海洋渔业经济波动幅度、海洋渔业劳动力与资本冲击程度，并将式（4－18）代入式（4－17）获得最终的模型形式：

$$wgfp_{i,t}=\beta_0+\beta_1 wflabor_{i,t}+\beta_2 wmfcapital_{i,t}+\beta_3 gMFS_{i,t}+\varepsilon_{i,t}+\mu_i \tag{4-19}$$

式（4－19）为本节所设计的核心模型，重点分析海洋渔业产业结构演进对海洋渔业经济波动的影响，主要考察系数 β_3 的符号。如果 β_3 显著为负，则说明海洋渔业产业结构演进有利于抑制海洋渔业经济波动，对海洋渔业经济波动具有明显的“熨平效应”；如果 β_3 显著为正，则海洋渔业产业结构演进与海洋渔业经济波动正向相关，说明海洋渔业产业结构的变动会促进海洋渔业经济波动，出现了非均衡增长现象；如果 β_3 不显著，那么说明海洋渔业产业结构演进对海洋渔业经济波动的影响可以忽略不计。

（二）方法选择

本节运用了沿海 10 个地区（天津、河北、辽宁、山东、江苏、浙江、福建、广东、广西、海南）2003～2016 年的面板数据分析海洋渔业产业结构演进对海洋渔业经济波动的影响。由于随机效应模型适合于样本个体较多且假定个体效应与随机误差项不相关，而本节所用的面板数据仅包含 10 个地区，个体量较小，并且在采用固定效应模型前不需要假定个体效应与随机误差项不相关。因此，本书选择采用固定效应模型。

然而，海洋渔业产业结构演进是影响其经济波动的一种因素，为了准确地检验产业结构演进对海洋渔业经济波动的影响，需要引入一些控制变量。根据目前在对经济波动影响研究中，很多文献根据自身的需要或数据的可得性设置控制变量，没有统一的标准形式。为避免选择控制变量的随意性与偏差，借鉴弗兰克（Frank，2005）[233]、干春晖等（2011）[30]的做法，用经济波动与产业结构交互项代替其他的控制变量，从而得到计量模型：

$$wgfp_{i,t} = \beta_0 + \beta_1 wflabor_{i,t} + \beta_2 wmfcapital_{i,t} + \beta_3 gMFS_{i,t} + \beta_4 (gMFS_{i,t} * wgfp_{i,t}) + \varepsilon_{i,t} + \mu_i \quad (4-20)$$

鉴于经济发展是连续的、动态的，为了更加客观准确地反映海洋渔业经济发展的现实情况，基于式（4－20）建立动态面板模型：

$$wgfp_{i,t} = \beta_0 + \alpha wgfp_{i,t-1} + \beta_1 wflabor_{i,t} + \beta_2 wmfcapital_{i,t} + \beta_3 gMFS_{i,t} + \beta_4 (gMFS_{i,t} * wgfp_{i,t}) + \varepsilon_{i,t} + \mu_i \quad (4-21)$$

为了消除个体效应对模型估计的影响，在式（4－21）基础上进行差分处理，获得待估计的动态差分面板模型：

$$\Delta wgfp_{i,t} = \beta_0 + \alpha\Delta\Delta wgfp_{i,t-1} + \beta_1\Delta wflabor_{i,t} + \beta_2\Delta wmfcapital_{i,t} + \beta_3\Delta gMFS_{i,t} + \beta_4(\Delta gMFS_{i,t} * \Delta wgfp_{i,t}) + \Delta\varepsilon_{i,t} \quad (4-22)$$

由于对模型进行差分后，会造成差分后的随机扰动项存在相关性，为避免随机扰动项相关性所引起的伪回归问题，在进行模型估计时要引入面板稳健性标准差以消除此影响。另外，由于模型中引入了含有被解释变量的交互项，导致模型存在内生性问题，需要引入工具变量进行消除。借鉴鲍姆和谢弗（Baum and Schaffer，2007）[234]的做法，将解释变量的滞后项和差分项作为工具变量，选择动态面板广义矩计（GMM）方法进行估计。为了检验工具变量的有效性，避免工具变量的过度识别，需要对工具变量进行过度识别检验。故选择 Hansen 统计方法和 Sargan 统计方法进行工具变量的有效应检验。

二、数据检验与回归结果

（一）稳定性检验

本节选取的样本数据为平衡面板数据，符合单位根检验的条件。借用第四章第二节稳定性检验的方法对数列进行检验，结果（见表 4－7）显示，wgfp、wflabor、wmfcapital、fclar、g. sadvance、g. srationalize、g. ssoften、g. mfcs、g. mfsp 等变量均通过了 1% 的显著性检验，均强烈拒绝面板数据存在单位根的原假设，故原有序列数据是稳定的。

表 4－7　　稳定性检验结果

变量	Fisher－ADF 检验				LLC 检验	检验结果
	P	Z	L^*	P_m	Adjusted t^*	
$wgfp_{i,t}$	63.251***	－5.143***	－5.384***	6.839***	－2.863***	平稳
$wflabor_{i,t}$	70.806***	－5.784***	－6.115***	8.033***	－5.264***	平稳
$wmfcapital_{i,t}$	79.098***	－6.332***	－6.869***	9.344***	－4.374***	平稳

续表

变量	Fisher－ADF 检验				LLC 检验	检验结果
	P	Z	L^*	P_m	Adjusted t^*	
g. sadvance	138.655***	－9.582***	－12.192***	18.761***	－9.871***	平稳
g. $sadvance_{i,t}$ * $wgfp_{i,t}$	65.176***	－5.329***	－5.575***	7.143***	－2.759***	平稳
g. $srationalize_{i,t}$	68.557***	－5.725***	－5.952***	7.670***	－5.285***	平稳
g. $srationalize_{i,t}$ * $wgfp_{i,t}$	70.168***	－5.803***	－6.077***	7.932***	－3.473***	平稳
g. $ssoften_{i,t}$	76.329***	－6.183***	－6.636***	8.906***	－4.731***	平稳
g. $ssoften_{i,t}$ * $wgfp_{i,t}$	95.259***	－7.509***	－8.365***	11.899***	－5.672***	平稳
g. $mfcs_{i,t}$	69.543***	－5.576***	－5.987***	7.833***	－3.201***	平稳
g. $mfcs_{i,t}$ * $wgfp_{i,t}$	67.978***	－5.740***	－5.910***	7.586***	－5.236***	平稳
g. $mfsp_{i,t}$	74.200***	－6.108***	－6.462***	8.570***	－3.566***	平稳
g. $mfsp_{i,t}$ * $wgfp_{i,t}$	73.217***	－6.082***	－6.381***	8.414***	－4.917***	平稳

注：**、***分别表示5%、1%的显著水平。P 为逆卡方变换；Z 为逆正态变换；L^* 为逆逻辑变换；P_m 为修正逆卡方变换。

（二）模型回归结果

利用 STATA15.0 软件，本节采用差分 GMM 估计方法探究海洋渔业产业结构演进对海洋渔业经济波动的影响，分别以海洋渔业产业结构高级化、合理化、软化、养捕结构和加工系数为核心变量构造了五个模型，检测了海洋渔业产业结构高级化、合理化、软化、养捕结构和加工系数的变化对海洋渔业经济波动的影响。

从表 4－8 中可以看出，在 1%的显著性水平下，模型 1～模型 5 中的 Wald chi2 均通过了检验，表明模型整体回归效果是比较好的。从工具变量的识别中，可以看出不论是 AR（2）、Sargan 检验还是 Hansen 检验均表明所选用的工具变量是合理的，未出现工具变量过度识别的问题。从核心解释变量的显著性回归结果分析，海洋渔业产业结构高级化、合理化、软化、生产业结构对海洋渔业经济波动的影响均通过了 5%的显著性水平检验。同时，海洋渔业产业结构（除加工系数）与被解释变量的交互项也均通过了5%的显著性水平检验，海洋渔业加工系数与被解释变量的交互项在10%的显著水平比较显著。

表4-8　海洋渔业产业结构演进对海洋渔业经济波动影响的回归结果

解释变量	被解释变量（$wgfp_{i,t}$）				
	模型1	模型2	模型3	模型4	模型5
$wgfp_{i,t-1}$	-0.040 (-0.41)	0.110 (0.45)	-0.415*** (-5.10)	-0.042 (-0.22)	-0.256 (-1.24)
$wflabor_{i,t}$	-0.200 (-0.53)	-0.131 (-0.64)	-0.080 (-0.62)	-0.437*** (-2.01)	-0.396 (-0.95)
$wmfcapital_{i,t}$	0.094 (1.44)	-0.225* (-1.95)	-0.027 (-0.26)	0.103 (0.81)	0.139 (0.72)
g. sadvance	0.088** (2.11)	—	—	—	—
g. $sadvance_{i,t}$ * $wgfp_{i.t}$	2.533*** (4.28)	—	—	—	—
g. $srationalize_{i,t}$	—	-0.466* (-2.55)	—	—	—
g. $srationalize_{i,t}$ * $wgfp_{i.t}$	—	3.046** (2.07)	—	—	—
g. $ssoften_{i,t}$	—	—	-0.436*** (-3.59)	—	—
g. $ssoften_{i,t}$ * $wgfp_{i,t}$	—	—	2.288*** (3.27)	—	—
g. $mfcs_{i,t}$	—	—	—	-0.205** (-2.49)	—
g. $mfcs_{i,t}$ * $wgfp_{i,t}$	—	—	—	2.442** (1.87)	—
g. $mfsp_{i,t}$	—	—	—	—	1.229** (1.90)
g. $mfsp_{i,t}$ * $wgfp_{i,t}$	—	—	—	—	-2.789*** (-2.60)
AR（2）	0.730	0.994	0.091	0.861	0.119

续表

解释变量	被解释变量（$wgfp_{i,t}$）				
	模型 1	模型 2	模型 3	模型 4	模型 5
Sargan 检验（p - value）	0.054	0.261	0.374	0.115	0.884
Hansen 检验（p - value）	0.999	0.997	0.985	0.992	0.731
Wald chi2	1058.69 ***	81.05 ***	37.62 ***	20.34 ***	13.10 **
Number of obs	110	110	110	110	110

注：*、**、*** 分别表示 10%、5%、1% 的显著水平，（　）内表示 t 值。模型 1 中选择解释变量滞后 2 ~3 阶作为工具变量；模型 2 与模型 4 分别选择解释变量滞后 2 阶与 1 阶作为工具变量；模型 3 选择差分后解释变量的 1 ~2 阶作为工具变量，模型 5 选择差分后解释变量滞后 3 ~4 阶作为工具变量。

接下来，将从核心解释变量的回归系数进行分析。

（1）海洋渔业产业结构高级化对海洋渔业经济波动的影响呈正向作用，说明海洋渔业产业结构高级化会引起海洋渔业经济波动，对海洋渔业经济波动具有明显的“杠杆效应”，这与张东辉等（2015）所得到的结论基本是一致的。海洋渔业产业结构高级化与被解释变量的交互项对海洋渔业经济波动的影响系数为正，说明海洋渔业产业结构高级化与影响海洋渔业经济波动的其他因素的相互影响能够对海洋渔业经济波动产生促进作用，这与干春晖等（2011）[30]所得出的回归结果基本吻合。

（2）海洋渔业产业结构合理化对海洋渔业经济波动具有负向影响，说明海洋渔业产业结构合理化会抑制海洋渔业经济波动①，表明了产业结构合理化对海洋渔业经济波动的具有显著的“熨平效应”，这与干春晖等（2011）、彭冲等（2013）、张东辉等（2015）所得到的结论是一致的。海洋渔业产业结构合理化与被解释变量的交互项对海洋渔业经济波动的影响系数为正，说明海洋渔业产业结构合理化与影响海洋渔业经济波动的其他因素的相互影响能够扩大海洋渔业经济波动，而在模型 2 中，$|\beta_3/\beta_4|<1$，表明除非海洋渔业产业结构能够在短时间内实现合理化，否则影响海

① 在本节中海洋渔业产业结构合理化是采用产业结构熵测量的，srationalize 值越大，海洋渔业产业结构越合理；反之，海洋渔业产业结构不合理。

洋渔业经济波动的其他因素会加剧海洋渔业波动。

（3）海洋渔业产业结构软化对海洋渔业经济波动的影响也呈现出负向作用，说明海洋渔业产业结构软化会抑制海洋渔业经济波动，海洋渔业产业结构软化每增加1单位，海洋渔业经济波动程度将会降低0.695单位，表明产业结构软化对海洋渔业经济波动具有“熨平效应”，这与王惠卿（2014）、方福前和詹新宇（2011）等所得出的结论保持一致。在交互项方面，海洋渔业产业结构软化与被解释变量的交互项对海洋渔业经济波动的影响系数为正，说明海洋渔业产业结构软化与其他影响海洋渔业经济波动因素的相互影响能够扩大海洋渔业经济波动。在模型3中，$|\beta_3/\beta_4|<1$，表明如果海洋渔业产业结构软化能够在短时间内迅速实现，就会降低其他因素所引起的经济波动。

（4）在海洋渔业生产业结构中，养捕结构与加工系数对海洋渔业经济波动的影响恰好相反，养捕结构对海洋渔业经济波动具有“熨平效应”，一定程度上会抑制海洋渔业经济波动。在交互项方面，海洋渔业养殖结构与被解释变量的交互项对海洋渔业经济波动的影响系数为正，说明海洋渔业养殖结构与其他影响海洋渔业经济波动因素的相互影响能够扩大海洋渔业经济波动。在模型4中，$|\beta_3/\beta_4|<1$，表明如果海洋渔业养捕结构能够在短时间内迅速实现，就会降低影响海洋渔业经济波动其他因素所引起的经济波动。

然而，海洋渔业加工系数对海洋渔业经济波动具有显著的“杠杆效应”，加工系数每增加1单位，将会引起海洋渔业发生1.205单位的经济波动，表明海洋渔业加工系数的增加会引起海洋渔业经济的巨大波动。在交互项方面，海洋渔业加工系数与被解释变量的交互项对海洋渔业经济波动的影响系数为负，说明海洋渔业加工系数与其他影响海洋渔业经济波动因素的相互影响能够抑制海洋渔业经济波动。在模型5中，$|\beta_3/\beta_4|<1$，意味着如果海洋渔业加工程度较低时，海洋渔业加工系数并不会对海洋渔业经济波动产生负面影响，也就是说海洋渔业经济能够允许一定程度的海产品加工业的发展。

三、结果分析

（一）海洋渔业产业结构演进的“杠杆效应”

从模型回归结果分析中，本书认为海洋渔业产业结构高级化与加工系数对海洋渔业经济波动具有“杠杆效应”，能够促进海洋渔业经济波动。产生此结果的原因是海洋渔业产业结构高级化演进所引起的海洋渔业主导产业更替带来的冲击。从产业层面分析，海洋渔业产业结构高级化实质是海洋渔业主导产业依次更替所塑造的产业形态，主导产业的转移会加速海洋渔业资源与要素流动再分配，引起海洋渔业经济发生较大波动。图4－3描述了海洋渔业产业结构高级化演进所推动的主导产业更替过程。A图主要描述了在海洋渔业发展初期阶段，海洋渔业第一产业在海洋渔业产业体系中占主导地位，带动海洋渔业第二、第三产业的发展，大部分海洋渔业生产要素或资源流向海洋渔业第一产业，促进海洋渔业第一产业的快速发展，此时第一产业发展对海洋渔业经济贡献要远大于第二、第三产业的贡献度，满足式（4－23），海洋渔业第一产业逐渐成为引导海洋渔业发展的主导产业。

$$\int_{a1}^{b1} F_1'(x)\,dx > \int_{b1}^{c1} F_1'(x)\,dx;\ \int_{a1}^{b1} F_1'(x)\,dx > \int_{c1}^{d1} F_1'(x)\,dx \quad (4-23)$$

随着海洋渔业第一产业规模扩大，海洋渔业发展所需资源（例如渔船、渔具、冷链物流、仓储等）需求将不断提高，促进海洋渔业渔用机具制造、渔用饲料与药物、建筑、海产品加工、水产流通和水产仓储运输等二、第三产业的发展，部分生产资源或要素流向海洋渔业第二、第三产业，要素的流动引起了海洋渔业经济波动。海洋渔业产业结构高级化程度的提高会推动海洋渔业生产要素或资源会逐步由低效率部门向高效率部门转移，会逐步流向海洋渔业第二、第三产业，促进第二、第三产业发展规模扩大。海洋渔业的深入发展，海洋渔业第一产业的主导地位将会被第二或第三产业所取代。原有的以海洋渔业第一产业为主导产业所形成的平衡

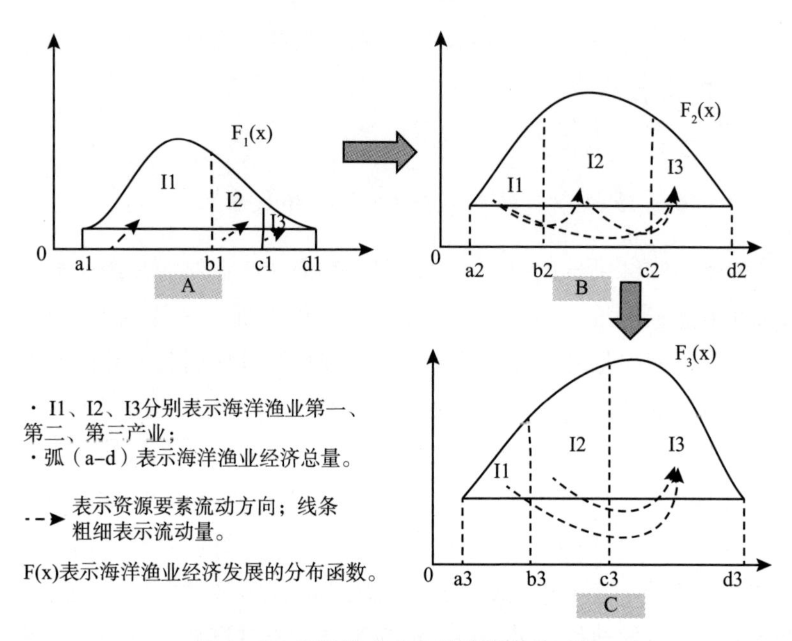

图 4－3　海洋渔业产业结构演进的过程

发展模式将被打破，逐步向以海洋渔业第二、第三产业为主导产业的新发展模式转变，海洋渔业第二、第三产业对海洋渔业经济的贡献度将逐渐大于第一产业，即满足式（4－24）：

$$\int_{a2}^{b2} F_2'(x)\,dx < \int_{b2}^{c2} F_2'(x)\,dx;\ \int_{a2}^{b2} F_2'(x)\,dx > \int_{c2}^{d2} F_2'(x)\,dx$$

$$\text{或}\int_{a3}^{b3} F_3'(x)\,dx < \int_{b3}^{c3} F_3'(x)\,dx;\int_{a3}^{b3} F_3'(x)\,dx < \int_{c3}^{d3} F_3'(x)\,dx \quad (4-24)$$

图 4－3 中 A→B→C 显示了海洋渔业主导产业更替过程，这一过程将会引导海洋渔业生产要素在三大产业中进行再配置，将会引起海洋渔业经济由平衡转向不平衡，再由不平衡向平衡经济转移，导致海洋渔业经济在发展过程中发生较大波动。因此，可以说海洋渔业产业结构高级化演进会促进海洋渔业经济波动，对海洋渔业经济波动的影响具有“杠杆效应”。海洋渔业加工系数演进在于海洋渔业由 A 向 B 转移进程中，符合海洋渔业产业结构高级化所引起的海洋渔业经济波动的一般规律。

目前，从全国角度分析中国海洋渔业经济仍处于以第一产业为主导的发展阶段（见图4－4），2003～2016年海洋渔业第一产业占海洋渔业经济生产总值的比重的年均值为44.70%左右，高于海洋渔业第二产业的年均占比32.23%与海洋渔业第三产业的年均占比22.90%。然而从图4－3中可以看出，海洋渔业第一产业所占比重呈现下降趋势，而海洋渔业第二、第三产业的占比大致呈现上升趋势，综合说明了中国海洋渔业正处在由A→B的发展过程中，在此阶段中海洋渔业产业结构高级化演进会促进海洋渔业经济波动。

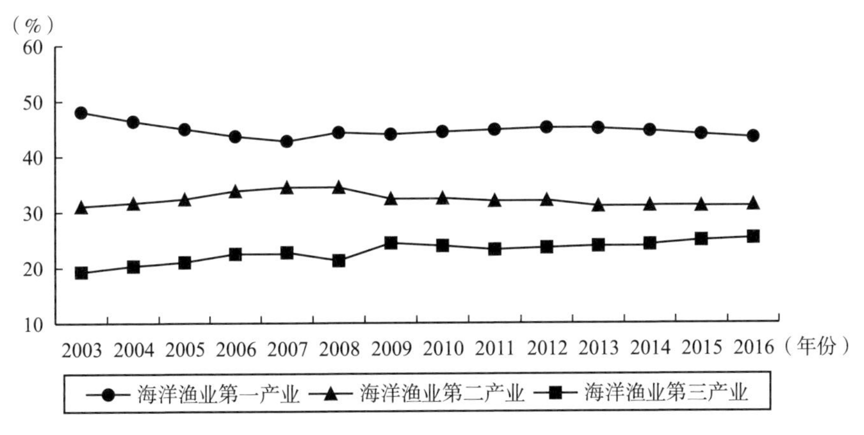

图4－4　海洋渔业三次产业占其生产总值的比重变化趋势

（二）海洋渔业产业结构演进的"熨平效应"

回归结果表明海洋渔业产业结构合理化、软化与养捕结构变化会抑制海洋渔业经济波动，对海洋渔业经济波动具有显著的"熨平效应"。海洋渔业产业结构合理化对促进海洋渔业经济平衡发展具有积极作用，原因为海洋渔业产业结构合理化在新型海洋渔业经济发展形态下，协调其各产业之间的经济技术关系，推动海洋渔业资源或生产要素在各产业之间的合理配置，实现资源要素边际效益最大化，削弱经济波动对海洋渔业经济发展的消极影响，进而提高海洋渔业经济整体实力。A→B→C显示的是海洋渔业产业结构高级化的过程，高级化水平的提高会促进海洋渔业经济波动，然而海洋渔业产业结构合理化则是侧重于在图4－3中A、B、C内部的产业均衡发展，寻求每个高级化阶段（产业形态）下海洋渔业内部产业的均衡发展。因此，可以说海洋渔业产业结构合理化是推动海洋渔业经济由不平衡向平衡发展的主要动力，对海洋渔业经济波动具有较强的“熨平效应”。

海洋渔业产业结构软化水平的提高，可以改善海洋渔业产业发展的服务水平。近年来，随着科学技术在经济发展中的地位日益显著，海洋渔业科技逐渐成为推动海洋渔业经济持续发展的重要手段，是推动海洋渔业生产可能性边界外移的主要动力。海洋渔业产业结构软化侧重于海洋渔业科技、教育、信息、金融等产业的发展，产业结构软化水平的提高是海洋渔业科技实力增强的客观反映，通过技术扩散与推广可以削弱纯粹要素投入规模变动所引起的经济波动，这一定程度上会熨平海洋渔业产业结构高级化带来的经济波动。

海洋渔业养捕结构的提高一定程度上会抑制海洋渔业经济波动，产生此结果的根源在于海水养殖与海洋捕捞两种作业方式的属性存在较大差异。海洋捕捞受海洋生物资源、自然灾害、捕捞能力等影响，海产品供给存在较大波动。海产品供给波动一定程度上会影响海洋渔业第二、第三产业的不稳定发展，从而引起海洋渔业经济波动。相比较于海洋捕捞业，海水养殖业在海产品供给能力上具有较强的稳定性，养殖捕捞结构的优化会增强海水养殖的主导地位，海洋渔业第一产业的稳定性逐步增强，同时将会促进海洋渔业第二、第三产业的稳定发展，从而抑制海洋渔业经济波动。现阶段，中国海水养殖业已经成为海产品供给的主要方式，海产品供给的稳定性促进了海洋渔业经济的稳定持久发展。

第四节　海洋渔业产业结构演进对海洋渔业经济发展质量的影响

经济发展质量是国民经济发展的核心内容。在党的十九大以后，高质量发展成为经济发展的主题，如何实现经济的高质量发展成为当下研究的热点。本节主要探讨海洋渔业产业结构演进对海洋渔业经济发展质量的影

响及作用规律。

一、模型设计

基于本节研究目的与数据属性，建立以海洋渔业产业结构演进为核心解释变量、海洋渔业经济发展质量（全要素生产率）为被解释变量的面板回归模型。由于经济变量均具有持续性或连贯性，动态面板回归模型更能够客观地反映现实经济运行规律。本研究主要采用动态面板模型分析海洋渔业产业结构演进对海洋渔业经济发展质量的影响。

由于影响海洋渔业全要素生产率因素并非仅是产业结构，故要引入控制变量以提高精度程度。但是目前选择控制变量方面没有一致的标准，造成控制变量的选取比较随意。为克服在控制变量选取的随意性，本节借鉴干春晖等（2011）[30]的做法，采用海洋渔业产业结构与全要素生产率的交互项作为控制变量，以替代除海洋渔业产业结构以外所有影响海洋渔业全要素生产率的因素。为避免引入控制量变后会存在共线性与异方差问题，对相应解释变量进行了对数化处理。得到回归模型：

$$mftfp_{i,t} = \alpha_0 + \alpha_1 mftfp_{i,t-1} + \beta_j \ln MFS_{i,j,t} + \eta_j mftfp_{i,t} \ln MFS_{i,j,t} + \varepsilon_{i,t} + \mu_i \tag{4-25}$$

其中，i 代表地区；t 表示时间；$\beta_j = [\beta_1 \quad \beta_2 \quad \beta_3 \quad \beta_4 \quad \beta_5]$ 表示不同海洋渔业产业结构对全要素生产率的影响系数的集合；$\eta_j = [\eta_1 \quad \eta_2 \quad \eta_3 \quad \eta_4 \quad \eta_5]$ 表示控制变量的影响系数的集合；$MFS_{i,j,t} = [sadvance_{i,1,t} \quad strationlize_{i,2,t} \quad ssoften_{i,3,t} \quad mfcs_{i,4,t} \quad mfsp_{i,5,t}]^T$ 表示 i 地区第 t 年的海洋渔业产业结构的不同衡量指标的集合；$mfftp_{i,t}$表示 i 地区第 t 年的海洋渔业全要素生产率；α_0 为常数；α_1 表示滞后一期的海洋业全要素生产率对当期海洋渔业全要素生产率的影响系数；u_i 和 ε_{it}分别表示个体异质性的截距项和随个体与时间而改变的扰动项。

为了消除个体效应对模型估计的影响，在式（4 - 25）进行差分处理，获得待估计的差分模型：

$$\Delta mftfp_{i,t} = \alpha_0 + \alpha_1 \Delta mftfp_{i,t-1} + \beta_j \Delta \ln MFS_{i,j,t} + \eta_j (\Delta mftfp_{i,t} * \Delta \ln MFS_{i,j,t}) + \Delta\varepsilon_{i,t} \tag{4-26}$$

由于对模型进行差分会造成差分后的随机扰动项存在相关性，为避免随机扰动项相关性所引起的伪回归问题，在进行模型估计时要引入面板稳健性标准差以消除此影响。另外，由于模型中引入了含有被解释变量的交互项，导致模型存在内生性问题，需要引入工具变量进行消除。采用第四章第三节方法选择中的处理办法，将解释变量的滞后项和差分项作为工具变量，选择动态面板广义矩计（GMM）方法进行估计。为了检验工具变量的有效性，避免工具变量的过度识别，本节采用 Hansen 和 Sargan 统计方法对工具变量进行过度识别检验。

二、数据检验与回归结果

（一）稳定性检验

本节选取的样本数据为平衡面板数据，符合单位根检验的条件。借用第四章第二节稳定性检验方法对数列进行平稳性检验，结果（见表4-9）显示，mftfp、lnsadvance、lnsrationalize、lnssoften、lnmfcs、lnmfsp、mftfp · lnMFS 等变量均通过了 5% 的显著性检验，均强烈拒绝面板数据存在单位根的原假设，故原有序列数据是稳定的。

表 4-9　变量稳定性检验结果

变量	Fisher-ADF 检验				LLC 检验	检验结果
	P	Z	L*	P_m	Adjusted t*	
mftfp	95.294***	-7.348***	-8.346***	11.905***	-6.523***	平稳
lnsadvance	57.784***	-4.176***	-4.479***	5.974***	-3.942***	平稳
lnsrationalize	32.384**	-1.691**	-1.728**	1.958***	-1.871**	平稳
lnssoften	61.168***	-4.950***	-5.135***	6.509**	-1.817**	平稳
lnmfcs	34.271**	-2.560***	-2.474***	2.257***	-3.789***	平稳

续表

变量	Fisher - ADF 检验				LLC 检验	检验结果
	P	Z	L*	P_m	Adjusted t*	
lnmfsp	36.980**	-2.643***	-2.629***	2.685***	-3.298***	平稳
lnsadvance * mftfp	95.563***	-7.376***	-8.372***	11.948***	-6.734***	平稳
lnsrationalize * mftfp	43.051***	-2.806***	-2.929***	3.645***	-2.507***	平稳
lnssoften * mftfp	62.482***	-5.141***	-5.339***	6.717***	-2.734***	平稳
lnmfcs * mftfp	48.355***	-4.080***	-4.007***	4.483***	-3.553***	平稳
lnmfsp * mftfp	63.366***	-4.985***	-5.349***	6.857***	-5.752***	平稳

注：**、***分别表示5%、1%的显著水平。P为逆卡方变换；Z为逆正态变换；L* 为逆逻辑变换；P_m 为修正逆卡方变换。

（二）回归结果

稳定性检验结果显示，模型中所包含的解释变量与被解释变量均为稳定变量，可以进行模型估计。本节主要采用动态面板模型进行估计，并结合静态面板模型进行对比分析。在模型分析前，首先进行了Hansen检验，结果显示在5%的显著水平下，选择随机效应估计要优于固定效应。因此，选择随机效应进行静态模型估计，同时采用差分GMM方法分析海洋渔业产业结构演进对海洋渔业经济发展质量的动态影响，回归结果如表4-10所示。

表4-10 海洋渔业产业结构演进对海洋渔业经济发展质量影响的回归结果

解释变量	模型1	模型2	解释变量	模型1	模型2
$mftfp_{i,t-1}$	—	-0.002 (-1.19)	$lnmfcs_{i,t} * mftfp_{i,t}$	0.009*** (7.47)	0.010** (2.09)
$lnsadvance_{i,t}$	-0.564*** (-86.65)	-0.563*** (-12.75)	$lnmfsp_{i,t} * mftfp_{i,t}$	-0.010*** (-12.41)	-0.008*** (-7.63)
$lnsrationalize_{i,t}$	-0.003 (-0.70)	0.023** (2.32)	_cons	1.010*** (87.67)	—

续表

解释变量	模型 1	模型 2	解释变量	模型 1	模型 2
$lnssoften_{i,t}$	0.032 *** (25.16)	0.025 ** (7.84)	R^2	0.999	—
$lnmfcs_{i,t}$	-0.009 *** (-7.09)	-0.012 * (-1.80)	AR (2)	—	0.466
$lnmfsp_{i,t}$	0.010 *** (11.03)	0.012 *** (5.42)	Sargan 检验 (p-value)	—	0.745
$lnsadvance_{i,t} * mftfp_{i,t}$	0.561 ** (196.31)	0.572 *** (67.25)	Hansen 检验 (p-value)	—	1.000
$lnsrationalize_{i,t} * mftfp_{i,t}$	-0.001 *** (-0.22)	-0.024 *** (-2.86)	F/Wald chi2	1.76e+06 ***	72511.0 ***
$lnssoften_{i,t} * mftfp_{i,t}$	-0.031 *** (-28.86)	-0.029 *** (-5.82)	Number of obs	120	120

注：*、**、*** 分别表示 10%、5%、1% 的显著水平，( ) 内表示 z 值。模型 1 为随机效应模型结果；模型 2 为选择被解释变量滞后 2-3 阶作为工具变量的 GMM 估计。

从表 4-10 可以看出，模型 1 中 R^2 为 0.999，说明了回归模型对观测值的拟合程度比较好，且 F 统计量通过了 1% 的显著性水平检验，说明模型中被解释变量与所有解释变量之间的线性关系在总体上是显著的，总体拟合效果良好。在解释变量中除海洋渔业产业结构合理化未通过 t 检验外，其余解释变量均通过了 5% 的显著性水平检验。在模型 2 中，Wald chi2 通过了 1% 的显著性检验，表明模型整体回归效果是比较好的。从工具变量过度识别检验结果中可以看出 AR (2)、Sargan 检验还是 Hansen 检验结果所对应的概率值均大于 5%，表明模型中所选用的工具变量是合理的，未出现工具变量过度识别的问题。模型 2 回归结果显示滞后一期的海洋渔业全要素生产率未通过 10% 的显著性水平检验，海洋渔业养捕结构通过了 10% 的显著性检验，其他解释变量均通过了 5% 的显著性检验。模型 1 与模型 2 的回归结果对比发现，仅有海洋渔业产业结构合理化对海洋渔业经济发展质量的影响方式存在差异，而其他解释变量对海洋渔业经济发

展质量的作用方向基本是一致的。考虑海洋渔业经济为动态发展，应以动态面板模型的回归结果为准。

三、结果分析

（一）海洋渔业产业结构演进的“结构红利”

1. 海洋渔业产业结构合理化

从表4－10可知，海洋渔业产业结构合理化对海洋渔业全要素生产率的影响显著为正，表明产业结构合理化对海洋渔业全要素生产率的提高存在显著的“结构红利”。但从海洋渔业产业结构合理化与海洋渔业全要素生产率的交互项来看，其对海洋渔业生产要素的作用程度为负，表明与其他经济的影响因素的相互影响会抑制海洋渔业全要素生产率的提高。同时 $|\beta_2/\eta_2|<1$，这表明在海洋渔业产业结构合理化值较小时，产业结构的不合理对海洋渔业全要素生产率的提高并不会产生抑制作用。

海洋渔业产业结构合理化通过生产要素或资源的再配置，会避免因海洋渔业资源、要素的过度集聚造成的低效率，也会降低海洋渔业经济发展因资源要素短缺造成的动能不足，从而实现资源配置与产业发展的动态均衡，提高生产要素的配置效率，促进海洋渔业各产业的协调发展，提高海洋渔业经济发展效率。因此，海洋渔业产业结构合理化对提高海洋渔业全要素生产率具有显著的“结构红利”。

2. 海洋渔业产业结构软化

从表4－10可知，海洋渔业产业结构软化对海洋渔业全要素生产率的影响显著为正，表明产业结构软化对海洋渔业全要素生产率的提高有显著的“结构红利”。但从海洋渔业产业结构软化与海洋渔业全要素生产率的交互项来看，其对海洋渔业生产要素的作用程度为负，表明与其他经济的影响因素的相互影响会抑制海洋渔业全要素生产率的提高。同时 $|\beta_3/\eta_3|<1$，表明在海洋渔业产业结构软化值较小时，产业结构软化对海洋渔业全要素生产率的提高并不会产生抑制作用。

海洋渔业产业结构软化程度的提高会促进海洋渔业科技、信息、教育等产业的发展，推动海洋渔业科研事业发展，提高海洋渔业科技创新的综合能力与水平。新型渔业技术通过技术扩散与推动，技术溢出效应逐步扩大，先进的渔业装备与高水平的养殖技术会提高海洋渔业三次产业的作业能力与生产效率。技术创新与转化易受到其他因素（例如科技人员、研发成本、转化机制等）的影响，降低科技转化效率，一定程度上会影响海洋渔业科技对海洋渔业经济发展的促进作用，但是这种影响不会抑制海洋渔业产业结构软化对促进海洋渔业全要素生产率的影响。

3. 海洋渔业加工系数

研究结果表明，海洋渔业加工系数提高有利于提高海洋渔业全要素生产率，具有显著的“结构红利”。产生此结果的内在原因为海洋渔业加工产业对海洋渔业加工技术要求较高，多样化加工海产品的实现依赖于渔业技术创新。海洋渔业加工技术水平的提高不仅提高海洋渔业加工能力，还能够提高海洋渔业生产效率。由此可以看出，海洋渔业加工系数的提高对海洋渔业全要素生产率具有显著的结构红利。但是，从海洋渔业加工系数与海洋渔业全要素生产率的交互项来看，其对海洋渔业生产要素的作用程度为负，表明与其他影响因素的相互影响会抑制海洋渔业全要素生产率的提高。同时 $|\beta_2/\eta_2|>1$，表明海洋渔业加工系数的正向作用要高于与其他影响因素交互项的负向作用，说明海洋渔业加工系数对海洋渔业全要素生产率的“结构红利”不会因其他因素的干扰而降低。

（二）海洋渔业产业结构演进的“结构负利”

1. 海洋渔业产业结构高级化

研究结果表明，海洋渔业产业结构高级化会抑制海洋渔业全要素生产率的提高，未能满足“结构红利假说”。但是，从海洋渔业产业结构高级化与海洋渔业全要素生产率的交互项来看，其对海洋渔业生产要素的作用程度为正，表明与其他影响因素的相互影响会提高海洋渔业全要素生产率。同时 $|\beta_1/\eta_1|<1$，表明除非海洋渔业产业结构能够迅速高级化，否则对海洋渔业产业结构高级化的追求一定程度上会降低海洋渔业全要素生产率的提升。

海洋渔业产业结构高级化会推动海洋渔业生产要素由第一产业向第

二、第三产业转移，生产要素的流动将会促进海洋渔业第二、第三产业的发展。海洋渔业全要素生产率是在生产率中扣除资本与劳动力等投入部分[235]，但海洋渔业产业结构高级化所引起的经济增长来源于生产要素投入规模的扩大而非技术进步，故其对海洋渔业全要素生产率的提高具有负向作用。虽然海洋渔业产业结构高级化对海洋渔业全要素生产率产生“结构负利”，但当产业结构升级到一定高度后，会通过影响全要素生产率的其他因素（例如创新水平、人力资本、基础设施等）促进海洋渔业全要素生产率的提升。同时，海洋渔业的产业属性是产生此结果的主要因素。海洋渔业作为资源依赖型性产业，三次产业均围绕海产品供给开展经济活动，海洋渔业第一产业在三次产业中占据核心地位，制约第二、第三产业的发展，产业结构高级化程度的提高会降低第一产业发展动能，从而影响海洋渔业经济总体发展水平，最终降低海洋渔业经济发展效率。

2. 海洋渔业养捕结构

研究结果显示，海洋渔业养捕结构对海洋渔业全要素生产率的影响显著为负，表明养捕结构变动会抑制海洋渔业全要素生产率的提高，但从海洋渔业养捕结构与海洋渔业全要素生产率的交互项来看，其对海洋渔业生产要素的作用程度为正，表明与其他影响因素的相互影响会提高海洋渔业全要素生产率。同时$|\beta_4/\eta_4|>1$，表明海洋渔业养捕结构对提升海洋渔业全要素生产率的负向作用较小，会通过与其他影响因素的相互影响促进海洋渔业全要素生产率的提升。

此结果的产生是由海洋渔业发展的阶段性特征决定的。目前，海水养殖是海产品供给的主要方式，仍是以劳动力、资本为驱动的传统发展模式。在渔业技术水平较低的背景下，海水养殖业的发展主要依赖于资本与劳动力生产要素的投入，尤其是在购置养殖设备（例如养殖网箱、养殖渔船、筏式、吊笼等）、租用养殖海域、滩涂等固定资本投入以及雇佣大量从事海产品简单处理工作的劳动力等。

第五章 区域产业结构演进对海洋渔业经济发展的影响

基于第二章第三节的相关理论分析，本节主要从产业外部环境视角，深入研究区域产业结构高级化、合理化演进对海洋渔业经济增长、经济波动与经济质量的影响，探究区域产业结构高级化和合理化演进对海洋渔业经济增长、经济波动与经济质量的作用方式。

第一节 区域产业结构演进对海洋渔业经济增长的影响

从理论视角分析，区域产业结构调整与优化促进区域内资本、劳动力等生产要素流向高生产率的部门，推动海洋渔业内的生产要素流向非渔产业，从而带动区域经济的总体发展。海洋渔业内部生产要素的外流是否有利于海洋渔业经济增长值得深入思考？理论分析认为，海洋渔业生产要素的外流可能造成两种结果，一是抑制海洋渔业经济增长。海洋渔业生产要素投入是海洋渔业经济增长的来源，大量海洋渔业资源或生产要素外流会引起海洋渔业内部因产业升级出现资源短缺的问题，从而制约海洋渔业经济的发展。二是技术替代效应增强。随着海洋渔业科技水平的提高，机械化作业能力逐步增强，将替代大批海洋渔业劳动力，造成海洋渔业内部出现严重的剩余劳动力，如果不能迅速转移剩余劳动力反而会阻碍海洋渔业经济持续发展。区域产业结构调整会引导部分剩余劳动力转移，缓解海洋渔业内部转移劳动力的压力。为此，区域产业结构演进是促进海洋渔业经济增长还是抑制海洋渔业经济增长，需要通过实证分析加以论证。

一、模型设计

（一）变量说明

本节的数据变量主要包括海洋渔业经济增长与区域产业结构演进。海洋渔业经济增长为被解释变量，用海洋渔业经济生产总值客观衡量；中间变量为海洋渔业劳动力、海洋渔业资本，其相关数据已在第四章第一节中进行了说明，在此不再赘述。核心解释变量为区域产业结构（RMFS），选择了区域产业结构高级化与合理化指标进行衡量，其中产业结构高级化指标的测算方法与第三章第二节中海洋渔业产业结构高级化的测算方法一致；但区域产业结构合理化指标的测算方式基于第三章中式（3－24）进行测算。分别采用TH、TL表示区域产业结构的高级化与合理化。

（二）模型设计

本节采用第四章第二节模型选择与设计的VES生产函数，建立区域产业结构演进对海洋渔业经济增长的影响模型，具体模型形式为：

$$\ln gfp_{i,t} = \beta_0 + \beta_1 \ln mfcapital_{i,t} + \beta_2 \ln flabor_{i,t} + \beta_3 \frac{mfcapital_{i,t}}{flabor_{i,t}} + \beta_4 RMFS_{i,t} + \mu_{it} + \varepsilon_i \quad (5-1)$$

其中，β_j（j＝1，2，3，4）表示海洋渔业资本、海洋渔业劳动力、海洋渔业资本劳动比率、区域产业结构对海洋渔业经济增长的影响系数，$gfp_{i,t}$为i区域第t年的海洋渔业生产总值，$mfcapital_{i,t}$、$flabor_{i,t}$分别表示i区域第t年的海洋渔业资本、劳动力投入水平；$RMFS_{i,t}$表示i区域第t年的区域产业结构水平，u_i和ε_{it}分别表示个体异质性的截距项和随个体与时间而改变的扰动项。

影响海洋渔业经济增长的因素除产业结构、劳动力、资本等因素外，还包括对外开放程度、政策、基础设施等因素。为提高模型回归的准确程度，在模型中需要引入控制变量。为避免选择控制变量的随意性与片面性，本节采用被解释变量与核心解释变量的交互性作为控制变量，将模型转变为：

$$\mathrm{lngfp}_{i,t} = \beta_0 + \beta_1 \mathrm{lnmfcapital}_{i,t} + \beta_2 \mathrm{lnflabor}_{i,t} + \beta_3 \frac{\mathrm{mfcapital}_{i,t}}{\mathrm{flabor}_{i,t}} + \beta_4 \mathrm{RMFS}_{i,t} + \alpha(\mathrm{RMFS}_{i,t} * \mathrm{lngfp}_{i,t}) + \mu_i + \varepsilon_{it} \quad (5-2)$$

由于经济发展是一个动态过程，因此基于式（5 - 2）引入被解释变量滞后一期项 lngfp_{t-1}，构建动态回归模型：

$$\mathrm{lngfp}_{i,t} = \eta \mathrm{lngfp}_{i,t-1} + \beta_1 \mathrm{lnmfcapital}_{i,t} + \beta_2 \mathrm{lnflabor}_{i,t} + \beta_3 \frac{\mathrm{mfcapital}_{i,t}}{\mathrm{flabor}_{i,t}} + \beta_4 \mathrm{RMFS}_{i,t} + \alpha(\mathrm{RMFS}_{i,t} * \mathrm{lngfp}_{i,t}) + \varepsilon_{it} + \mu_i \quad (5-3)$$

为了解决上述模型可能产生的内生性问题与相关性问题，借鉴干春晖（2011）[30]的做法，通过引入解释变量滞后项与差分项作为工具变量进行面板广义矩估计，并采用 Hansen 与 Sargan 检验对所选用的工具变量进行过度识别检验。

（三）数据来源

基于研究数据的可得性以及统计口径的统一性，在综合考虑各区域海洋经济发展的异质性基础上，选择 2003 ~ 2016 年沿海 10 省份①（包括天津、河北、辽宁、江苏、浙江、福建、山东、广东、广西、海南）的海洋渔业经济发展相关指标作为研究样本。在选择的变量中涉及经济产值的数据，均采用相应的指数以 2002 年为基期对数据进行平减，以消除通货膨胀对经济发展的影响，提高计量精度与年际比较的可比性。在数据来源方面，有关海洋渔业相关数据已在第四章第一节中进行阐释，在此不再赘述。区域产业结构高级化、合理化的数据均来自《中国统计年鉴》以及沿海各地区的统计年鉴。

① 说明：上海市作为中国经济发展的核心地区，海洋渔业发展规模较小且部分指标（例如，养殖面积）数据不全，故不将其加入本研究的范围之内。

二、数据检验与回归结果

（一）稳定性检验

前面已对海洋渔业生产总值、海洋渔业劳动力与海洋渔业资本的稳定性进行了检验，结果表明三个序列变量均是稳定的。本节需要对区域产业结构演进相关指标进行稳定性检验。本节采用与第四章第二节相同的方法检验区域产业结构高级化与合理化序列的稳定性。检验结果显示，在5%的显著水平下，$TH_{i,t}$与$TL_{i,t}$均通过了单位根检验，拒绝了存在单位根的原假设，表明区域产业结构高级化与合理化序列是稳定的（见表5－1）。

表5－1　　稳定性检验结果

变量	Fisher－ADF 检验				LLC 检验	检验结果
	P	Z	L^*	P_m	Adjusted t^*	
$TH_{i,t}$	39.330***	－2.186**	－2.401***	3.056***	－2.479***	平稳
$TL_{i,t}$	83.512***	－5.925***	－7.056***	10.042***	－3.972***	平稳

注：**、*** 分别表示5%、1%的显著水平。P为逆卡方变换；Z为逆正态变换；L^*为逆逻辑变换；P_m为修正逆卡方变换。

（二）模型回归结果

首先，根据式（4－25）对模型进行静态估计，通过Hausman检验判断静态回归模型是适合随机效应模型还是固定效应模型。检验结果中Prob > chi2值为0.0001，小于5%的显著水平，应选择固定效应模型进行估计。同时，根据式（4－26）采用GMM方法进行动态模型估计。估计结果如表5－2所示。

表 5-2　区域产业结构演进影响海洋渔业经济增长的模型回归结果[a]

解释变量	模型 1	模型 2	模型 3	模型 4
$lngfp_{i,t-1}$	—	-0.025*** (-3.58)	0.824** (13.55)	-0.023** (-2.10)
$lnflabor_{i,t}$	-0.007 (-1.11)	0.023* (1.74)	0.127** (2.22)	0.016 (1.57)
$mfcapital_{i,t}$	0.013*** (5.20)	0.026* (1.94)	0.005 (0.16)	0.030** (4.14)
$fclarr_{i,t}$	0.0001 (0.59)	-0.0007 (-0.98)	0.002 (1.13)	0.001* (1.92)
$TH_{i,t}$	-0.801*** (-35.99)	-0.742*** (-12.66)	—	-0.817*** (-7.46)
$TH_{i,t} * lngfp_{i,t}$	0.151*** (130.62)	0.158*** (31.24)	—	0.152*** (34.13)
$TL_{i,t}$	-0.079** (-1.80)	—	-1.553** (-2.03)	-0.204** (-2.33)
$TL_{i,t} * lngfp_{i,t}$	0.010 (1.36)	—	0.285* (1.92)	0.070** (2.24)
_cons	5.292*** (36.92)	—	0.579** (2.42)	—
R^2	0.998	—	—	—
F	161.17***	—	—	—
Wald chi2	—	14568.07***	152926.35***	23583.07***
AR（2）	—	0.405	0.770	0.714
Sargan 检验（p-value）	—	0.583	0.213	0.550
Hansen 检验（p-value）	—	0.999	1.000	1.000
Number of obs	140	120	120	120
方法	FE	Diff-GMM	System-GMM	Diff-GMM

注：a. 模型 1 是采用静态模型的固定效应回归结果；模型 2 以地区产业结构高级化为核心解释变量的动态 GMM 回归结果，并选择产业结构高级化差分项的滞后 2～滞后 3 阶作为工具变量；模型 3 以地区产业结构合理化为核心解释变量的动态 GMM 回归结果，并选择产业结构合理化的滞后 1～滞后 5 阶作为工具变量；模型 4 包括地区产业结构高级化与合理化的动态 GMM 回归结果，并选择被解释变量的滞后 2-3 阶作为控制变量。b. *、**、*** 分别表示 10%、5%、1% 的显著水平，（　）内表示 z/t 值。

从静态面板模型的回归结果可以看出，模型拟合优度 R^2 为 0.998，说明回归模型对观测值的拟合程度比较好，同时模型的 F 统计量达到 161.17，通过了 5% 显著性水平的检验，表明模型整体拟合效果是好的。从动态面板模型的回归结果得知，模型 2 ~ 模型 4 中 Wald chi2 值均通过了 5% 的显著性水平检验，说明模型 2 ~ 模型 4 的总体回归效果是比较好的。在工具变量的有效性检验方面，AR（2）、Sargan 与 Hansen 检验均表明模型估计所选用的工具变量是有效的，不存在工具变量过度识别的问题。

接下来，从解释变量的回归系数分析区域产业结构演进对海洋渔业经济增长的影响。首先，从区域产业结构高级化与合理化的回归系数分析，不论是静态回归分析还是动态回归分析，区域产业结构高级化与合理化的影响系数均通过了 5% 的显著性水平检验，表明区域产业结构高级化与合理化对海洋渔业经济增长存在显著影响，但是两者的作用方向存在较大差异，区域产业结构高级化的影响系数为负，说明区域产业结构高级化程度的提高会抑制海洋渔业经济增长，而区域产业结构合理化的影响系数为负，说明区域产业结构合理程度提高（即数值越小）会促进海洋渔业经济增长①。

其次，从区域产业结构与其他影响海洋渔业经济增长的因素的交互项的回归系数分析，产业结构高级化与海洋渔业经济增长的相互影响对海洋渔业经济增长的影响系数通过 1% 的显著性检验，且为正向影响，说明区域产业结构合理化与其他影响海洋渔业经济增长的因素的交互项会促进海洋渔业经济增长，但是 $|\beta_4/\alpha|>1$，表明了除区域产业结构高级化以外的其他因素很难削弱区域产业结构高级化对海洋渔业经济增长的抑制作用。在动态模型 3 和模型 4 中，产业结构合理化与其他影响海洋渔业经济增长的因素的交互项对海洋渔业经济增长的影响系数分别通过了 10% 与 5% 的显著性检验，且为正向影响，说明区域产业结构合理化与海洋渔业经济增长的相互影响会抑制海洋渔业经济增长，但是 $|\beta_4/\alpha|>1$，表明了除区域

① 本节是基于式（3－23）测算地区产业结构合理化，测算数值大小与产业结构合理化程度呈负向关系，即数值越小，产业结构越合理；反之，产业结构越不合理。

产业结构合理化以外的其他因素很难削弱区域产业结构合理化对海洋渔业经济增长的促进作用。

综上分析，本节认为区域产业结构演进对海洋渔业经济增长的影响是比较显著的，产业结构高级化与合理化对海洋渔业经济增长的影响方式存在差异性，主要表现在产业结构高级化一定程度上抑制海洋渔业经济增长，而产业结构合理化则会促进海洋渔业经济增长，但从模型 4 中可知，产业结构高级化的负向作用程度要高于产业结构合理化的正向作用程度，一定程度说明了产业结构合理化难以抑制产业结构高级化带来的负向影响，客观反映出区域产业结构演进总体上不利于海洋渔业经济增长。

（三）结果分析

1. 区域产业结构高级化的“抑制效应”

从回归结果分析可知，区域产业结构高级化对海洋渔业经济增长具有抑制效应，区域产业结构高级化程度的增强不利于海洋渔业经济增长。根据产业结构演进一般规律，产业结构高级化会推动生产要素流向高生产率或高增长率的部门，会引导海洋渔业生产要素流向海洋渔业第二、第三产业或区域经济的第二、第三产业。海洋渔业伴随着科技水平的提升，机械化、智能化作业能力的增强逐步降低了对渔业劳动力资源的需求，尤其是在海洋渔业第一产业，大批海洋渔业劳动力将从海洋渔业第一产业中释放出来，大量剩余劳动力的存在成为海洋渔业经济发展面临的重要社会问题。然而区域产业结构高级化水平的提升会促进海洋渔业劳动力流向海洋渔业内部第二、第三产业或者区域经济第二、第三产业，一定程度上促进海洋渔业经济的发展，但是受海洋渔业内部第二、第三产业发展规模的制约以及渔业劳动力转向非渔产业的困难性，会降低海洋渔业劳动力转移对海洋渔业经济发展的促进作用（见图 5 - 1）。

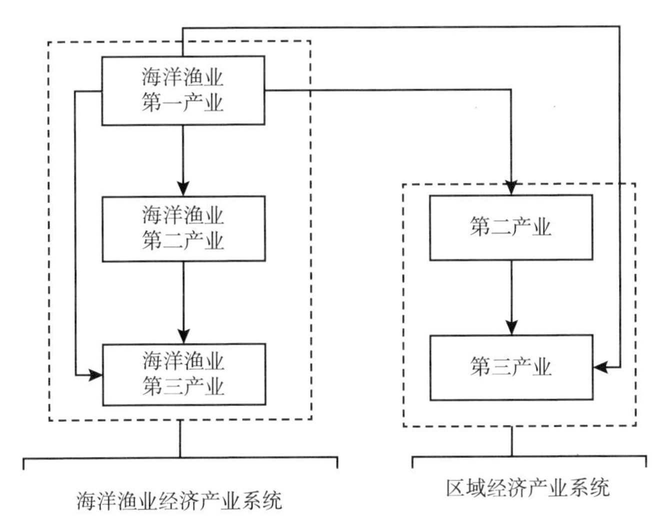

图5－1　区域产业结构高级化演进作用于海洋渔业经济增长的路径

在新经济发展背景下，新旧动能转换成为经济发展的主题，积极推动经济发展由以劳动力、资本等要素投入为驱动转向以科技创新为驱动，使得人力资本与科技资源成为实现经济高质量发展的关键因素。海洋渔业经济转型发展同样需要依赖人力资本与科技资源的支撑，但区域产业结构高级化演进推动人力资本与科技资源（包含海洋渔业）流向区域经济中的第二、第三产业中，会引起海洋渔业因高端人才与科技资源缺失而发展缓慢。这种人才或科技资源的缺失所带来的经济损失要远高于简单劳动力转移所产生的经济效益。同时，随着中国“海洋强国”建设步伐的加快与“一带一路”倡议的推进，大量高效率或高增长率的蓝色产业在沿海集聚，大量海域空间资源被占用，制约了海洋渔业经济发展。同时，受政策导向影响较大，为了提高区域性经济总体水平，政府一般偏向投资高生产率或增长率的产业，海洋渔业作为低效率产业除得到基本政策支持外，获得其他的扶持政策相对较少。因此，总体上认为区域产业结构高级化一定程度上会抑制海洋渔业经济发展。

2. 区域产业结构合理化的“促进效应”

区域产业结构合理化是客观反映生产要素或资源在各产业中再配置的

合理程度，避免生产要素或资源的过度集聚导致效率降低，也会避免生产要素或资源的缺失导致经济发展疲软。首先，区域产业结构合理化会带动海洋渔业内部产业结构的合理化，能够部分转移海洋渔业第一产业因机械化、智能发展所产生的剩余劳动力，推动渔业劳动力在三次产业中的合理流动与配置，缓解渔民转产转业的困境，提高渔业劳动力效率，从而促进海洋渔业经济增长。区域产业结构合理化的具体作用路径如图5－2中的A图所示。

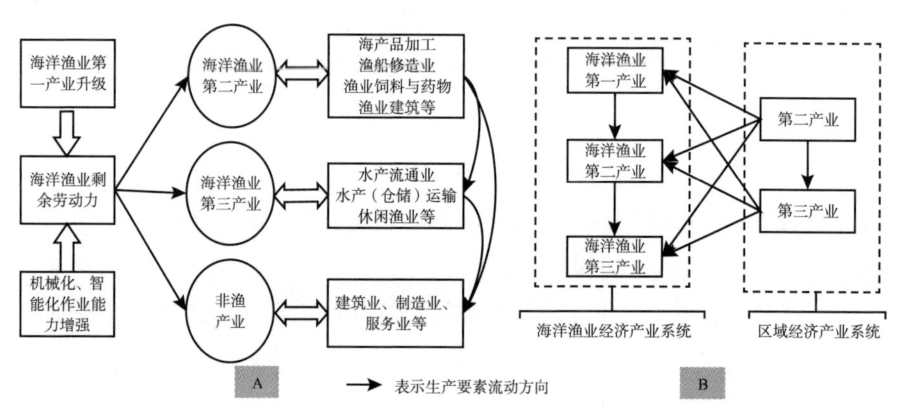

图5－2　区域产业结构合理化作用于海洋渔业经济增长的路径

其次，区域产业结构合理化通过合理配置教育、科技、信息、人力等高端资源，促进各产业间的协调、均衡发展，如图5－2中的B图所示。海洋渔业虽然是传统型产业，但对科学技术的依赖性较强，尤其是在以渔船制造、养殖设备、捕捞工具等海洋渔业装备方面。然而区域产业结构高级化水平的提高推进人力资源、科技资本等高端资源逐渐向非渔产业集聚，科技资源的缺乏将抑制海洋渔业经济增长速度。但是区域产业结构合理化协调各产业之间的资源配置，推动生产要素或资源在各产业之间的合理流动，引导部分高端生产要素或资源回流到海洋渔业中或通过技术扩散与外溢作用于海洋渔业经济，将拉动海洋渔业经济增长。同时从模型结果也可以看出，在经济发展过程中，虽然区域产业结构合理化对海洋渔业经济增长的正向作用程度要低于产业结构高级化的负向作用程度，但在一定程度上能够弱化产业结构高级化引起的负向影响。因此，在追求产业结构高级化的同时，更加注重产业结构合理化。

第二节 区域产业结构演进对海洋渔业经济波动的影响

本节主要采用第四章第三节的研究方法，探究区域产业结构演进对海洋渔业经济波动的影响，深入分析区域产业结构高级化、合理化对海洋渔业经济波动的作用规律。海洋渔业作为基础性产业，随着国民经济改革与区域产业结构调整，其在区域产业体系中的地位逐渐降低，但作为保障国家食物安全的重要产业组成，在产业发展方面受到国家宏观政策的支持与保护。本节在控制除区域产业结构演进外其他影响海洋渔业经济波动的因素后，逐一分析区域产业结构高级化和合理化对海洋渔业经济波动的影响，为海洋渔业经济的稳定持久发展提供参考依据。

一、变量说明与稳定性检验

本节所涉及的变量主要包括海洋渔业经济（wgfp）、海洋渔业劳动力（wflabor）与海洋渔业资本波动（wmfcapital）以及区域产业结构高级化（TH）与合理化（TL），相对应的变量已在第四章第三节和第五章第一节中做了详细说明，在此不再赘述。由前面可知，模型中包含的变量 wgfp、wflabor、wmfcapital、TH 与 TL 均是稳定的。同时，由式（4－21）可知，模型中还包括 g・TH、g・TL、g・TH ∗ wgfp 与 g・TL ∗ wgfp 等变量，需要进行单位根检验。借用第四章第二节稳定性检验方法对数列进行平稳性检验，得到检验结果（见表 5－3）。结果显示，在 1% 的显著水平下，g・TH、g・TL、g・TH ∗ wgfp 与 g・TL ∗ wgfp 均通过了检验，表明这些变量是稳定的，不存在单位根。

表5-3 稳定性检验结果

变量	Fisher-ADF 检验				LLC 检验	检验结果
	P	Z	L^*	P_m	Adjusted t^*	
g·TH	90.254***	-6.961***	-7.877***	11.108***	-7.103***	平稳
g·TL	85.077***	-6.623***	-7.395***	10.290***	-4.822***	平稳
g·TH*wgfp	96.707***	-7.466***	-8.475***	12.128***	-6.640***	平稳
g·TL*wgfp	87.938***	-6.982***	-7.697***	10.742***	-4.426***	平稳

注：**、*** 分别表示5%、1%的显著水平。P为逆卡方变换；Z为逆正态变换；L^*为逆逻辑变换；P_m为修正逆卡方变换。

二、回归结果

本节采用差分GMM估计方法，分三个模型检验了区域产业结构演进对海洋渔业经济波动的影响。其中，模型1与模型2分别检验了产业结构高级化与合理化对海洋渔业经济波动的影响，模型3检验了区域产业结构高级化与合理化共同对海洋渔业经济波动的作用程度，回归结果如表5-4所示。从模型回归结果分析，三个模型的Wald chi2均通过了1%的显著性水平检验，说明模型1~模型3的整体回归效果是比较好的，不存在伪回归问题。从工具变量有效性检验分析，AR（2）、Sargan和Hansen检验所对应的P值均大于5%，说明模型1~模型3所选用的工具变量是有效的，不存在过度识别的问题。

表5-4 区域产业结构高级化与合理化对海洋渔业经济波动的影响

解释变量	模型1	模型2	模型3
$wgfp_{i,t-1}$	-0.134 (-0.37)	0.141 (1.12)	0.122 (1.31)
$wflabor_{i,t}$	-0.284** (-2.15)	0.058 (0.43)	-0.190*** (-2.68)
$wmfcapital_{i,t}$	-0.190 (-0.90)	0.239*** (2.85)	0.043 (0.74)

续表

解释变量	模型1	模型2	模型3
$g \cdot TH_{i,t}$	1.921*** (3.33)	—	0.351** (2.14)
$g \cdot TH_{i,t} * wgfp_{i,t}$	-2.975*** (-4.17)	—	-0.576*** (-3.08)
$g \cdot TL_{i,t}$	—	0.970*** (4.77)	0.879** (3.29)
$g \cdot TL_{i,t} * wgfp_{i,t}$	—	-1.353*** (-5.11)	-1.300*** (0.207)
Wald chi2	36.42***	49.27***	352.47***
AR（2）	0.459	0.293	0.535
Sargan 检验（p-value）	0.376	0.145	0.060
Hansen 检验（p-value）	0.884	0.963	1.000
Number of obs	110	110	110

注：*、**、*** 分别表示10%、5%、1%的显著水平，（　）内表示z值。模型1选择解释变量差分项的滞后3-4阶作为工具变量；模型2解释变量的滞后1-2阶作为工具变量；模型3解释变量差分项的滞后2-4阶作为工具变量。

从解释变量回归结果分析，核心解释变量（区域产业结构高级化、合理化）在模型1~模型3中均通过了5%的显著性水平检验，说明区域产业结构高级化与合理化对海洋渔业经济波动的影响比较显著。从影响系数可以看出，区域产业结构高级化对海洋渔业经济波动的影响为正，说明区域产业结构高级化促进海洋渔业经济波动。但是区域产业结构高级化与其他影响海洋渔业经济波动因素的相互影响对海洋渔业经济波动的作用方向为负，说明与其他影响海洋渔业经济波动的因素的相互影响会抑制海洋渔业经济波动。同时，区域产业结构合理对海洋渔业经济波动的影响为正，说明区域产业结构合理化程度的降低（TL越小，产业合理化程度越高）会促进海洋渔业经济波动，但是区域产业结构合理化与其他影响海洋渔业经济波动因素的相互影响对海洋渔业经济波动的作用方向为负，说明与其他影响海洋渔业经济波动的因素的相互影响会抑制海洋渔业经济波动。

综上可知，区域产业结构演进对海洋渔业经济波动具有显著影响，且产业结构高级化程度提高会促进海洋渔业经济波动，“杠杆效应”比较显著；然而产业结构合理化程度的提高将会抑制海洋渔业经济波动，具有显著的“熨平效应”。

三、结果分析

（一）区域产业结构高级化的“杠杆效应”

不论在海洋渔业内部还是外部，产业结构高级化程度的提高均会引起海洋渔业经济波动，对海洋渔业经济的“杠杆效应”比较显著，其作用机制如图5－3所示。首先对比表4－8与表5－4的回归结果发现，区域产业结构高级化对海洋渔业经济波动的促进作用要大于海洋渔业产业结构高级化，本研究认为产生差异的原因是海洋渔业内部产业结构高级化演进是推动海洋渔业资源或生产要素在海洋渔业产业体系内部进行流转，引起在海洋渔业三次产业中的配置比例发生变化，但海洋渔业资源或生产要素总量不会发生较大变化。然而，区域产业结构高级化程度的提高将推进海洋渔业资源或生产要素（尤其是资金、科技、人才等）由海洋渔业内部产业转向非渔产业，导致海洋渔业资源或生产要素总量的减少，资源或生产要素的总量缺失削弱了海洋渔业发展动力，不利于海洋渔业经济可持续发展。

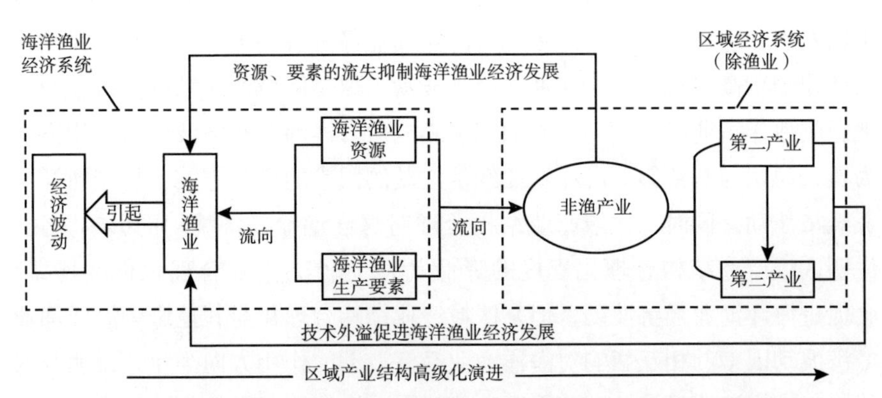

图5－3　区域产业结构高级化演进引起海洋渔业经济波动的作用路径

同时，随着海洋渔业内部产业结构升级，因机械化、智能化水平提高造成大量剩余渔业劳动力的存在，大量剩余劳动力集聚在海洋渔业内部将降低海洋渔业劳动生产率，不利于海洋渔业经济的稳定发展。然而，在区域产业结构高级化演进过程，会推动部分海洋渔业剩余劳动力转向非渔产业，部分剩余渔业劳动力的转移会促进海洋渔业的发展。同时，区域产业结构高级化水平的提高会加速服务业的发展，尤其是在科学技术、信息等方面，科技创新能力的提高将会产生较大技术扩散效应，先进技术与海洋渔业的融合，将会推动海洋渔业经济发展。

（二）区域产业结构合理化的“熨平效应”

通过表 5 -4 的回归结果发现，区域产业结构合理化对海洋渔业经济波动具有显著“熨平效应”，主要原因在于产业结构合理化能够较好地协调海洋渔业资源或生产要素在各产业中的配置，促进海洋渔业经济由不均衡状态向均衡状态发展，从而抑制了海洋渔业经济波动，并产生较大的“熨平效应”。但是区域产业结构合理化与海洋渔业产业结构合理化的熨平作用程度存在差异，即区域产业结构合理化对海洋渔业经济波动的抑制作用更大，说明海洋渔业经济的稳定发展主要依赖于区域产业结构合理化程度的提高而实现。本节分析了产生此结果的主要原因，认为海洋渔业产业结构合理化仅是以实现海洋渔业内部三次产业对海洋渔业资源或生产要素的合理配置，然而区域产业结构合理化所配置的资源或生产要素的范围更广，部分非渔生产要素或资源地流入尤其是先进的科技资源或人力资本，将会极大促进海洋渔业经济发展，减弱区域产业结构高级化演进所引起的海洋渔业经济波动。

另外，区域产业结构合理化程度的提高会加速区域经济资源或生产要素流动的速度，促进不同产业之间的信息与技术交流，引导先进生产技术（例如育苗技术、生物技术、冷链物流技术等）流向海洋渔业，提高海洋渔业市场竞争力与科技实力，降低海洋渔业因市场信息不对称与低技术水平所引起的经济波动与衰退，促进海洋渔业的稳定发展。

综上分析可知，产业结构高级化是引起海洋渔业经济波动的关键因素，产业结构合理化是促进海洋渔业经济稳定发展的主要推动力。因此，海洋渔业要实现高效稳定发展，在促进海洋渔业产业结构高级化演进的同时，注重海洋渔业产业结构的合理性。

第三节　区域产业结构演进对海洋渔业经济发展质量的影响

由前面分析可知，区域产业结构演进会引起海洋渔业经济增长与波动的变化，区域产业结构高级化一定程度上会抑制海洋渔业经济增长并且促进海洋渔业经济波动；而区域产业结构合理化则会促进海洋渔业经济增长且抑制海洋渔业经济波动。那么区域产业结构高级化和合理化对海洋渔业经济增长质量的影响如何，需要进一步深入研究。本节主要借鉴第四章第四节的研究方法，探究区域产业结构演进对海洋渔业经济发展质量的影响，深入分析区域产业结构高级化、合理化对海洋渔业经济发展质量的作用规律。

一、模型设计

通过第五章第一节的结果分析可知，区域产业结构高级化对海洋渔业经济波动具有促进作用，即区域产业结构高级化演进会引起海洋渔业经济总量的增加与降低，表明区域产业结构高级化演进对海洋渔业经济发展的影响并非为单一的直线关系。为了明确区域产业结构演进对海洋渔业经济发展质量的作用路径，本研究假定区域产业结构高级化演进对海洋渔业经济发展质量的影响关系为非直线关系，引入区域产业结构高级化的二次项，得到回归模型：

$$mftfp_{i,t} = \alpha_0 + \alpha_1 mftfp_{i,t-1} + \beta_i \ln RMFS_{i,t} + \gamma_{i,j}(\ln RMFS_{i,t})^2 + \eta_i mftfp_{i,t} \ln RMFS_{i,t} + \varepsilon_{i,t} + \mu_i \quad (5-4)$$

其中，$RMFS_{i,t}$表示 i 地区第 t 年区域产业结构水平，主要包括区域产业结构高级化（$TH_{i,t}$）和区域产业结构合理化（$TL_{i,t}$）两个指标，即 $RMFS_{i,t} = \{TH_{i,t} \quad TL_{i,t}\}$。基于式（4－27）采用 GMM 方法检验区域产业结构演进对海洋渔业经济增长质量的影响及作用规律。

二、数据检验与回归结果

（一）稳定性检验

由第四章第四节可知，被解释变量海洋渔业全要素生产率是稳定的。本节需要对式（5 -4）中所涉及的其他变量进行稳定性检验。采用第四章第二节稳定性检验方法对数列进行平稳性检验。结果显示（见表5 -5）：在5% 的显著水平下，$lnTH_{i,t}$、$(lnTH_{i,t})^2$、$Mftfp_{i,t} * lnTL_{i,t}$、$Mftfp_{i,t} * lnTH_{i,t}$均通过了单位根检验，拒绝了存在单位根的原假设，表明了$lnTH_{i,t}$、$(lnTH_{i,t})^2$、$Mftfp_{i,t} * lnTL_{i,t}$、$Mftfp_{i,t} * lnTH_{i,t}$是稳定的，且均满足0阶单整，即$lnTH_{i,t}$、$(lnTH_{i,t})^2$、$Mftfp_{i,t} * lnTL_{i,t}$、$Mftfp_{i,t} * lnTH_{i,t} \sim I(0)$。但是$lnTL_{i,t}$、$(lnTL_{i,t})^2$未通过10%的显著性水平，无法拒绝不存在单位根的假设。对两个变量做一阶差分处理后进行面板单位根检验，结果表明一阶差分后的$lnTL_{i,t}$、$(lnTL_{i,t})^2$是平稳的，均属于一阶单整，即$lnTL_{i,t} \sim I(1)$、$(lnTL_{i,t})^2 \sim I(1)$。

表5 -5　变量数据的稳定性检验结果

变量	Fisher - ADF 检验				LLC 检验	检验结果
	P	Z	L^*	P_m	Adjusted t^*	
$lnTH_{i,t}$	36.709 ***	-2.457 ***	-2.450 ***	2.641 ***	-2.780 ***	平稳
$lnTL_{i,t}$	27.584	-0.852	-0.579	1.199	1.109	不平稳
d.（$lnTL_{i,t}$）	37.429 ***	-2.733 ***	-2.684 ***	2.756 ***	-2.703 ***	平稳
$(lnTH_{i,t})^2$	36.217 ***	-2.395 ***	-2.388 **	2.564 ***	-2.884 ***	平稳
$(lnTL^2_{i,t})$	19.153	0.771	1.160	-0.134	7.361	不平稳
d. $(lnTL_{i,t})^2$	42.105 ***	-2.567 ***	-2.654 ***	3.495 ***	-6.016 ***	平稳
$mftfp_{i,t} * lnTH_{i,t}$	97.797 ***	-7.464 ***	-8.567 ***	12.301 ***	-5.513 ***	平稳
$mftfp_{i,t} * lnTL_{i,t}$	41.708 ***	-2.596 ***	-2.593 ***	3.432 ***	-2.529 ***	平稳

注：**、*** 分别表示5%、1%的显著水平。P为逆卡方变换；Z为逆正态变换；L^*为逆逻辑变换；P_m为修正逆卡方变换。

由于变量不满足同阶单整，在模型分析时，借鉴赵文平和于津平[236]（2012）的做法，为了降低因变量不稳定产生的估计误差，将用一阶差分后的变量数据代替原有数据并进行模型回归分析。

（二）回归结果

本节采用动态 GMM 估计方法，检验了区域产业结构演进对海洋渔业经济发展质量的影响，分别用模型 1 与模型 2 表示产业结构高级化与合理化对海洋渔业经济发展质量影响，结果如表 5－6 所示。从模型回归效果分析，模型 1、模型 2 的 Wald chi2 均通过了 1% 的显著性水平检验，说明模型 1、模型 2 的整体回归效果是比较好的，不存在伪回归问题。从工具变量有效性检验分析，AR（2）、Sargan 和 Hansen 检验所对应的 P 值均大于 5%，说明模型 1～模型 3 所选用的工具变量是有效的，不存在过度识别的问题。

表 5－6　区域产业结构演进对海洋渔业经济发展质量影响的回归结果

变量	模型 1	模型 2
$mftfp_{i,t-1}$	0.005 （0.76）	－0.129** （－1.99）
$lnTH_{i,t}$	－0.578*** （－2.21）	—
$d.\ lnTL_{i,t}$	—	－0.482** （－1.71）
$(lnTH_{i,t})^2$	0.179** （2.08）	—
$d.\ (lnTL_{i,t})^2$	—	－0.212*** （－2.90）
$Mftfp_{i,t} * lnTH_{i,t}$	0.537*** （43.73）	—
$Mftfp_{i,t} * lnTL_{i,t}$	—	－0.242*** （－5.59）
Wald chi2	16193.55***	130.89***

续表

变量	模型 1	模型 2
AR（2）	0.369	0.166
Sargan 检验（p - value）	0.625	0.152
Hansen 检验（p - value）	1.000	0.993
Number of obs	110	110

注：*、**、*** 分别表示 10%、5%、1% 的显著水平，（　）内表示 z 值。模型 1 选择解释变量差分项的滞后 6 - 9 阶作为工具变量；模型 2 解释变量的 4 - 6 阶作为工具变量。

由表 5 - 6 可知，模型 1 中的区域产业结构高级化以及二次项系数均通过了 5% 与 1% 的显著性水平检验，且满足一次项系数为负和二次项系数为正，说明区域产业结构高级化对海洋渔业经济发展质量的作用方式呈“U”型。在模型 2 中的区域产业结构合理化以及二次项系数均通过了 10% 与 5% 的显著性水平检验，但估计的回归系数均为负数，说明区域产业结构合理化对海洋渔业经济发展质量的影响方式呈倒“U”型，由于区域产业结构合理化指数均大于 0.321，所以其对海洋渔业经济发展质量的影响方式是倒“U”型右侧，说明 TL 数值的增大（产业结构不合理程度增高）会降低海洋渔业经济发展质量，也就是说区域产业结构合理化程度的提高会促进海洋渔业经济发展质量的提高，即区域产业结构合理化对海洋渔业经济发展质量提升具有“结构红利”。

三、结果分析

（一）区域产业结构高级化的“U”型影响路径

区域产业结构高级化对海洋渔业经济全要素生产率的影响路径呈现“U”型特征，当区域产业结构高级化小于某一特定值时，会抑制海洋渔业经济全要素生产率的提高，对海洋渔业经济的“结构负利”比较显著；当高于某一特定值后，其会促进海洋渔业经济全要素生产率的提高，对海洋渔业经济产生显著的“结构红利”。本书认为产生此结果是由区域产业结构高级化演进对海洋渔业经济全要素生产率所引起的力量权衡造成的。

区域产业结构高级化演进推动海洋渔业生产要素或资源转向非渔经济中第二、第三产业中。当区域产业结构高级化低于某一特定时，区域产业结构高级化演进一方面转移因海洋渔业工业化的提高所造成剩余渔业劳动力，一定程度上缓解了海洋渔业渔民转产转业的困境，推动海洋渔业经济的发展；另一方面海洋渔业科技资源、人力资本等要素也会随着生产要素的流动转向非渔产业，高质量要素的流失极大地阻碍了海洋渔业经济的发展，影响海洋渔业技术创新与进步，最终降低海洋渔业经济全要生产率的提升。区域产业结构高级化演进所引起的海洋渔业经济的消极作用大于积极作用。另外，在区域产业结构高级化大于某一特定值后，区域产业结构高级化会促进区域经济科技水平的提升，技术扩散与外溢效应逐步扩大，海洋渔业与相关科研部门的交叉融合（例如海洋装备业所开展渔船改造项目）将会促进海洋渔业经济的科研技术水平，渔业技术水平的提升将提高海洋渔业全要素生产率，从而促进海洋渔业经济发展。区域产业结构高级化所产生的“结构红利”一定程度会高于“结构负利”。

（二）区域产业结构合理化的“结构红利”

区域产业结构合理化演进的“结构红利”说明在海洋渔业经济全要素生产率的提升中存在产业结构的动态均衡效应[216]。国民经济是按照由“平衡→不平衡→平衡”循环过程实现螺旋式发展，产业结构高级化将打破固有的经济均衡发展，推动经济向高端阶段发展。为实现经济的稳定发展，在产业结构升级到一定阶段后，产业结构合理化会协调各产业发展，推动国民经济的均衡发展。海洋渔业经济作为国民经济的组成部分，也遵循这一发展规律。

本研究主要从三个层面解释产生此结果的原因：一是通过区域产业结构调整对生产要素的合理化配置，推动海洋渔业通过利用当前资源使海洋渔业企业改变现有生产规模以充分利用社会资源，提高资源使用效率，从而促进海洋渔业的单位产出；二是通过调整不同产业之间的生产要素投入量，一定程度上会弥补区域产业结构高级化演进所造成的资源或生产要素短缺的问题，促进要素投入与产出达到最优配置[237]；三是区域产业结构合理化会推动科技、人才资源在产业之间的流动，部分优质资源或生产要素可能流向海洋渔业，提升海洋渔业经济的整体技术水平，渔业技术进步将提高海洋渔业经济生产要素或资源的边际效率，促进海洋渔业经济全要素生产率的提高。

第六章 海洋渔业经济发展对海洋渔业产业结构演进的影响

基于第二章的理论分析可知，海洋渔业经济发展与产业结构演进存在相互影响的关系，即产业结构演进影响海洋渔业经济发展，同时海洋渔业经济发展也反作用于产业结构演进。第四章内容从定量角度深入分析产业结构高级化、合理化、软化、生产结构的演进对海洋渔业经济增长、波动与发展质量的影响，得出了一系列的研究结论。那么海洋渔业经济发展对产业结构演进的作用如何呢？需要通过计量分析进一步探讨。鉴于海洋渔业在区域经济中所占的比重比较小（2016 年产值占比为 1.66%），区域经济发展对海洋渔业产业结构演进的作用程度比较微弱，故不再对区域经济发展对海洋渔业产业结构演进的影响展开研究，主要侧重从海洋渔业经济内部，探究海洋渔业经济发展对海洋渔业产业结构高级化、合理化演进的影响及作用规律。

第一节 模型与方法选择

通过对研究经济增长影响产业结构变迁的文献梳理发现，大部分学者（例如李春生等）采用格兰杰因果关系检验、协整检验、向量自回归（VAR）模型、脉冲响应与方差分解等方法进行分析，也有少部分学者采用钱纳里和塞尔奎因的相关模型（例如刘竹林等）进行分析。综合考虑研究方法的优缺点与研究样本的特征，本节选择面板协整检验、面板向量自回归（PVAR）模型、脉冲响应与方差分解等方法，探究海洋渔业经济发展对海洋渔业产业结构高级化、合理化演进的影响路径。

本节主要选择面板向量自回归（PVAR）模型检验海洋渔业经济发展对海洋渔业产业结构演进的影响。PVAR（Panel Data Vector Autoregression）模型是基于面板数据的特性对 VAR 模型的改进，最早是由霍尔埃金（Holtz－Eakin）在 1988 年提出来的，在 VAR 模型基础上，主要考虑了面板数据中所具有个体效应与时间效应[238]，并将其引入到模型中分别度量个体差异和不同界面受到的共同冲击。PVAR 模型相比较于 VAR 模型对样本数据统计分布特征的要求相对宽松，更具有较强的稳健性。基于 PVAR 模型的一般形式，建立海洋渔业经济发展对海洋渔业产业结构演进的模型 PVAR（q），具体模型形式如下：

$$Y_{i,t} = \alpha_0 + \sum_{j=1}^{q} \alpha_j Y_{i,t-j} + \mu_i + \varphi_{i,t} + \varepsilon_{i,t} \tag{6-1}$$

其中，$Y_{i,t}$包含海洋渔业产业结构高级化（$sadvance_{i,t}$）、合理化（$srationalize_{i,t}$）、海洋渔业经济增长率（$frgrowth_{i,t}$）、海洋渔业经济波动（$fluctuation_{i,t}$）与全要素生产率（$mftfp_{i,t}$）等变量，即 $Y_{i,t} = (sadvance_{i,t}\quad srationalize_{i,t}\quad frgrowth_{i,t}\quad fluctuation_{i,t}\quad mftfp_{i,t})^T$；$\alpha_0$ 为五维常数的列向量，$Y_{i,t-j}$为滞后 j 项的五维变量矩阵；α_j 表示 $Y_{i,t-j}$的待估计系数矩阵；μ_i 表示个体固定效应变量；$\varphi_{i,t}$表示时间效应，客观反映自变量的时间趋势特征；$\varepsilon_{i,t}$表示残差项，i 表示地区；t 表示时间；j 表示滞后阶数，满足 $j \in [1, q]$。

本节所涉及的变量主要包括海洋渔业产业结构高级化、合理化、海洋渔业经济增长率、经济波动与全要素生产率。变量数据的来源与测算已在第三、第四章进行了详细的说明，在此不再赘述。

第二节　稳定性与协整关系检验

一、稳定性检验

PVAR 模型要求所有变量均为同阶单整，故在进行模型检验前要对变量数据的稳定性进行检验，检验方法一般采用单位根检验判断变量的稳定性。本节采用第四章第二节的检验方法对变量进行单位根检验，检验结果（见表6－1）显示，$frgrowth_{i,t}$、$fluctuation_{i,t}$、$mftfp_{i,t}$、$sadvance_{i,t}$、$srationalize_{i,t}$等变量均通过了5%的显著性水平检验，均强烈拒绝面板数据存在单位根的原假设，故原有序列数据是稳定的。

表6－1　　数据变量的稳定性检验结果

变量	Fisher－ADF 检验				LLC 检验	检验结果
	P	Z	L^*	P_m	Adjusted t^*	
$frgrowth_i$	76.000***	－6.294***	－6.638***	8.854***	－3.522***	平稳
fluctuation	68.333***	－5.754***	－5.938***	7.642***	－2.920***	平稳
mftfp	63.500***	95.294***	－7.348***	－8.346***	－6.523***	平稳
sadvance	57.792***	－4.180***	－4.490***	5.976***	－4.055***	平稳
srationalize	38.927***	－2.510***	2.545***	2.993***	－1.878***	平稳

注：**、***分别表示5%、1%的显著水平。P为逆卡方变换；Z为逆正态变换；L^*为逆逻辑变换；P_m为修正逆卡方变换。

二、协整关系检验

PVAR模型要求所引入的数据变量之间存在长期稳定关系，故在建设PVAR模型前要检验海洋渔业产业结构演进与海洋渔业经济发展是否具有长期稳定关系。$frgrowth_{i,t} \sim I(0)$、$fluctuation_{i,t} \sim I(0)$、$mftfp_{i,t} \sim I(0)$、$sadvance_{i,t} \sim I(0)$、$srationalize_{i,t} \sim I(0)$，属于同阶单整，满足协整检验的前提条件。面板协整检验的方法主要包括三种，即Kao检验（Kao，1999），Pedroni检验（Pedroni，1999/2004）与Westerlund检验（Westerlund，2005）。本节采用这三种检验方法分别判断海洋渔业产业结构高级化、合理化与海洋渔业经济发展是否存在长期均衡关系，检验结果如表6－2所示。因为Kao、Pedroni与Westerlund检验方法的原假设H_0是“不存在协整关系”，由检验结果可知不同检验方法所对应的检验统计量，均通过了5%的显著性水平检验，故拒绝原假设H_0，认为海洋渔业产业结

构演进与海洋渔业经济发展之间存在长期均衡关系。

表6－2　　海洋渔业产业结构演进与海洋经济发展的协整检验结果

检验方法	检验统计量	模型1	模型2
Pedroni	Modified Phillips－Perron t	3.437***	3.644***
	Phillips－Perron t	－4.785***	－6.323***
	Augmented Dickey－Fuller t	－3.901***	－1.523**
Westerlund	Variance ratio	3.451***	7.201***
Kao	Modified Dickey－Fuller t	2.273**	1.842**
	Dickey－Fuller t	1.853**	1.622**
	Augmented Dickey－Fuller t	2.916***	3.632***
	Unadjusted modified Dickey－Fuller t	－5.967***	－2.957***
	Unadjusted Dickey－Fuller t	－4.932***	－2.431***

注：模型1是海洋渔业产业结构高级化与海洋渔业经济发展协整检验结果；模型2是海洋渔业产业结构合理化与海洋渔业经济发展协整检验结果。**、***分别表示5%、1%的显著水平。

第三节　海洋渔业产业结构高级化的检验结果及分析

由稳定检验与协整检验结果可知，海洋渔业产业结构高级化与海洋渔业经济增长率、经济波动与发展质量序列均是平稳的，且海洋渔业产业结构高级化演进与海洋渔业经济增长率、经济波动与发展质量存在长期均衡关系，满足建立PVAR的先决条件。利用STATA15.0，采用PVAR程序包分别建立海洋渔业产业结构高级化与海洋渔业经济增长率、经济波动与发展质量的PVAR模型，并基于PVAR模型回归结果，采用脉冲响应函数与方差分解进一步分析海洋渔业经济增长、波动与发展质量对推动海洋渔业产业结构高级化演进的影响与贡献度。

一、PVAR模型回归结果及分析

本节建立了滞后2期的以海洋渔业产业结构高级化为主的PVAR（2）

模型，在采用“Helmert 转换”方法消除面板数据存在的个体效应后，利用 GMM 方法进行模型回归，回归结果如表 6－3 所示。同时采用 AR 特征根单位圆对 PVAR（2）模型的稳定性进行了检验，检验结果（见图 6－1）显示，PVAR（2）模型所有特征根的倒数值均小于 1，都位于单位圆内。由此可见，所估计的 PVAR（2）模型是稳定的，具有有效性。

表 6－3　以海洋渔业产业结构高级化为因变量的 PVAR 模型回归结果

解释变量	sadvance	解释变量	sadvance
l1_h_sadvance	－0.029 （－0.22）	l2_h_frgrowth	0.071 （1.42）
l2_h_sadvance	0.311*** （2.90）	l1_h_fluctuation	－1.824*** （－3.33）
l1_h_ftfp	0.135*** （2.99）	l2_h_fluctuation	1.767*** （3.25）
l2_h_ftfp	－0.162*** （－3.53）	Hansen's J chi2	61.574
l1_h_frgrowth	1.561*** （3.14）		

注：**、*** 分别表示 5%、1% 的显著水平。l 表示滞后项，l 后面的数字表示滞后项数，h 表示通过 Helmert 转换消除个体效应。

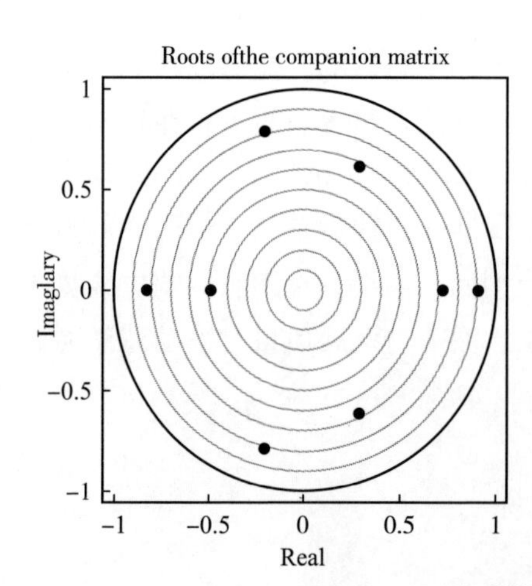

Eigenvalue Real	Eigenvalue Imaginary	Modulus
0.9155514	0	0.9155514
−0.8305902	0	0.8305902
−0.2065366	0.7888237	0.8154142
−0.2065366	−0.7888237	0.8154142
0.7288878	0	0.7288878
0.2908815	−0.6156324	0.6808931
0.2908815	0.6156324	0.6808931
−0.4882283	0	0.4882283

图 6－1　AR 特征根单位圆检验结果

模型回归结果显示，滞后 2 期的海洋渔业产业结构高级化通过了 1% 的显著性检验，说明海洋渔业产业结构高级化滞后 2 期对自身的影响比较显著且呈现正向关系，影响系数为 0.311。在 1% 的显著水平下，滞后 1 期与滞后 2 期的海洋渔业全要素生产率、滞后 1 期的海洋渔业经济增长率和滞后 1、滞后 2 期的海洋渔业经济波动均通过了显著性检验，但影响系数存在较大差异。滞后 1 期的海洋渔业全要素生产率、海洋渔业经济增长率与滞后两期的海洋渔业经济波动对海洋渔业产业结构高级化的影响系数为正，说明此时海洋渔业全要素生产率、经济增长率与经济波动对海洋渔业产业结构高级化演进具有正向作用，有利于推动海洋渔业产业结构高级化的演进。但是滞后 2 期的海洋渔业全要素生产率与滞后 1 期的海洋渔业经济波动对海洋渔业产业结构高级化的影响系数为负，说明此时海洋渔业全要素生产率与海洋渔业经济波动对海洋渔业产业结构高级化具有负向作用，不利于海洋渔业产业结构高级化演进。

通过以上分析可以看出，虽然海洋渔业产业结构高级化自身、海洋渔业经济增长率、经济波动与发展质量对海洋渔业产业结构高级化的影响程度存在差异，但显著水平达到 1%，表明海洋渔业经济发展能够影响海洋渔业产业结构演进。

二、脉冲响应函数

基于 PVAR 模型回归结果，采用脉冲响应函数（IRF）判断海洋渔业产业结构高级化自身、海洋渔业经济增长率、海洋渔业经济波动、海洋渔业经济发展质量对海洋渔业产业结构高级化演进冲击后的响应。图 6－2 是获得 IRF 曲线，上下两条虚线表示 95% 的置信区间的上限与下限，横轴表示追踪期，本节选择 15 年作为追踪期。

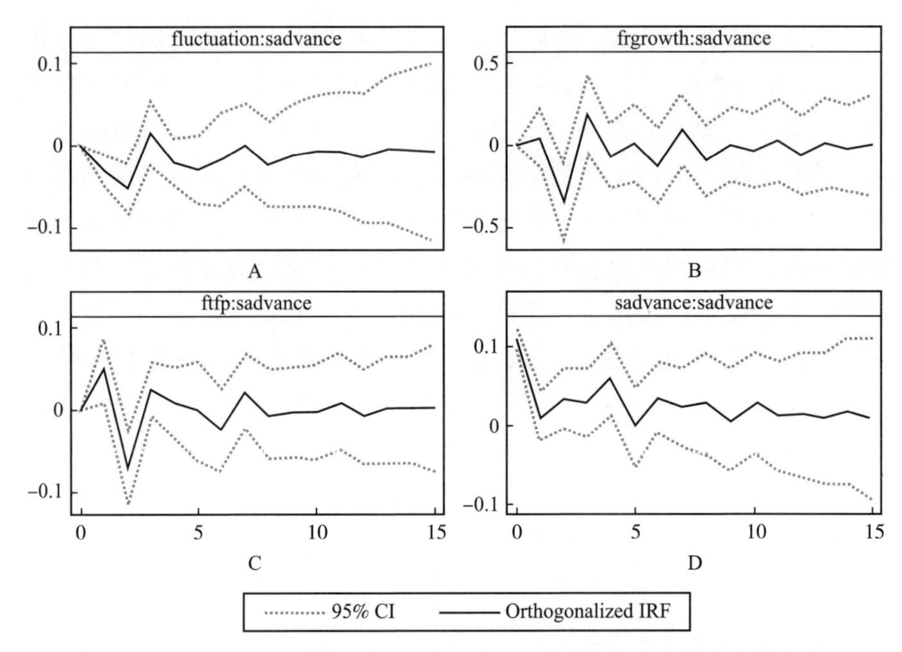

图 6－2　海洋渔业经济发展对海洋渔业产业结构高级化演进的脉冲响应结果

在图 6－2 中，A 图反映了海洋渔业产业结构高级化在受到 1 单位的海洋渔业经济波动正向冲击后所做出的响应，除第 6 期外，海洋渔业产业结构的响应均是负向的，但呈现出波动上升趋势。在前 9 期内海洋渔业经济波动对海洋渔业产业结构演进影响的波动较大，之后趋于收敛。B 图反映了给定海洋渔业产业结构高级化受到 1 单位的海洋渔业经济增长率的冲击所做出的响应，面对海洋渔业经济增长率的冲击，海洋渔业产业结构高级化呈现正负向交替反应，并在第 3 期内正向反应达到最大值，在第 10 期后趋于收敛，可见海洋渔业经济增长率对海洋渔业产业结构高级化影响产生较大波动，不同时期影响程度存在差异。C 图反映了海洋渔业经济发展质量对海洋渔业产业结构高级化的冲击所做出的响应，在前 12 期内海洋渔业经济质量对海洋渔业产业结构演进影响的波动较大，在第 13 期内开始趋于收敛。D 图表示海洋渔业产业结构高级化受自身冲击所做出的响应，面对来自自身的冲击，除第 5 期外，海洋渔业产业结构高级化均做出正向响应，但总体呈下降趋势，在第11期后趋于收敛，由此可推断海洋渔业产业结构高级化在演进过程中受自身的影响比较大。

由上述分析可知，海洋渔业经济发展能够引起海洋渔业产业结构高级化的变动，对海洋渔业产业结构高级化具有一定的影响，但是海洋渔业的不同经济指标对其产生的冲击具有差异性，总体表现为海洋渔业经济波动对海洋渔业产业结构高级化的影响程度要大于海洋渔业经济发展质量和海洋渔业经济增长率，这与PVAR（2）的结论基本一致。

三、方差分解

利用方差分解（FEVD）进一步分析海洋渔业经济发展对海洋渔业产业结构高级化的贡献度。图6－3反映了在15年追踪期内海洋渔业经济增长率、经济波动与发展质量对海洋渔业产业结构演进的贡献度。

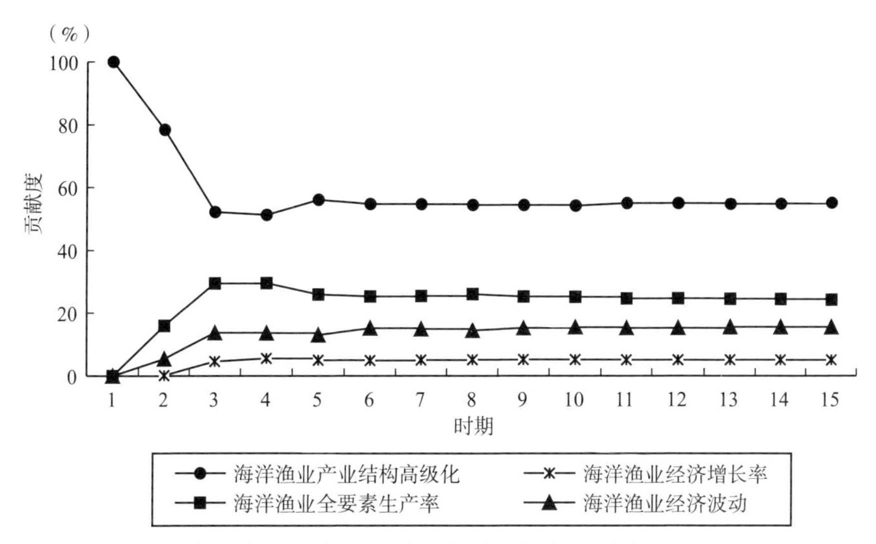

图6－3　海洋渔业产业结构高级化的方差分解结果

在当期海洋渔业产业结构高级化演进对自身的贡献度为100%，但从第2期开始海洋渔业产业结构高级化演进自身对其贡献度逐步下降，在第4期达到最小值51.24%，随后趋于平稳，而海洋渔业经济波动对海洋渔业产业结构高级化演进的解释程度超过20%，成为解释海洋渔业产业结构演进的重要变量；海洋渔业经济增长率与全要素生产率对海洋渔业产业结构高级化的贡献度较低。由此可以推出海洋渔业经济波动是海洋渔业产业结构高级化演进的主要因素，而海洋渔业经济增长率与发展质量对海洋渔业产业结构高级化演进的影响程度较低，这与脉冲响应函数得到的结果基本上是一致的。

第四节　海洋渔业产业结构合理化的检验结果及分析

由前文分析可知，海洋渔业产业结构合理化与海洋渔业经济增长率、经济波动与发展质量序列均是平稳的，且海洋渔业产业结构合理化演进与海洋渔业经济增长率、经济波动与发展质量存在长期均衡关系，满足建立PVAR的先决条件。

一、PVAR模型回归结果及分析

本节建立了滞后2期PVAR模型并进行回归估计。首先采用“Helmert转换”方法消除面板数据存在的个体效应，其次采用GMM方法进行模型回归。回归结果如表6－4所示，从表6－4中可以看出，除滞后2期的海洋渔业全要素生产率未通过10%的显著性水平检验外，其余解释变量的滞后项均通过1%的显著性水平检验，表明了海洋渔业经济发展对海洋渔业产业结构合理化演进具有显著影响，但是不同解释变量对海洋渔业产业结构合理化演进的影响方式存在差异。

表 6－4　以海洋渔业产业结构合理化为因变量的 PVAR 模型回归结果

解释变量	srationalize	解释变量	srationalize
l1_h_srationalize	0. 194 *** (2. 65)	l2_h_frgrowth	0. 193 *** (3. 43)
l2_h_srationalize	0. 594 *** (12. 27)	l1_h_fluctuation	5. 000 *** (10. 66)
l1_h_ftfp	－0. 113 *** (－2. 22)	l2_h_fluctuation	－5. 785 *** (－9. 94)
l2_h_ftfp	－0. 048 (－1. 59)	Hansen's J chi2	70. 209
l1_h_frgrowth	－4. 859 *** (－10. 36)		

注：** 、*** 分别表示 5% 、1% 的显著水平。l 表示滞后项，l 后面的数字表示滞后项数。h 表示通过 Helmert 转换消除个体效应。

本节对 PVAR（2）模型的稳定性进行了检验，结果（见图 6－4）显示，PVAR（2）模型所有特征根的倒数值都位于单位圆内，说明所估计的 PVAR（2）模型是稳定的，具有有效性，可以进行脉冲响应和方差分解来分析各变量之间的动态关系[239]。接下来，结合表 6－4 的回归结果，主要分析海洋渔业经济增长、经济波动与全要素生产率对海洋渔业产业结构合理化演进的影响方式及作用规律，主要包括以下四个方面。

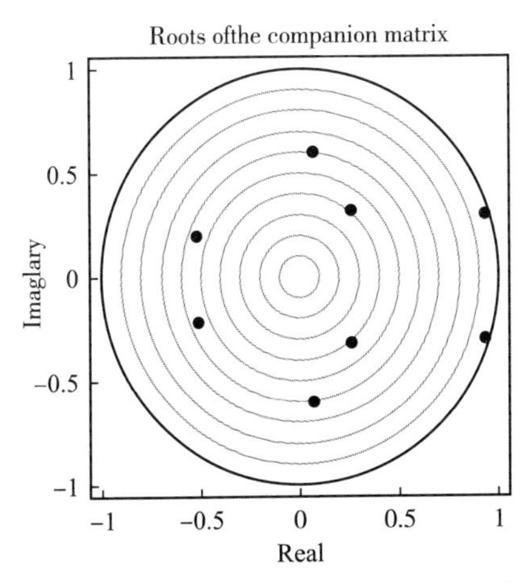

Eigenvalue Real	Eigenvalue Imaginary	Modulus
0.9350602	0.3062389	0.9839308
0.9350602	–0.3062389	0.9839308
0.69717	0.6079132	0.6118978
0.69717	–0.6079132	0.6118978
–0.5186589	0.2008683	0.556197
–0.5186589	–0.2008683	0.556197
0.2581564	0.3224579	0.4130663
0.2581564	–0.3224579	0.4130663

图 6－4　AR 特征根单位圆检验结果

（1）在海洋渔业产业结构合理化自身影响方面，滞后1、滞后2期的海洋渔业产业结构合理化对自身的正向影响比较显著，说明前期海洋渔业产业结构合理化程度对当期海洋渔业产业结构合理化水平具有重要影响，是影响海洋渔业产业结构合理化演进的重要因素。

（2）在海洋渔业经济发展质量方面，滞后1期的海洋渔业全要素生产率对海洋渔业产业结构合理化影响为负，说明上期的海洋渔业全要素生产率会抑制海洋渔业产业结构合理化水平的改善或提高，本研究认为海洋渔业全要素生产率的提高得益于海洋渔业技术进步，科技水平的提升会加快海洋渔业产业发展，加速海洋渔业生产要素流向高生产率、高技术水平的产业，从而促进海洋渔业经济发展，将打破固有的海洋渔业经济均衡状态，抑制海洋渔业产业结构合理化水平的提高。

（3）在海洋渔业经济增长率方面，滞后1期的海洋渔业经济增长率对海洋渔业产业结构合理化演进具有负向影响，且影响程度比较大，影响系数达到-4.859，说明上期海洋渔业经济增长率会抑制海洋渔业产业结构合理化水平的提高。但是滞后2期的海洋渔业经济增长率对海洋渔业产业结构合理化产生正向作用，说明海洋渔业经济增长率对海洋渔业产业结构合理化的促进作用具有明显的滞后性。本研究认为海洋渔业实现增长来源主要有两个方面：渔业技术进步和新增长极的出现。两个方面均会引起海洋渔业打破原有的经济均衡，通过提高生产效率与新兴产业发展推动海洋渔业经济增长。当新的产业结构形态稳定后，通过协调海洋渔业内部各产业，实现其均衡发展，从而推动海洋渔业产业结构合理化演进。

（4）在海洋渔业经济波动方面，滞后1期的海洋渔业经济波动对海洋渔业产业结构合理化演进具有重要的推动作用，但滞后2期的海洋渔业经济波动会抑制海洋渔业产业结构合理化演进。原因为海洋渔业经济波动引起海洋渔业生产要素或资源在各产业内流动，一定程度上促进海洋渔业各产业的协同发展，提高海洋渔业产业结构的合理化程度。但是当海洋渔业经济发生较大波动时，尤其是受海洋渔业产业结构高级化影响时，会加速海洋渔业生产要素或资源向高生产率或增长率的部门或产业集聚，打破原有的海洋渔业生产要素或资源的原有流动方式，海洋渔业经济由平衡发展转为不平衡发展，极大地降低海洋渔业产业结构合理化水平。同时，也会

因特殊事件的发生（例如非典、食品安全）和政府政策的干预（例如休渔期制度）影响海洋渔业产业结构合理化水平的提高。

二、脉冲响应函数

基于PVAR（2）模型回归结果，采用脉冲响应函数（IRF）判断海洋渔业产业结构合理化自身、海洋渔业经济增长率、海洋渔业经济波动、海洋渔业经济发展质量对海洋渔业产业结构合理化演进的冲击后响应。本节选择15年的追踪期考察海洋渔业经济发展对海洋渔业产业结构合理化演进的冲击响应分析，结果如图6－5所示。

图6－5反映了海洋渔业产业结构合理化分别受到海洋渔业经济波动、经济增长率、全要素生产率与产业结构合理化自身冲击后的响应变化趋势。接下来将分别阐释不同变量对海洋渔业产业结构合理化演进的冲击影响。①在受到海洋渔业经济波动1单位冲击后，海洋渔业产业结构合理化在前10期内为正向响应，并在第5期达到最大值，随后响应程度呈下降趋势，在第11期之后转为负向响应。这说明在海洋渔业经济波动在前期对海洋渔业产业结构合理化具有正向冲击，在后期则会对海洋渔业产业结构合理化产生负向冲击，这与PVAR（2）获得结果是一致的。②海洋渔业产业结构合理化在受到海洋渔业经济增长率1单位冲击后，首先表现出负向响应，随后在第4期转为正向响应，并在第9期达到最大值，在第9期后海洋渔业产业结构合理化的正向响应呈下降趋势，在第14期又转为负向响应。这说明了海洋渔业经济增长率对海洋渔业产业结构合理化演进存在影响且波动比较大。③海洋渔业产业结构演进在受到1单位全要素生产率的冲击后，在前9期表现出负向响应，并在第3期达到最小值，随后负向影响逐渐减弱，在第10期以后转为正向响应。这说明了海洋渔业全要素生产率影响海洋渔业产业结构合理化演进，且前期的负向响应比较显著。④海洋渔业产业结构合理化在受到自身1单位冲击后，所做出的响应呈现下降趋势，且在第8期转为负向响应，说明海洋渔业产业结构合理化受自身的影响波动比较大。

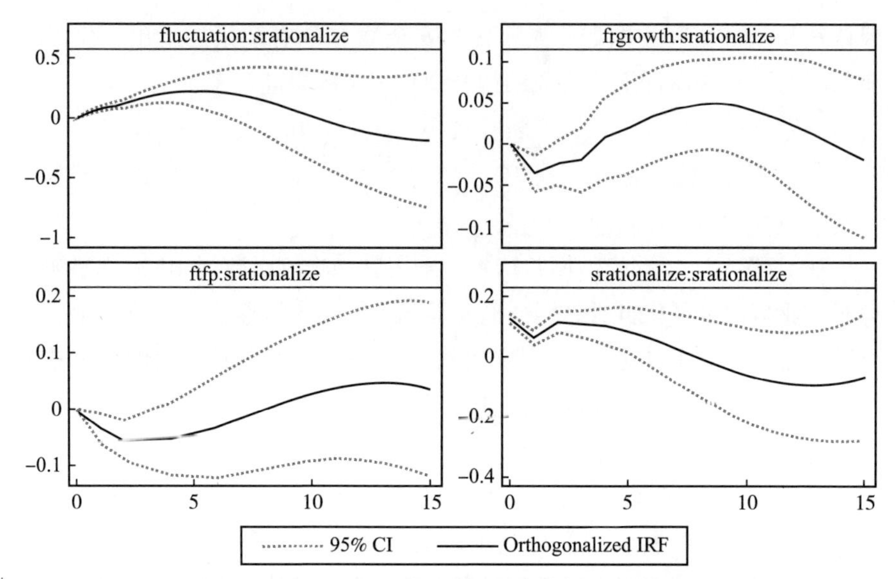

图6-5　海洋渔业经济发展对海洋渔业产业结构合理化演进的脉冲响应结果

综上分析可知，海洋渔业经济增长率、经济波动与全要素生产率是影响海洋渔业产业结构合理化演进的因素，但不同指标对其影响程度存在差异，总体表现出海洋渔业经济波动的影响要大于海洋渔业经济增长与海洋渔业全要素生产率，这与PVAR（2）的结果基本保持一致。

三、方差分解

本节对海洋渔业产业结构合理化进行了方差分解，具体结果如图6-6所示。从图6-6中可知，在第1期海洋渔业产业结构合理化对自身的解释程度达到100%，在第2~第10期呈现下降趋势，达到最小解释程度19.9%，随后呈现上升趋势。海洋渔业经济增长率与发展质量对海洋渔业产业结构合理化的贡献度分别基本维持在1.2%~3.1%、4%~7.5%，低于海洋渔业经济波动对海洋渔业产业结构合理化的贡献度。海洋渔业经济波动对海洋渔业产业结构合理化的贡献度在前9期内呈增加趋势，并在第9期内达到最大值73.5%，说明在短期内海洋渔业经济波动能够引起海洋渔业产业结构合理化的巨大波动，在第10期后则呈现下降趋势。

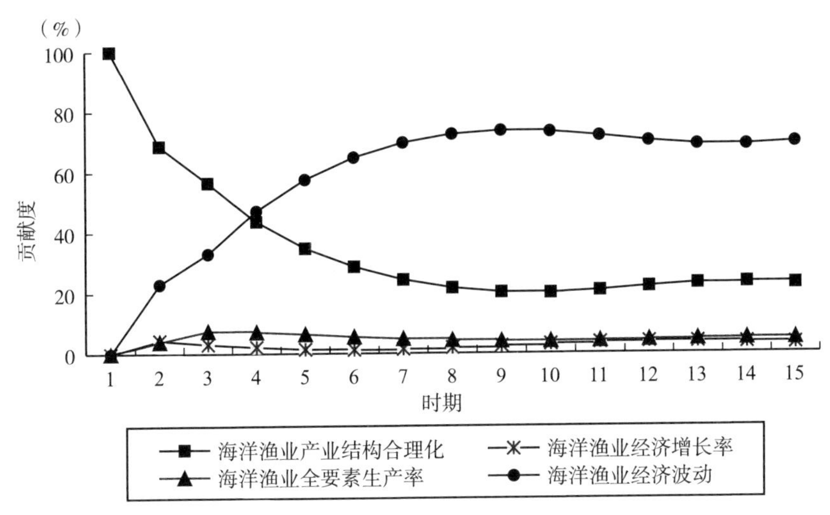

图6-6　海洋渔业产业结构合理化的方差分解结果

以上分析说明了海洋渔业经济波动对海洋渔业产业结构合理化演进的影响程度最大，这与PVAR（2）回归结果、脉冲响应函数分析结果是一致的。

研究结果显示，海洋渔业经济发展能够影响海洋渔业产业结构演进，但不同变量的作用关系存在较大差异。首先，海洋渔业经济波动对海洋渔业产业结构演进的影响程度要大于海洋渔业经济增长率与发展质量的影响程度；其次海洋渔业经济波动对海洋渔业产业结构演进的影响是波动比较大，但海洋渔业经济增长率与发展质量对海洋渔业产业结构演进的影响是比较平稳的。在经济发展进程中，在注重海洋渔业产业结构对其经济发展的影响外，不能忽视海洋渔业经济发展对海洋渔业产业结构演进的反向影响。

第七章 产业结构演进视角下中国海洋渔业经济发展的构想

基于前文理论分析与实证研究结果，本研究认为产业结构演进与海洋渔业经济发展存在长期均衡关系，产业结构演进能够影响海洋渔业经济发展；反之，海洋渔业经济发展一定程度上对海洋渔业产业结构演进产生影响，且海洋渔业产业结构高级化、合理化、软化与生产结构的变化对海洋渔业经济发展具有差异化影响。区域产业结构演进会影响海洋渔业经济发展。在新经济背景下，如何通过调整与优化产业结构以实现海洋渔业经济的高质量发展，成为当下海洋渔业供给侧结构性改革重要内容，也是中国实施“乡村振兴”战略的重要组成部分。本章基于新发展理念，从产业结构演进视角探究海洋渔业经济发展的新模式，为推动中国海洋渔业经济供给侧结构性改革提供参考。

第一节　海洋渔业经济发展理念、思路及原则

一、海洋渔业经济发展理念

目前，中国海洋渔业经济总体上仍为传统粗放式发展模式，其弊端日益凸显，海洋渔业生态环境日趋恶化、资源约束趋紧、高端海产品占比较低、生产效率低下、科技创新与转化率不高等，导致中国海产品供需矛盾加剧，严重阻碍了中国海洋渔业经济持久、生态发展，究其原因是受限于传统发展理念的影响。在经济新常态下，党的十九大提出“坚持陆海统

筹，加快建设海洋强国”的战略部署，为中国海洋产业发展提出了明确的战略目标。海洋渔业经济作为海洋经济的重要构成，要顺应国民经济发展趋势，加速海洋渔业新旧动能转换，积极推动要素、投资驱动转向科技创新驱动，转变依靠投资、出口为主要驱动的传统增长方式，向更加强调质量、效益、创新的方式转变，更加注重生态、社会效益的提高与经济的可持续性。在新经济下，海洋渔业经济发展要以创新、协调、绿色、开放、共享发展理念为引领，坚持“绿色生态、科技创新、协调融合、提质增效、开放共享”的发展方针，逐步优化海洋渔业产业结构，在实现海洋渔业经济增长中更加注重产业质量提升，最终实现海洋渔业经济的健康、安全、优质和可持续发展。

海洋渔业经济发展方针是相辅相成、相互影响，共同指导海洋渔业经济的高质量发展。其中，“绿色生态”是实现海洋渔业经济可持续发展的重要保障，引领海洋渔业经济发展方向，以实现人与自然和谐发展为主要目的；“科技创新”是促进海洋渔业经济高质量发展重要推动力与支撑，是实现海洋渔业经济新旧动能转换的关键要素；“协调融合”是塑造现代海洋渔业经济体系的重要方式，通过协调海洋渔业内部三次产业的经济技术关系和与其他相关产业的合作关系，实现海洋渔业内部与外部产业的融合发展，提升海洋渔业经济发展的整体实力。“提质增效”是海洋渔业经济发展的主要目标，通过结构调整、驱动转换、科技创新等方式提高海洋渔业经济发展质量，提升海洋渔业经济综合效率。“开放共享”是要发展开放式、互惠互利的共享海洋渔业，一方面通过国际渔业交流与合作，逐步提升海洋渔业经济发展水平；另一方面积极利用好国外市场，提高海洋渔业的国际竞争力。

二、海洋渔业经济发展思路

实现海洋渔业经济的新突破，要在新的经济形势下构建与时俱进的新发展思路。通过前面分析可知，海洋渔业产业结构高级化演进能够加速海洋渔业经济发展，同时也会引起海洋渔业经济发生较大波动，影响海洋渔业经济的稳定性。但海洋渔业产业结构合理化在一定程度上抑制海洋渔业产业结构高级化所引起的经济波动。因此，海洋渔业经济的高质量发展，要坚持海洋渔业产业结构高级化演进的方向，在此过程中要注重海洋渔业产业结构合理化程度的提升，“在波动中提升层次、在稳定中实现大发展”是今后海洋渔业经济发展的主要目标。

（一）突破思维定式，转变发展思维

1. 突破海洋渔业本身就是高消耗、高污染的思维定式

目前，海洋渔业在发展过程中对生态环境造成了巨大破坏，这是不争的事实，但不能因此而消灭海洋渔业。科技水平的提高使得农牧化成为农林牧渔业亘古不变的发展趋势，取缔海洋渔业产业的极端做法是不可取的。造成海洋渔业发展出现不可持续问题的根源不在于产业形态而在于产业发展模式（见图7－1），即传统、粗放、掠夺式的海洋渔业发展模式是导致海洋渔业不可持续发展的根本因素。

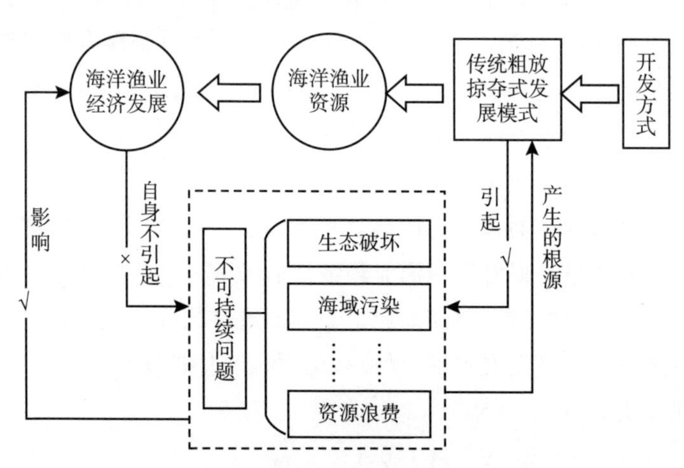

图7－1　海洋渔业不可持续问题产生机制

因此，在未来海洋渔业经济发展中，要转变对海洋渔业就是资源损耗、环境污染式的产业形态的观念，通过转变海洋渔业发展方式，优化创新海洋渔业开发模式（例如海洋牧场建设），实现海洋渔业的绿色生态发展。

2. 突破海洋渔业食用功能范畴，实现多功能发展

自古以来，海洋渔业在国民经济体系中始终扮演着食物供给的角色，在保障国家粮食安全、改善居民膳食结构等方面发挥了重要作用，但单一的食物供给功能在某种程度上限制了海洋渔业资源的综合开发，这也成为海洋渔业经济未能实现跨越式发展的主要因素。随着海洋渔业科技水平的提升，海洋渔业资源在资源环境养护、医疗保健、化工原料等方面的功能不断凸显，围绕海洋渔业新功能开发所形成的新产业或支撑产业的发展潜力巨大，将成为海洋渔业经济发展的新增长点，但目前未受到足够的重视。因此，在未来海洋渔业经济发展中，打破传统的单一功能思维，在继续发挥海洋渔业粮食安全保障功能的基础上，更加注重海洋渔业多功能开发，培育海洋渔业经济发展的新增长点。

3. 突破海洋渔业传统产业发展思维，开放式发展

经过历年发展，海洋渔业形成了以海产品供给为核心的产业体系，海洋捕捞与海水养殖业成为影响海洋渔业经济发展的主导产业。随着海洋捕捞业与海水养殖业的发展，前后关联产业（例如海水育苗、海产品加工、渔船渔具制造维修、渔用饲料与药物、水产流通与仓储运输等）得到了相继发展，逐渐形成了海洋渔业第二、第三产业体系，塑造了以海洋渔业第一产业为主的渔业产业体系，第二、第三产业发展以服务于海产品供给为主要任务，受海洋渔业第一产业的制约性较强，抑制了海洋渔业第二、第三产业的发展。在新形势下，海洋渔业经济要打破这种传统发展模式，更加注重海洋渔业第二、第三产业的独立性发展，逐步减弱第一产业对其束缚性，通过提升产业自身发展，充分利用国外市场，加强国际贸易与合作，加快渔业机械制造出口、海产品精深加工等，推动海洋渔业经济发展整体实力。

（二）推动海洋渔业产业结构高级化与合理化协同演进

本研究认为海洋渔业经济要突破现有的低端发展模式，需要大力推动海洋渔业产业结构高级化演进，通过将生产要素或资源集中在高生产率或高增长率的产业中，不仅能够提高生产要素或资源的边际效率，还能够推动海洋渔业经济的整体发展水平。推动海洋渔业产业结构高级化演进并不是否定海洋渔业第一产业的重要性，通过产业结构高级化演进促进海洋渔业第二、第三产业发展，转变以海洋渔业第一产业为主导的产业体系，通过海洋渔业第二、第三产业规模扩张，推动海洋渔业主导产业由第一产业向第二、第三产业转移。因此，海洋渔业要实现高效、高质发展，要引导政府扶持或产业重点偏向于海洋渔业第二、第三产业，积极融入中国制造业与服务业产品出口的行列中，推动海洋渔业经济向工业化、服务化发展。

海洋渔业产业结构高级化会引起海洋渔业经济发生较大波动。为解决此问题，海洋渔业管理部门应该在积极推动海洋渔业产业结构高级化的同时，更加注重产业结构合理化调整。当产业结构高级化演进到一定阶段后，海洋渔业高端产业发展模式将初步形成，此时要通过合理化调整促进海洋渔业各产业的协调发展，降低高级化演进引起的波动所造成的经济损失。

（三）转变发展模式，加速新旧动能转换

尽管近年来中国海洋渔业取得了巨大成就，但仍未摆脱依托规模扩张与消耗自然资源的发展模式[240]，这种传统的以牺牲生态环境换取经济效益的经济发展模式已不适应新经济发展形势。在新发展理念下，积极加速海洋渔业经济发展模式的转变进程，以绿色发展理念为指导，推动海洋渔业向集约型、生态型和质量效益型转变。海洋渔业经济发展模式转变依赖于新旧动能的转换，集约化、生态化、高质量的海洋渔业经济发展模式对渔业科技、人才等优质资源的需求较大。

因此，要积极推动海洋渔业经济发展模式由要素投入驱动向科技创新驱动转换，优化海洋渔业劳动力供给结构，实现由体力供给为主向人力资本供给为主转变，加快转变海洋渔业资本投入结构，推动传统以固定资本投入为主转向以科技资本投入为主，为提高海洋渔业科技创新能力提供先决条件，塑造海洋渔业经济发展的新动能。

三、海洋渔业经济发展原则

在海洋渔业经济转型发展过程中，要坚持海洋渔业经济新发展理念并

贯彻其发展思路，明确海洋渔业经济发展原则。基于国民经济发展的新形势，结合海洋渔业经济实际情况，本研究提出了以下发展原则。

（一）生态优先，集约发展

前面以海洋渔业养殖面积作为自然资源投入指标的实证检验结果显示：目前，中国海洋渔业自然资源变化对海洋渔业经济发展的制约性比较显著。这对传统海洋渔业发展模式提出了挑战，需要通过优化海洋渔业发展模式，缓解海洋渔业资源对海洋渔业经济的束缚性。为此，贯彻习近平总书记提出“既要金山银山，又要绿水青山，绿水青山就是金山银山”①的发展新理念。在海洋资源开发中也要坚持“既要金山银山，又要碧水蓝天”。这从生态视角对未来海洋经济发展提出更高要求，为贯彻生态发展理念，海洋渔业经济要由注重资源利用转移到更加注重生态养护，加强资源养护，改善海域生态环境[241]，逐步优化海洋渔业资源开发新模式与循环利用方式，用生态开发思维指导行为实践，科学有序地利用好海洋渔业资源。提高海洋渔业在生态修复与环境养护方面的作用，在资源合理开发中逐步提高海洋渔业技术水平，促进海洋渔业经济的集约化发展，实现生态、经济和社会系统的协调发展。

（二）创新驱动，跨越发展

前文分析结果表明海洋渔业科技在海洋渔业经济持续稳定发展中扮演着重要角色，这与中国经济驱动转换的形势是一致的。实现海洋渔业经济跨越式发展，就要加速推进其新旧动能转换，此目标的实现依赖于渔业科技创新。为此，要改变传统的以劳动力、资本要素投入为主的发展模式，通过加大科技资源投入，逐步完善海洋渔业科技服务设施，提升海洋渔业经济科研创新能力。坚持“科学技术为第一生产力”的发展理念，建立并完善海洋渔业科技创新孵化基地、院士港与企业科研中心的科技传播与转化体系，提升海洋渔业技术转化、推广的效率与速度，提高海洋渔业的整

---

① 魏晓文等著：《新时代中国特色社会主义理论创新发展研究》，人民出版社 2020 年版，第 228 页。

体科研实力。同时，渔业科技研发要逐步倾向于海洋渔业第二、第三产业，通过技术创新提高海洋渔业装备与服务水平，不断培植新的产业增长点，实现跨越式发展。

（三）市场引导，高效发展

针对中国海洋渔业经济出现的供需结构性矛盾，海洋渔业实现转型发展，需要坚持以市场需求为导向，结合居民对海产品需求偏好的变化，积极地调整海洋渔业产业结构，生产出适销对路、高品质的海洋水产品，形成“需求引导—结构调整—资源开发”的运营模式，提高海洋渔业资源的生产效率。在充分利用国内消费市场的同时，要积极开拓国际市场，通过技术创新提升海产品质量标准，满足国际市场对高质量海产品的要求。同时，要遵循市场选择和市场竞争规律，培植发展海洋渔业重点产业，尤其是海洋渔业第二、第三产业发展，扩大出口贸易产品的多样化，通过出口贸易拉动海洋渔业经济发展水平。另外，根据海洋渔业市场需求，合理规划海洋渔业产业布局，通过兼并重组涉渔企业，培育壮大龙头企业，促进海洋渔业产业链的形成和完善。

（四）协调融合，均衡发展

在推进海洋渔业产业结构高级化过程中，海洋渔业发展会产生较大的经济波动，通过产业结构合理化演进协调海洋渔业三次产业发展，降低海洋渔业生产要素在某一产业内高度集聚而产生的低效率，又要克服生产要素短缺造成的发展动力不足问题，促进海洋渔业资源与生产要素的合理配置与流动，从而实现海洋渔业经济的稳定发展。在新形势下，海洋渔业要积极推动由单一功能为主向多功能共存转变，通过渔业技术创新与产业融合，研发海洋渔业新产品，培育并促进新兴业态发展，塑造海洋渔业经济新增长点。同时，要推动海洋渔业第三发展，提升海洋渔业服务水平，最终实现海洋资源养护、海水养殖、海洋捕捞、水产加工、渔业机械、流通贸易、信息金融服务等关联产业的融合协调发展。

（五）开放共享，动态发展

为了更好地推动海洋渔业产业结构演进，发挥产业结构演进对海洋渔业经济的有效推动力，海洋渔业经济需要坚持开放共享、动态发展的原则，主要包括三个方面的内容：一是基于“互联网+”，利用现代网络技术与计算机技术，通过海洋渔业区块链建设，收集海洋渔业产业发展数据，完善海洋渔业大数据库，搭建开放式的海洋渔业信息共享平台，实现海洋渔业市场供给与需求的信息共享，并根据瞬息万变的市场信息调整海洋渔业产业结构，实现动态发展。二是海洋渔业经济要共享区域产业结构调整与优化的最新成果。在区域产业结构高级化发展到一定阶段后，区域技术创新能力的提升会加快先进技术的外溢，技术扩散效应增强，海洋渔业要积极吸收先进科技成果，通过技术改进或融合，提高海洋渔业全要素生产率，促进海洋渔业经济发展。三是要坚持“引进来”与“走出去”发展战略，以“一带一路”为契机，更加注重海洋渔业“走出去”战略。

第二节　海洋渔业经济发展的新模式

基于前面的理论分析与实证研究结果，结合新经济下海洋渔业发展理念、思路与原则，本研究从产业结构演进视角下提出海洋渔业经济发展模式，为推动海洋渔业经济新旧动能转换、绿色可持续发展提供参考。本节主要从要素、产业、区域经济等层面提出海洋渔业经济发展的构想，从不同维度提出了基于动能转换的科技创新驱动发展模式、基于多功能性的产业协同发展模式、基于绿色理念的产业生态循环发展模式与基于“走出去”战略的贸易拉动模式、基于网络云平台的产业生态系统模式等五种发展模式。

一、基于动能转换的科技创新驱动发展模式

海洋渔业产业结构演进对其发展影响的计量结果表明，海洋渔业科技

在推动海洋渔业经济发展中扮演着重要角色，尤其是随着中国经济发展动力逐步由要素投入转为科技创新，这使得科技要素（例如科技人才）成为区域经济发展重要的竞争资源。现代海洋渔业作为技术依赖型产业，对科技资源的需求较大，海洋渔业科技创新日益成为现代海洋渔业经济发展的重要支撑。科技创新驱动发展模式是指围绕海洋渔业产业体系，集中整合优势科技资源，构建含有海洋渔业科技创新中心和科技孵化器及推广中心的服务基地，以提高海洋渔业科技服务质量与水平为目的，形成完备、高效的海洋渔业科技“创新—扩散”服务体系（见图7-2）。

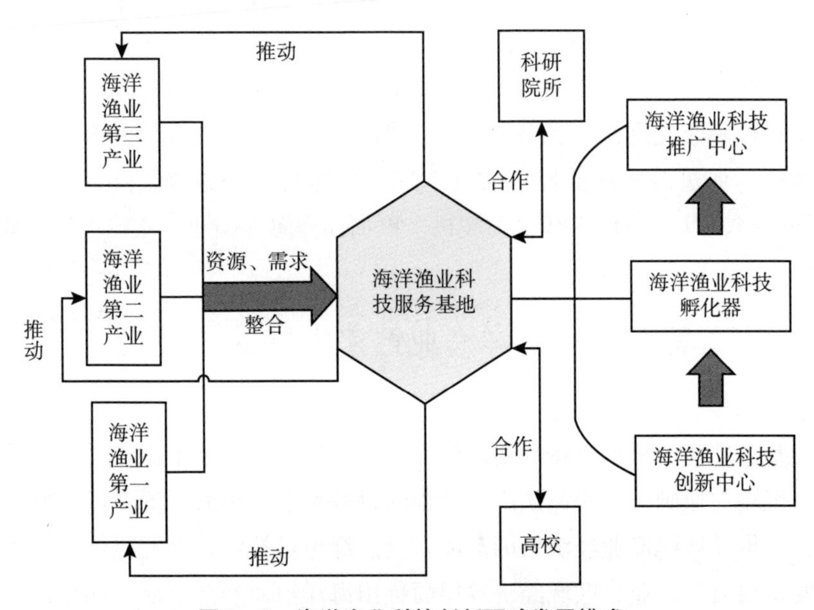

图7-2　海洋渔业科技创新驱动发展模式

（一）科技创新驱动发展模式的运作过程

海洋渔业科技创新驱动发展模式是基于“1+1>2”的管理理念，通过整合海洋渔业三次产业中的科技资源与科技需求信息，依托海洋渔业科技服务基地，集中优势力量加快海洋渔业科技创新，提高海洋渔业经济整体科研实力与水平的综合服务体系。此模式主要包括整合资源与技术扩散两个阶段任务。首先，整合海洋渔业科技资源（例如科研人才、先进设备等），主要是将零散分布于海洋渔业三次产业中的科技资源整合到海洋渔业科技服务基地，通过集中优势科研资源，解决海洋渔业在发展进程中所面临的技术瓶颈；其次，基于“产学研”发展模式，强化海洋渔业科技服务基地与高校、科研院所的技术交流与合作，逐步提高海洋渔业科技创新能力与水平；最后，通过海洋渔业科技服务基地完善的科技孵化与推广体系，将先进的海洋渔业技术在短时间内反馈给海洋渔业第一、第二、第三产业，满足海洋渔业三次产业对先进科技的需求，推动海洋渔业经济高质量发展。

（二）科技创新驱动发展模式下资源再配置

目前，中国海洋渔业科技资源主要集中在海洋渔业第一产业中，而第二、第三产业所占有的科技资源较少，第二、第三产业的科技创新水平要低于发达国家，海洋渔业科技资源配置的不协调，一定程度上不利于中国海洋渔业整体实力的提升。为此，本书根据海洋渔业经济发展新思路，详细分析在科技创新驱动发展模式下，海洋渔业科技资源在三次产业发展中的分配情况。首先，继续保持对海洋渔业第一产业的科技支撑力度，尤其是海水养殖业，要更加注重海水养殖技术、病害防治技术、苗种改良技术研发与养殖方式优化等，通过对高端经济鱼类养殖技术攻关，推动养殖技术进步，实现海洋渔业经济集约化发展。

其次，要加大对海洋渔业第二产业的科技扶持力度，尤其是在海产品精深加工技术、渔船渔具制造、渔用饲料与药物、养殖平台研发等方面，提高海洋渔业第二产业的科技含量与国际水准，摆脱先进渔业设备依赖进口的局面，为海洋渔业机械装备出口贸易奠定基础，提高海洋渔业第二产业的国际竞争力。

最后，要重点加大对海洋渔业第三产业的科技扶持力度，尤其是在冷链物流技术、海洋渔业信息、大数据库建设、金融保险、科研教育、信息技术等方面，因此，一方面通过冷链物流技术创新，提高海产品物流设备竞争力；另一方面通过提高软产业（例如信息、金融）的科技服务水平，改善海洋渔业整体服务水平，从而更好地服务于海洋渔业经济。

作为高生产率或高增长率的海洋渔业第二、第三产业在强有力的海洋渔业科技资源的支撑下，其产业规模会得到扩大，促进海洋渔业产业结构转型升级，从而打破海洋渔业“以第一产业为主”的低端循环发展模式，推动海洋渔业向高端发展模式转变，进而实现海洋渔业经济的高质量发展。

（三）科技创新驱动发展模式的优势与关键点

海洋渔业科技创新驱动发展模式顺应了中国国内经济发展的基本趋势，与传统分散化的海洋渔业科技资源配置方式相比，主要存在以下优势：(1）避免了因资源过度分散所造成的科技资源利用低效率问题，缓解了各产业因供需不协调造成的科技资源浪费问题；(2）通过完善的渔业科技转化与扩散机制和传播渠道，不仅提高了海洋渔业科技转化率，还使得各产业能够共享海洋渔业新技术、新设备，提高海洋渔业全要素生产率；(3）通过发挥科技资源集聚效应，集中优势力量攻克渔业技术难关，提高海洋渔业整体创新能力；(4）在海洋科技资源再分配过程中更具有针对性与灵活性，重点倾向于科技资源短缺的产业部门，实现海洋渔业资源的合理配置与科技资源利用效率的最大化；(5）通过对海洋渔业技术的联合攻关，可以增强不同产业部门之间的沟通与交流，提高海洋渔业内部各产业的协同发展水平，促进海洋渔业经济的稳定发展。

海洋渔业科技创新驱动发展模式虽然存在较多优势，但在实施过程中要注重两个关键点，主要表现在：(1）渔业科技资源整合难度大，由于渔业科技资源分布于各个产业或渔业管理部门，各产业或部门出于自身利益考虑，不愿将科技资源从产业内部输出，这一思想或理念阻碍了海洋渔业科技资源的整合进程，需要通过上层管理部门采用行政手段进行干预，缓解此问题；(2）海洋渔业科技创新驱动发展模式的有效运转得益于海洋渔业科技服务基地所形成的集科技创新、孵化与推广为一体的渔业科技服务体系，避免因机制漏洞影响海洋渔业科技对海洋渔业经济发展作用的发挥。

二、基于多功能性的产业协同发展模式

（一）产业协同发展模式的提出

基于渔业多功能性的产业协同发展模式是依据海洋渔业内部产业发展失衡与重心不突出问题而提出的。改革开放以来，海洋渔业第一产业在中国海洋渔业经济体系中始终占据主导地位，2020 年海洋渔业第一产业产值占海洋渔业经济生产总值的比重为 42.66%，自 2004 年以来海洋渔业第二产业与第三产业产值之和占比（52%）超过海洋渔业第一产业占比，海洋渔业第一产业在海洋渔业经济体系中的地位在逐步降低，第二、第三产业作为高生产率或高增长率的产业发展相对缓慢，这是目前中国海洋渔业产业结构所呈现的基本形态。从区域角度分析，根据 2020 年中国海洋渔业三次产业发展数据分析，天津、河北、广西、海南等地区的海洋渔业第一产业产值占海洋渔业经济生产总值的比重超过了第二、第三产业的比重之和，而其他沿海地区海洋渔业第二、第三产业占比超过第一产业占比，且浙江、福建、山东以海洋渔业第二产业为主，而广东、江苏的海洋渔业第三产业占比高于第二产业，总体表现出各地区海洋渔业经济的重点产业不突出。原因在于海洋渔业第二、第三产业的发展受限于海洋渔业第一产业，其产业发展的独立性较差，产业规模无法得到有效拓展。

基于上述分析，本研究认为应该转变海洋渔业经济发展理念，突破传统渔业发展思维，解决因第二、第三产业发展缓慢所造成的劳动与人力资本被锁定在资源依存性较高的第一产业[242]的问题。同时，在保障海洋渔业第一产业持续发展的前提下，拓展海洋渔业功能范畴，促进海洋渔业第二、第三产业的独立发展，扩大产业发展空间，实现海洋渔业三次产业的协同发展。

（二）产业协同发展模式的建设构想

传统海洋渔业经济主要以增强食品供给功能为主，忽略了海洋渔业的其他产业功能。随着现代海洋渔业体系的形成，海洋渔业在渔机制造、医

疗保健、资源养护、环境治理与化工原料供给等方面的功能逐渐凸显（见图7-3），新的功能集中在海洋渔业第二、第三产业之中，第二、第三次产业功能的拓展将会促进海洋渔业的多样化发展。海洋渔业产业协同发展模式是指基于海洋渔业多功能属性，转变以海洋渔业第一产业为重心的发展模式，实现海洋渔业第一、第二、第三产业的协调发展，共同推进海洋渔业的高质量发展。坚持以市场经济为导向，发挥市场在资源配置中的决定地位，通过市场自我调节促进海洋渔业三次产业发展。同时，转变政府干预海洋渔业经济的非经济行为，由过度注重海洋渔业第一产业发展向第二、第三产业转移，降低因政策干预所引起的三次产业发展不协调性。

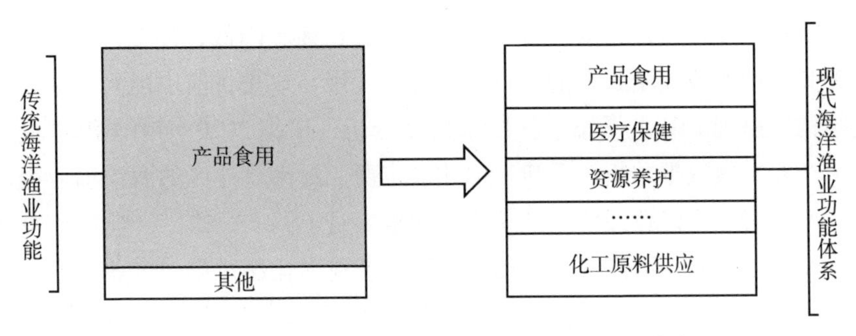

图7-3　海洋渔业由单功能为主向多功能体系转变

基于海洋渔业多功能性的产业协同发展模式侧重于推动海洋渔业第二、第三产业的发展，通过海洋渔业第二、第三产业发展优化海洋渔业产业结构，提升海洋渔业产业效率与发展水平。

1. 构建以食品供给为核心的产业协同发展模式

保障海洋渔业最基本的食物供给功能，推动蓝色粮仓建设。海水养殖业与海洋捕捞业是鲜活水产品供给的主要来源，围绕海产品供给塑造了三次产业协同发展模式（见图7-4）。通过模式运转增强海洋渔业的食物保障功能，就要提升海产品生产技术，协调海洋渔业产业关系，推动海洋捕捞与海水养殖业的持续发展。一是通过海产品养殖技术提升、养殖环境优化、生态养殖模式创新等方式，扩大高端优质海产品的生产规模，通过海洋渔业的标准化生产，逐步提高海产品质量。二是要积极引导海水养殖业与海洋捕捞业关联产业发展，通过海洋渔业第一产业升级促进海洋渔业第二、第三产业的转型发展。

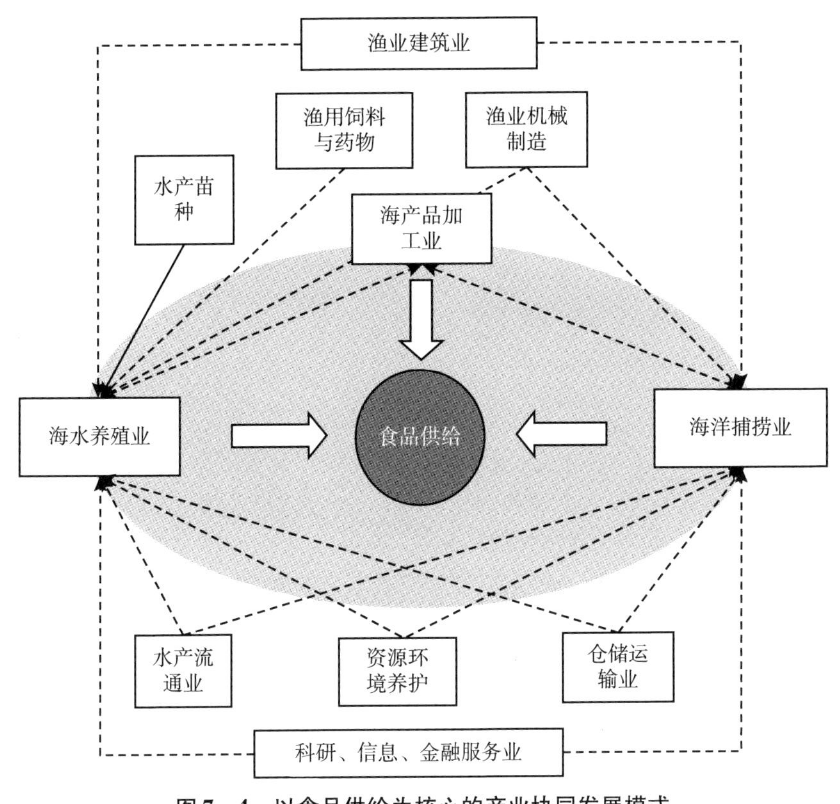

图 7－4　以食品供给为核心的产业协同发展模式

2. 构建以工业品供给为核心的产业协同发展模式

转变海洋渔业第二产业在经济体系中的从属地位，通过政策改革，积极推动海洋渔业第二产业独立发展。增加海洋渔业第二产业的科研投入力度，通过科技创新平台增强高校、科研院所、企业之间的技术交流与合作，在海洋渔业资源环境养护的前提下，逐步提高海产品加工能力和渔业机械制造水平，丰富海洋渔业第二产业的产品种类，以新工业品研发带动海洋渔业第一、第二、第三产业的协同发展，塑造以工业品为核心的三次产业协同发展模式（见图 7－5）。

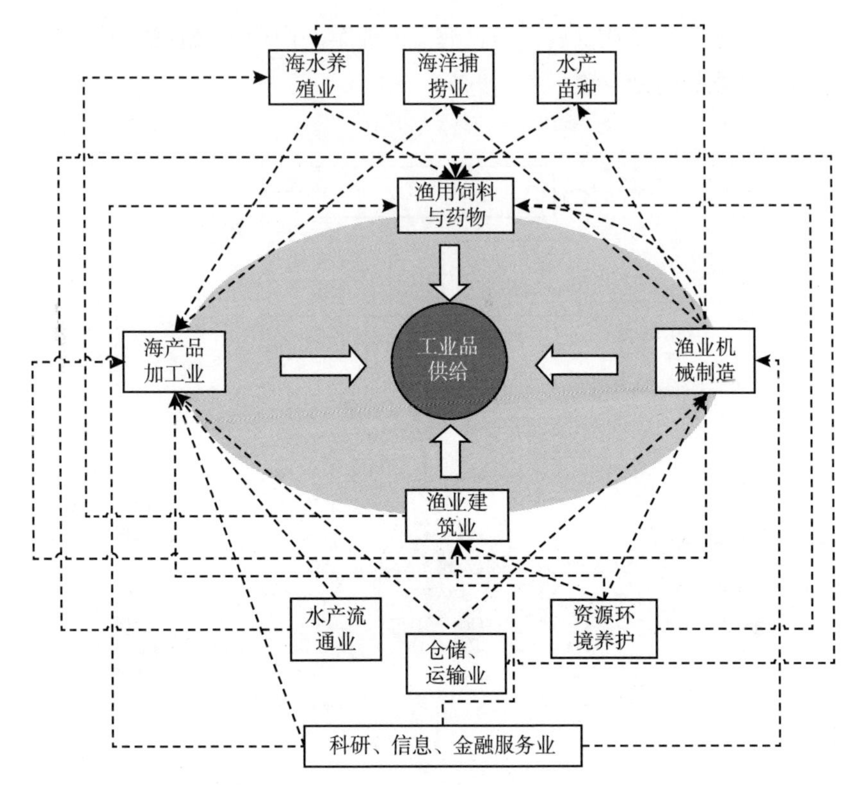

图 7-5 以工业品供给为核心的产业协同发展模式

今后，要注重海洋渔业工业品的研发工作，突破传统以低端产品输出为主的发展模式，通过技术创新提升产品品质。为此，本研究认为海洋渔业第二产业打造的主要工业产品类型有：一是注重海产品价值的开发研究，尤其在医药保健品（例如从贝类中提取多糖、牛磺酸等，生产抗肿瘤、抗衰老、提高免疫力等医药保健品[243]）、化工原料（例如海藻中提取出的纺织原料、海藻肥等）以及工艺品（例如贝壳饰品、珊瑚等）等；二是海洋渔业装备研发与制造，通过与挪威、日本、美国等国家的技术合作与交流，提高中国海洋渔业机械技术水平与研发能力，围绕离岸、生态、网箱、工厂化等养殖模式的发展需求，提高海洋渔业装备的现代化水平，逐步提高高端海洋渔业装备的供给能力；三是顺应海洋渔业生态发展理念，设计低污染、高标准的海洋渔业建筑，为“海洋牧场”建设提供优

质人工鱼礁。

3. 构建以服务性产品供给为核心的产业协同发展模式

积极推进海洋渔业第三产业加速发展，提升海洋渔业的综合服务水平，建立以高端服务产品为核心的三次产业协同发展模式（见图7－6），通过与高端产业的技术融合与创新，逐步增强海洋渔业在科研、教育、信息、金融、保险等领域内的服务能力，促进海洋渔业软产业的转型升级。就目前中国海洋渔业第三产业发展现状分析，水产流通与（仓储）运输业

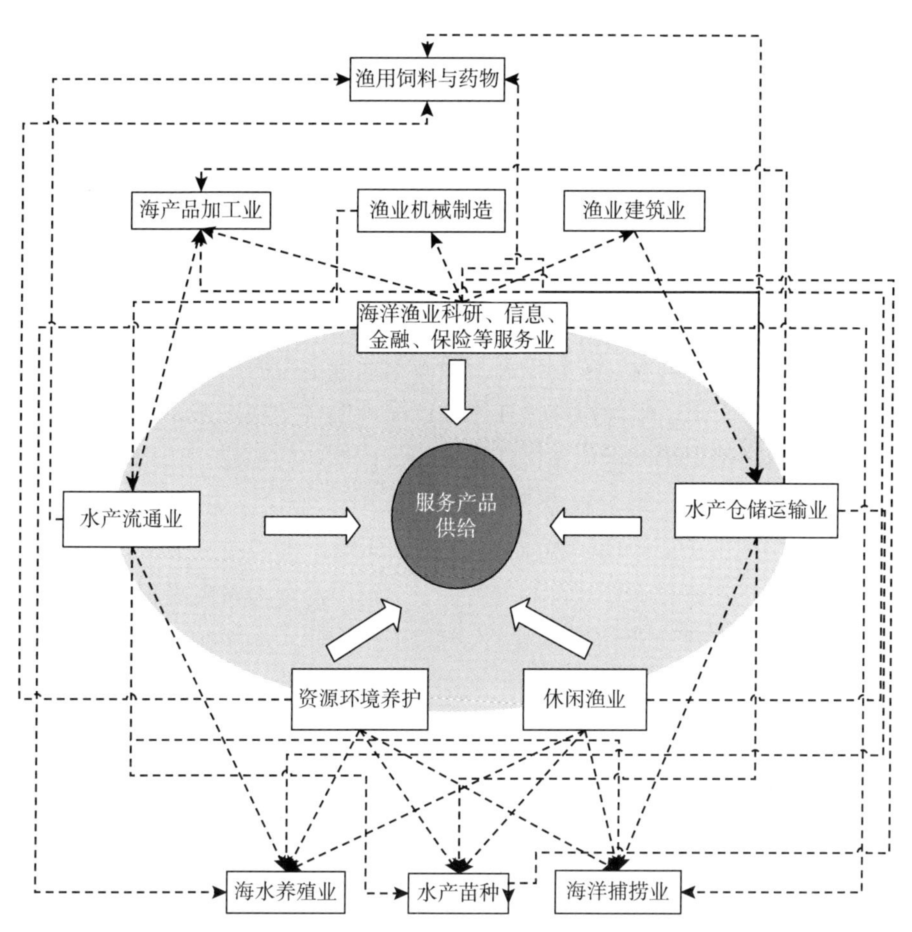

图7－6　以服务性产品供给为核心的产业协同发展模式

两大传统产业在海洋渔业第三产业中占主导地位，2020 年其产值之和占海洋渔业第三产业总值的 85.42%，文化教育、信息、科技等产业的产值之和占比仅为 5.70%。为此，在以推进海洋渔业高质量发展为目标的前提下，必须提高海洋渔业第三产业在科技、资本、人才等方面的支撑力度，尤其是科研、教育、管理、信息、金融、保险等领域，通过资源整合与技术改良，提高服务产品的多样化程度，增强海洋渔业第三产业的服务能力，以服务性产品供给促进海洋渔业一、二、三产业的协同发展。

以服务性产品供给为核心的海洋渔业协同发展模式的构建依赖于海洋渔业第三产业自身的发展，海洋渔业第二产业的发展要符合海洋渔业一、二产业的发展需求。目前，中国海洋渔业经济正向机械化、智能化、网络化、现代化方向发展，加快海洋渔业"四化"建设进程，需要完善的经济服务体系作为支持，在继续推进海洋渔业传统服务产业发展的基础上，加快海洋渔业在科研、教育、信息、金融、保险等关键领域内的发展。一是积极推进科技创新驱动模式的建设进程，协调、整合渔业科技资源，注重海洋渔业在离岸生态高效养殖、海产品精深加工、高端渔业装备等方面的技术攻关与创新。同时，要积极参与国际渔业技术交流与合作，充分了解国际渔业市场需求，创新海洋渔业服务产品，通过专利发明、技术转让等形式提升海洋渔业第三产业在海洋渔业经济体系中的地位。二是加强海洋渔业人才培养力度，通过校企合作方式与"产学研用"创新人才培养模式，培育懂技术、会管理、善经营的复合型人才。积极推动海洋渔业人才团队建设，打造海洋渔业经济高端智库，为海洋渔业经济发展提供人才支撑。三是推动海洋渔业信息化建设，借用互联网、大数据、云平台等技术，建立适合海洋渔业产业协同发展的信息技术服务体系。四是加强与金融、保险等行业的合作与交流，研发适合海洋渔业经济发展的金融、保险产品，推动海洋渔业转型升级。

另外，要积极发展海洋渔业第三产业中的资源养护产业和休闲渔业产业，一方面加强对海洋渔业生态监管，通过制度完善、政策实施、财政金融等手段敦促涉渔企业的绿色发展；另一方面完善休闲渔业基础设施与考核标准，高质特色发展休闲渔业，提高海洋渔业第三产业的附加值，最终实现在保护海洋渔业生态环境基础上的价值提升。

（三）产业协同发展模式的优势与关键点

基于海洋渔业多功能性的产业协同发展模式以不同产品供给为核心划分为三种类型，即以食用产品供给为核心的产业协同发展模式、以工业品供给为核心的产业协同发展模式和以服务性产品供给为核心的产业协同发展模式。围绕产品供给推动海洋渔业各产业的协同发展。与传统产品供给模式相比，海洋渔业产业协同发展模式具有以下优势：（1）完善海洋渔业产品供给体系，推动海洋渔业由单一低附加值产品向多元化高价值产品转移，通过调整产品供给结构实现海洋渔业产业结构的优化升级；（2）在加强海洋渔业各产业关联性的基础上，强化了海洋渔业各产业发展的方向性，围绕不同产品生产制定合理的产业发展规划，提高海洋渔业资源合理配置率，推动海洋渔业三次产业的协调发展；（3）突破海洋渔业经济发展均衡的局面，逐步推动海洋渔业经济的增值重心由第一产业转向第二、第三产业，推动海洋渔业产业结构高级化进程，实现海洋渔业经济的高端化发展。

充分发挥海洋渔业产业协同发展模式的优势，需要把握海洋渔业产业协同发展模式在实施过程中三个关键点：（1）厘清海洋渔业各产业在三种模式中的角色、地位，并根据自身的定位确定明确的发展方向与目标。（2）加强政府对海洋渔业经济发展宏观调控，通过行政手段、经济手段等方式协调各产业之间的关系，通过制度约束实现高效发展。（3）海洋渔业产业协同发展的三种模式均依赖于高端渔业技术，但三种模式对渔业技术需求具有差异性。因此，在增加渔业科技总投入的同时，更加注重海洋渔业技术资源的配置，避免“一刀切”或“均分配”的传统配置方式。（4）在注重海洋渔业内部各产业协同发展的同时，积极加强外部相关产业的技术合作与交流（例如海洋渔业第三产业中金融、保险、信息等产业），强化海洋渔业产业与外部产业的关联，杜绝“闭门造车”。

三、基于绿色理念的产业生态循环发展模式

（一）产业生态循环发展模式的提出

产业结构合理化在平衡各产业发展的同时，也在极力地寻求海洋渔业

与自然环境的和谐发展模式。从前文的研究结果可知，海洋渔业资源环境对海洋渔业经济增长的制约性增强，成为限制其持续发展的主要因素。因此，在未来发展中海洋渔业要重视对海域资源环境的养护。自十八届五中全会首次提出五大发展理念后，绿色发展以经济增长和社会发展方式的效率、和谐、持续为目标，成为当下经济发展有效突破资源环境瓶颈制约的主要方式。随着中国沿海经济的快速发展，高强度的经济开发对近海生物资源造成了巨大破坏，海域资源环境对经济发展的约束日益加剧。海洋渔业作为资源依赖型产业，对海洋渔业资源与海域生态环境的要求较高。海域资源环境是推动海洋渔业可持续发展的重要前提，资源环境状况直接关系到海洋渔业经济发展质量。因此，将绿色发展理念贯穿于海洋渔业经济发展的各个环节，建立海洋渔业产业生态循环发展模式，实现经济、社会、生态和谐共存与发展。针对目前中国海洋渔业经济所面临的不可持续发展问题，海洋渔业资源环境养护得到各级政府以及涉渔组织的关注，一系列相关的政策、制度、行业规定等纷纷出台，例如休渔期制度、渔业增殖放流制度、渔具规格制度、海域污染防治制度或条例等，一定程度上缓解了海洋渔业资源环境趋紧问题。但是，限于上述制度与措施均是单一执行，缺乏相互间的综合协调，实施效果有限。

（二）产业生态循环发展模式的建设构想

在综合考虑生态发展的基础上，要建立海洋渔业产业生态循环发展模式，具体内容包括两个方面：一是加快推进海洋渔业经济发展模式的转变，大力发展生态渔业与碳汇渔业，同时要注重推动海洋渔业生产、流通、分配、消费和建设等环节的节能增效，加强生态环境保护，建立海洋渔业生态循环发展系统。二是统筹考虑海洋渔业资源环境养护政策，建立完善的资源环境养护机制，为海洋渔业产业生态循环发展模式的建立提供制度或政策保障。

1. 海洋渔业生态循环发展系统

在推进海洋渔业经济高速发展的同时，要更加注重海洋渔业发展质量，改变传统的以牺牲资源环境为代价推进海洋渔业经济发展的粗放型发展模式，转向追求海洋渔业资源开发的生态化、集约化，建立以实现人类与自然和谐发展的生态循环发展系统。在海洋渔业产业体系中，海洋捕捞业与海水养殖业对海洋渔业资源环境的影响较大，同时受海域资源环境的约束较强，是海洋渔业推行产业生态循环发展模式的主要领域。另外，虽然海洋渔业第二、第三产业内部的海产品加工、渔用饲料与药物、渔用建筑、休闲渔业等对海洋渔业资源环境的影响强度要低于海洋捕捞业与海水养殖业，但在推进海洋渔业第二、第三产业发展的同时，也需要考虑生态集约发展原则，否则会间接地影响海洋渔业资源环境。本研究在海洋渔业各产业生态发展的基础上，分析了海洋渔业三大产业生态发展规律，构建了海洋渔业生态循环发展模式（见图7-7）。

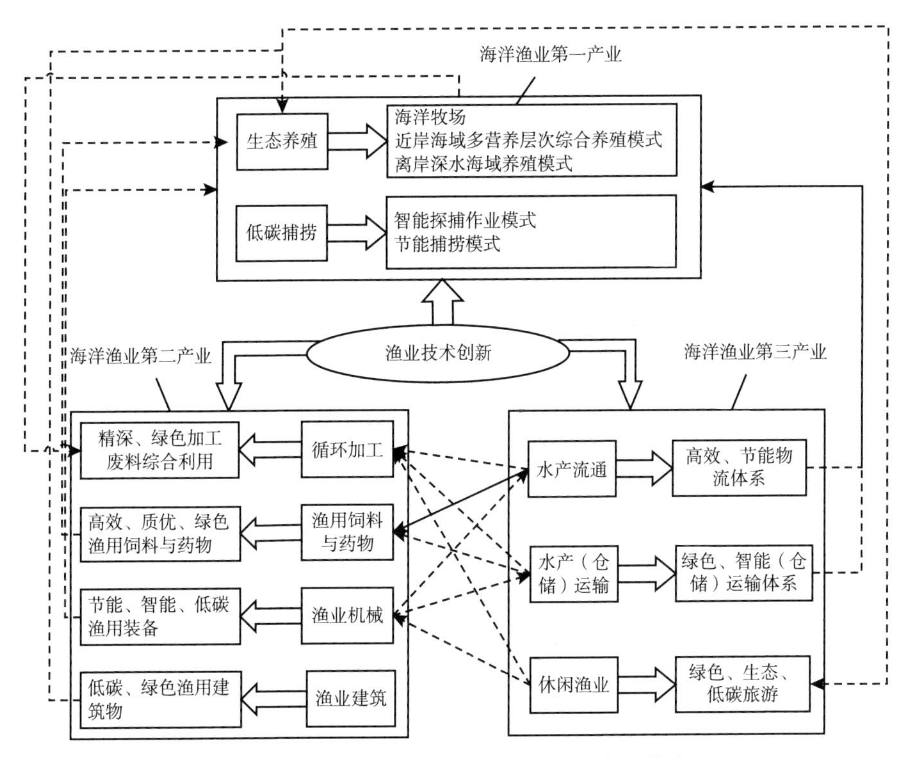

图7-7 海洋渔业三次产业生态循环发展模式

海洋渔业生态循环发展模式依赖于海洋渔业三次产业的生态转型发展。在海洋渔业第一产业中，海水养殖业通过转变渔业养殖方式实现生态化、集约化发展。其生态发展主要体现在采用生态化、低污染的养殖模式，海洋牧场与海域多营养层次综合养殖模式是生态化养殖的主要方式，两种方式均是根据海洋生物特性与平衡的海域生态系统进行优化设计的，目前已在大连、舟山、烟台等地区得到有效推广。另外，针对海洋渔业近岸开发饱和与离岸开发不足并存的困境，通过推动渔业技术进步与创新，加快探索离岸深水养殖模式，依托离岸海洋生态系统的资源环境发展底播增殖，建设离岸型海洋牧场，或采用大型抗风浪网箱、养殖工程船等现代化渔业装备，构建深远海养殖平台，发展规模化离岸养殖业。在海洋捕捞业方面，一方面要推进近海捕捞向深远海、大洋性捕捞转移，在深远海渔业资源评估以及获取公海、极地捕捞作业配额的前提下，大力推广深远海域智能探捕作业模式，加快大洋性与过洋性远洋渔业发展；另一方面要加快深远海捕捞与装备关键技术创新，增强捕捞设备的节能、高效、生态属性，大力实施节能、高效的捕捞模式。

海洋渔业第二产业主要为实现海洋渔业第一、第三产业的生态发展提供物质条件。在海产品加工方面，要大力发展循环经济，转变传统的粗加工方式，依靠加工技术改进与创新推动海产品加工业向精深加工、绿色加工与废料综合利用方向转移，提高海产品的综合利用程度。另外，海洋渔业第一产业与海洋渔业加工存在上下游关系，其生态发展程度决定了加工海产品质量。为保障海洋渔业实现生态养殖，要注重渔用饲料与药物的研发工作，按照饲料或药物的生产标准，大力发展高效、优质、绿色的饲料产品与药物。加快节能化、智能化、低碳环保的海洋渔业装备设计与研发，为生态养殖、低碳捕捞、水产流通与（仓储）运输提供高端装备支撑。结合海洋牧场建设要求，以维护海域生态平衡为目的，制造低碳、绿色的渔用建筑（例如人工鱼礁）等。海洋渔业第二产业的生态化发展为第一、第三产业生态循环发展模式的实现奠定基础。

海洋渔业第三产业的生态化建设主要体现在水产流通、（仓储）运输与休闲渔业等方面，其中在水产流通业与（仓储）运输业中，要以实现其高效、节能、绿色发展为目标，通过冷链保鲜技术创新，合理使用保鲜药物、防腐剂等添加物，在完善冷链物流基础上实现生态绿色发展。在休闲渔业方面，要积极推动生态旅游发展模式，合理控制旅游规模，避免旅游发展对海洋渔业造成的二次污染。海洋渔业三次产业生态发展的实现源于海洋渔业技术进步与创新，这成为海洋渔业生态循环发展模式得以实施的关键因素。因此，要加大海洋渔业科研投入力度，通过技术创新推动海洋渔业生态发展。

2. 海洋渔业资源环境养护机制

基于现有的海域资源环境养护制度与措施，为了给海洋渔业持续发展提供优质的资源环境，以及保障海洋渔业生态发展循环系统的实现，必须建立和完善海洋渔业资源环境养护机制（见图7－8）。海洋渔业资源环境养护机制是以提高养护行为的作用成效为目的，将传统的单一推进方式进行有效整合并协调推进的一种工作机制。海域资源环境养护行为实质是对资源环境实施“加减法”，其中，“加”主要是通过实践活动加大渔业资源存量、提高渔业自然再生能力，主要涉及渔业增殖放流、伏季休渔、生态养殖等；“减”主要是指通过制度约束减少海域污染物排放、严格执行渔具规格、减少不良养殖行为等，主要涉及海域污染防治制度与措施、海域环境保护制度、渔具管理制度、渔具标准化制度等。

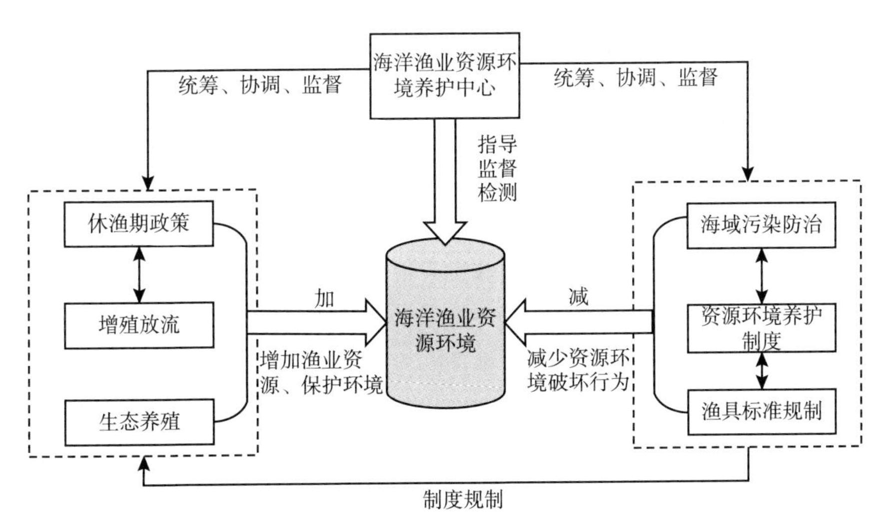

图7－8　海洋渔业资源环境养护机制运行

为使海洋渔业资源环境养护机制发挥有效作用，必须加强组织建设。建议组建由生态环境、自然资源部、农业农村部渔业局等政府部门构成的海域资源环境养护中心，具体负责对海域资源环境养护工作的指导、协调与监督工作。统筹海域资源环境养护机制中具体制度与办法的协调工作，强调不同制度和办法的有机配合。加强伏季休渔与增殖放流措施的协同推进，在促进渔业资源增殖的基础上，逐步恢复渔业资源的自然生长率。强化海域污染制度、资源养护制度与渔具标准规制执行力，强化制度间的系统推进，提高海洋资源环境养护效率。

（三）产业生态循环发展模式的优势与关键点

基于绿色发展理念的海洋渔业生态循环发展模式主要包括海洋渔业产业生态循环发展系统与资源环境养护机制两方面内容。前者侧重于在推动海洋渔业三次产业生态化基础上，实现海洋渔业经济系统的生态循环；后者则是基于海洋渔业资源环境产业自身角度，从资源养护与污染防治维度，建立的海洋渔业资源环境养护机制。两者相互影响、相互制约，共同推进海洋渔业生态发展。与传统海洋渔业发展模式相比，海洋渔业生态循环发展模式具有以下优势：（1）能够克服传统产业生态发展的单一性、零散性，通过利用产业间的经济技术联系，实现海洋渔业产业的生态循环发展，将更加注重产业生态发展的系统性、整体性；（2）强调了海洋渔业科技在生态发展中的重要性，通过渔业技术进步与创新提升，推进海洋渔业技术向低碳、节能、环保方向转移，加速海洋渔业三次产业发展模式转化；（3）通过资源环境养护机制，整合、协调海洋渔业资源养护制度、规定、标准等政策，形成系统化的养护政策体系，生态政策实施的作用效果增强；（4）海洋渔业生态发展效率与行政管理效率比较显著，有助于提升海洋渔业产业结构生态化程度，推进海洋渔业经济高质量发展。

在推进海洋渔业生态循环发展模式过程中，要把握几个关键点：（1）转变海洋渔业涉渔组织或个体的局部发展理念，让生态发展理念深入人心，减少因理念差异而产生的障碍；（2）加强生态技术研发与创新，探索海洋渔业三次产业之间的生态合作方式，为海洋渔业经济生态循环发展模式的正常运转提供制度保障；（3）打破政府各部门之间的行政壁垒，协调、整合政策资源，避免因“多头管理、政出多门”引起的低效率管理；（4）协调好海洋渔业产业生态循环发展系统与资源养护机制之间的关系，

通过系统运营与机制保障的互联互通，提升海洋渔业生态发展效率。

四、基于“走出去”战略的贸易拉动发展模式

（一）贸易拉动发展模式的提出

海洋渔业贸易拉动发展模式意在通过加强对外贸易往来与优化贸易格局，促进三次产业的均衡、协调发展，推动产业结构向合理化与高级化演进，改变传统的以第一产业为主导的发展模式，最终实现海洋渔业的高端发展。经济全球化已成为当今世界经济发展的重要趋势，国际贸易发展成为推动世界经济发展的主要方式。在经济新常态下，中国政府提出了“一带一路”与海上丝绸之路的倡议，加速推进了区域经济贸易进程，促成了区域经济协调发展的大格局。在建设“海洋强国”背景下，海洋渔业应该顺应当下经济发展的新形势，在加速海洋渔业高质量发展的同时，以“一带一路”为契机，加快海洋渔业走出去，充分利用国际市场，通过贸易活动推动海洋渔业经济转型发展。目前，中国海洋渔业对外贸易以第一产业的海产品进出口为主，海洋渔业工业产品与服务产品对外输出比重相对较小。因此，要放眼全球，基于“走出去”战略，建立以现代贸易体系为核心的贸易拉动发展模式，逐步转变中国海洋渔业经济的贸易格局，推动海洋渔业以海产品输出为主向海洋渔业产品（海产品、工业产品、服务产品）共同输出转变（见图7－9），提高海洋渔业经济发展对外贸易地位与国际市场的竞争力。

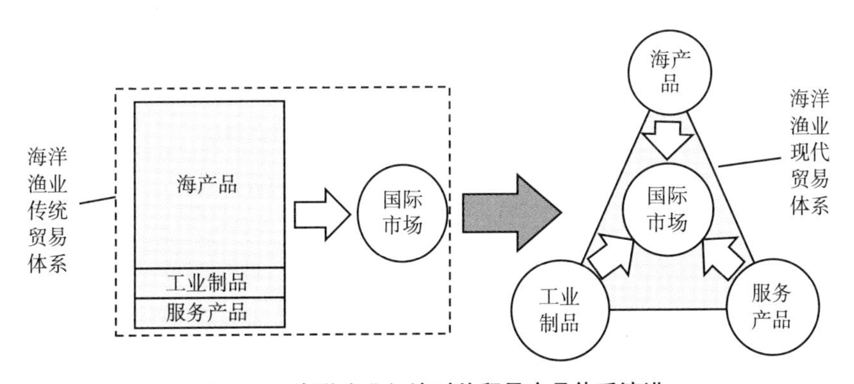

图7－9　海洋渔业经济对外贸易产品体系演进

（二）贸易拉动发展模式的建设构想

海洋渔业贸易拉动发展模式意在改变传统海产品进出口贸易的格局，通过加快海洋渔业第二、第三产业的发展，制造输出高质量与高附加值的工业制品与服务产品，优化海洋渔业对外贸易产品结构，提高海洋渔业经济的贸易发展水平。总体来说，通过转变以第一产业贸易拉动的传统模式，逐步形成以三次产业为共同驱动的贸易模式（见图7－10），海洋渔业贸易拉动发展模式依赖于海洋渔业第一、第二、第三产业的绿色、高效、持续发展。

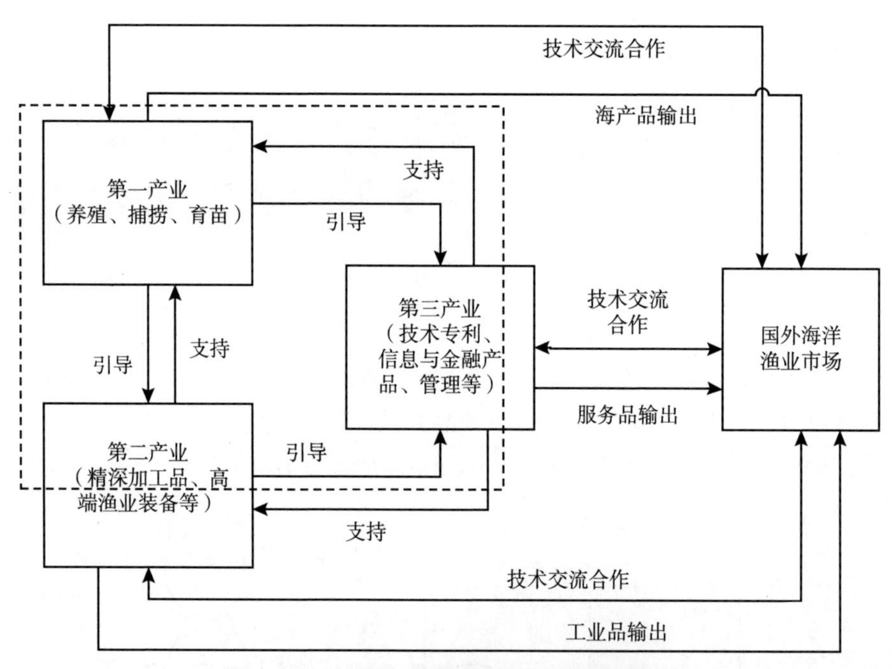

图7－10　海洋渔业经济的贸易拉动发展模式

在满足国内海产品市场需求的基础上，继续推进海产品“走出去”战略，充分利用国际市场资源，加快海洋渔业第一产业的转型升级，逐步优化海产品生产方式，加快名优特海珍品（例如海参、鲍鱼、鱼翅等）的研发与养殖产业化，严格按照国际生产标准生产适销对路的高品质海产品，

提高海产品的国际竞争力。同时，要在产品输出的过程中，强化与先进海洋渔业国家的技术交流与合作，尤其是在生态养殖技术、育苗技术、病害防治技术等方面，为高质量海产品的生产提供技术支撑。

在保持海洋渔业第一产业贸易往来的基础上，积极发展海洋渔业装备制造、渔用药物与饲料、建筑、精深加工等第二产业的对外发展水平，改变传统以出口低附加值产品为主的产品结构。因此，要转变海洋渔业第二产业仅服务于国内市场的思维，充分利用好国际市场资源，推进与海洋渔业第二产业发达的国家开展技术交流与合作，通过技术创新制造出节能、环保、高效的海洋渔业工业品。同时，把握好“一带一路”发展契机，积极推进海洋渔业工业智造走出国门，塑造海洋渔业经济新的增长点，提高海洋渔业工业与制造业的国际化水平。

海洋渔业第三产业作为服务型产业，其产品附加值普遍高于海洋渔业第一、第二产业，在推进海洋渔业产业结构演进的同时，积极优化内部产业发展模式，在推动水产流通、(仓储）运输等传统服务产业发展的同时，重点推动海洋渔业在科技教育、信息、金融、保险、管理等领域的发展，研发与制造适合海洋渔业经济发展需求的技术、信息网络、金融与保险等高端服务产品，在满足国内市场需求的同时，加快海洋渔业服务产品的输出。另外，要推动由物质产品单一输出向物质与文化双重输出转变，将海洋渔业成功发展经验与管理模式及优秀的渔业文化，以品牌打包形式向国际渔业发展水平较低的国家输出，提高海洋渔业第三产业的整体服务水平。

（三）贸易拉动发展模式的优势与关键点

海洋渔业贸易拉动发展模式以海洋渔业三次产业生态高效发展为基础，以实现海洋渔业国际化为主要目标，放眼全球，充分利用国际国内市场资源，提高海洋渔业对外服务水平，加速海洋渔业经济高质量发展。与传统海洋渔业贸易模式相比，其具有以下几点优势：(1）推动海洋渔业产品贸易结构由单一产品向多元产品转变，由物质产品转向物质、文化产品并存，提升海洋渔业对外贸易发展层次与水平；(2）海洋渔业产品贸易结构的改变加速了海洋渔业第二、第三产业的发展，提高了海洋渔业第二、第三产业的地位，推动了海洋渔业三次产业结构优化升级；（3）海洋渔业贸易形式的转变，打破了传统的海洋渔业产业低端循环发展模式，推动海洋渔业逐步向以第二、第三产业为主的高端发展模式演进；（4）强化了与海洋渔业发达国家的技术交流与合作，提高海洋渔业的产业效率与资源利用率，推进了海洋渔业创新发展；（5）扩大海洋渔业经济的服务半径与销售市场，逐步增强海洋渔业国际竞争力，提高海洋渔业经济发展效益。

要充分发挥海洋渔业贸易拉动发展模式的优势，需要在实施过程中把握几个关键点：（1）转变海洋渔业经济传统发展思维，尤其是重视海洋渔业第二、第三产业，提高涉渔企业开放意识；（2）加快海洋渔业第二、第三产业转型升级，转变低端产品生产模式，通过渔业技术创新与改革，生产符合国际标准的高端、优质产品，同时要融合绿色发展理念，在养护海洋渔业资源环境基础上实现产品价值提升；（3）充分把握“一带一路”倡议所提供的发展机遇，强化与沿线国家在海洋渔业经济方面的合作与交流，注重海洋渔业技术研发与创新能力的提高；（4）协调涉渔企业间的合作关系，优化海洋渔业市场环境，避免恶性竞争导致海洋渔业经济整体实力降低的局面。

五、基于网络云平台的产业生态系统模式

（一）海洋渔业产业生态系统模式的提出

海洋渔业产业生态系统模式的提出目的在于通过优化生产要素配置结构，避免资源要素长期在低端发展模式上循环，提高资源要素的边际产出效率，同时助推产业结构向高级化演进，推动海洋渔业高质、高效发展。近年来，网络平台建设成为提升经济服务水平的重要方式和手段，尤其是在信息交流、数据共享等方面。海洋渔业经济作为区域经济的重要组成部分，应该积极融入网络平台建设潮流，通过计算机技术与网络技术，实现海洋渔业经济的互联互通。

早期海洋渔业的功能拓展和各产业的上下游关联性，形成了垂直或水

平的产业链条，一定程度上加速了海洋渔业资源的流动，随着各产业间的业务关系的增多，垂直与水平产业链条通过融合，形成了复杂的产业链网，极大地提高了海洋渔业资源的流动效率，一定程度上促进了海洋渔业经济的发展。但海洋渔业产业链网也存在一些弊端，例如信息严重不对称、资源搜寻成本高等。为克服海洋产业链网的弊端，要基于网络与计算机技术，搭建融合海洋渔业三次产业的云平台，塑造海洋渔业产业生态系统（见图7－11），提高海洋渔业资源的配置效率。

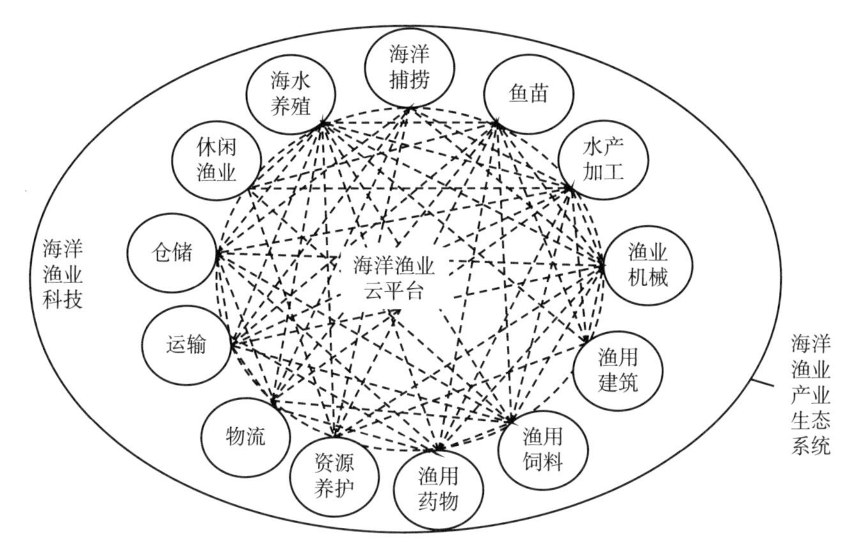

图7－11　基于网络云平台的海洋渔业产业生态系统

（二）产业生态系统模式的运作过程

海洋渔业云系统是基于海洋渔业经济市场活动而设计的，主要由云平台、云端数据库、决策系统与物联网四个模块组成（见图7－12），基于云系统加强海洋渔业内各产业的关联性，共同构成了海洋渔业产业生态系统。云平台在海洋渔业产业生态系统中处于主导地位，是海洋渔业供给侧与需求侧的主要作业区域，主要负责收集与处理海洋渔业供给侧与需求侧产业发展需求信息。云端数据库是通过网络终端设备汇集涉渔企业或消费者需求信息，并对所收集的数据进行初步整理、分类、有效存储的数据库，为决策系统提供数据信息支撑。决策系统主要是基于云平台的发展需求与云端数据库的相关信息，通过系统模型计算，为海洋渔业供需方提供多种选择方案，以供双方进行有效选择。物联网是海洋渔业云系统的末端系统，基于供需双方达成的协议，利用完善的物流系统实现产品或资料的高效流转。另外，在海洋渔业云端数据库中建立了企业信用记录子库，主要记录海洋渔业企业的违约失信情况，当企业达到一定违约次数后云系统将会自动关闭其网络端口，从而营造一个良好的云平台环境。

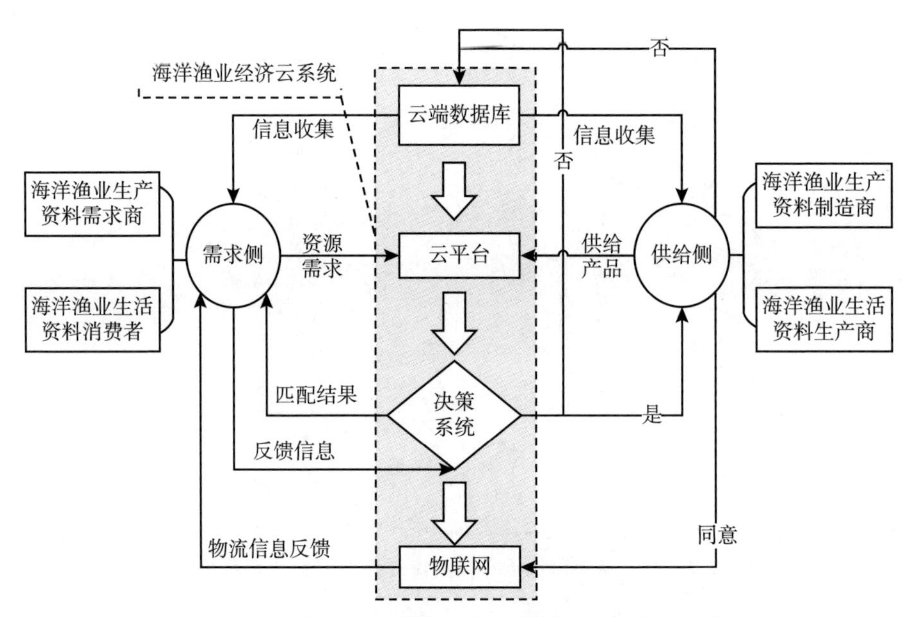

图 7－12　基于“互联网＋”的海洋渔业经济云系统

海洋渔业云系统主要包括三类端口：一是系统管理人员端口，主要负责日常系统维护、注册企业或人员审核与网上交易流程监督等；二是供给侧输入端口，主要是海洋渔业产业中海洋捕捞、海水养殖、海产品加工、渔用饲料、鱼苗等相关企业将涉渔产品信息输入到云平台中，供需求方进行选择；三是需求侧输入端口，主要是服务于海洋渔业生产资料需求商与生活资料消费者，通过将自身的产品需求输入云平台，利用云端数据库与决策系统，按照产品属性要求进行搜寻，并按照一定排列形式（例如价格、距离、好评、信用等）形成目录，供需求者选择。

（三）产业生态系统模式优势与实施关键点

1. 产业生态系统模式优势

海洋渔业产业生态系统打破了传统单一产业链模式，系统内的涉渔企业根据自身发展需求，利用计算机与互联网实现与其他涉渔企业交流与合作，实现海洋渔业的互联互通，提高资源使用效率。总体来看，海洋渔业产业生态系统主要有五个方面的优势：（1）克服了传统海洋渔业经济发展中信息不对称问题所带来的弊端，例如逆向选择、道德风险、劣币驱逐良币等；（2）提高了海洋渔业资源或生产要素的边际效率，在海洋渔业产业生态系统中渔业生产要素或资源会根据企业发展需求流动，更具有针对性与方向性，降低因资源或生产要素过度集中而造成资源浪费；（3）营造了良好的市场环境，海洋渔业经济云系统中专门设置了信用记录库，采取相关措施对信用度较低的海洋渔业企业进行处罚，维护正常的市场运营环境；（4）海洋渔业云平台汇集了海产品市场消费信息，渔业企业可以利用市场信息合理调整海洋渔业产业结构、养殖结构，生产适销对路的海洋水产品；（5）与传统海洋渔业产业链相比，海洋渔业生态系统强化了各产业之间或各涉渔企业间的经济技术交流，加速了海洋渔业信息流动与扩散，一定程度上降低了涉渔企业的信息搜寻成本。

2. 产业生态系统运营的关键点

海洋渔业产业生态系统是基于云平台建立的，对计算机、互联网与大数据等技术具有较强的依赖性。因此，要发挥海洋渔业产业生态系统的优势，需要把握以下五个关键点：（1）加快推进“互联网+海洋渔业”的建设进程，加大海洋渔业在网络化发展的科研投入，吸引高端网络设计人才，支撑海洋渔业产业生态系统的高效运营；（2）完善海洋渔业云系统的管理机制与制度保障，系统开发以政府相关部门（例如海洋渔业局）或事业单位为主，完善网络交易制度，保障海洋渔业产业生态系统的顺利运转；（3）积极向涉渔企业、单位或个人推广该系统，提高产业生态系统的普及率；（4）积极研发手机使用终端，让用户随时随地进行信息交流与开展相关业务，提高其便捷性；（5）完善系统研发的投融资机制，加大政府的财政支持力度，为系统研发与推广提供雄厚的资金支撑。另外，采用“试点+推广”的实施办法，逐步推进海洋渔业产业生态系统的大众化。

第八章 促进中国海洋渔业经济发展的对策建议

根据前面理论分析与实证分析的结果可知，要推动海洋渔业经济发展新模式的有效运转，必须加快海洋渔业产业结构优化升级，打造现代化海洋渔业经济体系。本章主要从宏观政府、中观产业、微观企业三个层面提出相应的对策建议。

第一节 宏观层面：创新体制机制，加强政府管理

一、创新管理体制，提高行政效率

目前，中国海洋渔业实行分区域、分层面的逐级管理体制，分而治之的管理体制具有双重作用效果，一方面减轻了上层管理压力，扩大了海洋渔业开发空间，提高了其开发力度，推动了海洋渔业经济的快速发展；另一方面这种碎片化、层次化的管理体制，削弱了海洋渔业经济整体开发水平，由于区域间的合作意识低于竞争意识，导致大量渔业设施的重复性建设，造成资源的浪费或低效率。此外，多层次的管理体制一定程度上会导致"政出多门"或"责任推诿"的问题，严重降低了行政效率。为促进政府管理体制与海洋渔业经济发展需求相适应，以提高管理效率为核心创新政府对海洋渔业经济管理体制，为海洋渔业经济实现转型升级和高质量发展提供体制保障。

以现行海洋渔业经济管理体制为基础，秉持权威性、科学性、合理性相结合的原则，以协调各地区海洋渔业经济为方式，构建高效、统一的海

洋渔业经济综合管理协调机制。一方面统筹协调涉渔部门（例如自然资源部、生态环境部、农业农村部渔业局等）的相关工作，协调跨部门、跨行业的利益，开展海洋渔业经济发展的综合管理。采用分级责任制与行政长官负责制，并将推动海洋渔业经济高质量发展的任务纳入各级人民政府绩效考核体系中，通过制度建设，提高对海洋渔业经济的责任意识与服务水平。另一方面协调海洋渔业三次产业之间的发展与区域布局，统筹考虑三次产业关系，用发展的眼光协调三次产业发展，积极推动海洋渔业产业结构向合理化与高级化方向演进。同时，基于区域海洋渔业资源优势，协助建立区域海洋渔业互补经济，优化海洋渔业产业布局，避免区域重复建设所带来的资源浪费问题。

在构建海洋渔业经济综合管理协调机制时，一方面成立以省级海洋渔业主管部门负责人为主的全国海洋渔业经济协调委员会，通过区域海洋渔业行政部门的合作与交流，放眼全国共谋海洋渔业经济发展大计，克服传统海洋渔业经济分而治之的碎片化管理模式。另一方面要实施多元治理模式。政府要协调海洋渔业经济组织，成立由行政管理部门、产业协会与微观组织成员组成的多元治理模式，在政府引导经济发展的同时，注重非政府组织的参与，相互制约与相互监督，提高政府的行政管理效率。

二、完善管理制度，依法依规管理

经过多年的发展，海洋渔业管理制度不断完善，例如《中华人民共和国渔业法》《水生生物增殖放流管理规定》《渔业水域污染事故调查处理程序规定》《海域使用管理法》《渔业捕捞许可管理规定》《水产苗种管理办法》《关于2003—2010年海洋捕捞渔船控制制度实施意见》等，这在一定程度上规范了中国海洋渔业经济，促进了海洋渔业经济的有序发展。同时，在制度化建设方面也面临着一些问题，例如管理制度体系不系统、制度效用较低、区域管理制度差异显著等，要通过优化管理制度，完善海洋渔业管理制度体系，依法依规管理海洋渔业，推动海洋渔业经济规范化发展。

第一，整合海洋渔业管理制度，完善海洋渔业管理制度体系。根据

《中华人民共和国渔业法》，基于政府管理机制创新，积极推进海洋渔业管理规章、制度的“多规合一”，提高海洋渔业管理制度的总体实施效率。另外，在整合海洋渔业管理制度过程中，优化渔业管理制度结构，降低因渔业管理制度出台部门不同而引起的差异化，逐步形成系统的、完善的海洋渔业管理制度体系。

第二，加强海洋渔业第二、第三产业的管理制度创新。通过对中国海洋渔业管理制度的梳理发现，大部分管理制度是服务于海洋渔业第一产业，即海洋捕捞、海水养殖、水产苗种等，缺少海洋渔业第二、第三产业相关的管理制度。因此，在优化海洋渔业产业结构，推动海洋渔业产业结构合理化与高级化的过程中，要加快对渔船渔具制造、渔用饲料与药物、渔用建筑、休闲渔业、渔业保险等方面的制度建设，出台有利于推动海洋渔业产业结构优化升级的管理制度措施，为海洋渔业产业结构升级提供制度保障。

第三，建立完善监督检查制度。在推动海洋渔业产业结构升级过程中，要建立完善的监督检查制度，其建设要独立于海洋渔业经济综合管理协调机制与协调委员会，实现国家权力机关、司法机关、上下级与同级部门之间、社会媒体、渔户等组织或个体间共同监督，主要负责监督、考核、检查各级海洋渔业行政管理部门的政策实施情况与服务行为，推动政府透明工程建设，提高海洋渔业经济管理的整体效率。

三、优化政府服务平台，增强扶持力度

加快海洋渔业产业结构优化升级，促进海洋渔业高质量发展，离不开政府对海洋渔业的扶持力度。因此，在海洋渔业产业结构升级的过程中，要完善政府支渔服务平台，优化政府涉渔机构，拓宽与增强政府支渔范围与力度。基于前文研究结论可知，海洋渔业产业结构高级化是实现海洋渔业经济转型发展的重要内容，在继续推进海洋渔业第一产业发展的同时，协同推动海洋渔业第二、第三产业的升级，促进海洋渔业第二、第三产业的发展。为此，在政府投资结构中，要逐步转变目前的财政支持方向，建立专项财政资金，加速推进海洋渔业二三产业的转型发展。

第一，调整财政支持方向，优化政府财政支渔结构。继续扶持海洋渔业第一产业发展，尤其是在海水育苗、病虫害防治、养殖与捕捞技术等方面，同时要加大对海洋渔业第二、第三产业的扶持力度，尤其是在渔业机械、渔业建筑、休闲渔业、渔业金融、保险、科技教育等领域，通过优化政府财政支持结构，促进海洋渔业三次产业协调发展。

第二，设立扶持海洋渔业产业结构优化升级的专项财政资金。推动海洋渔业产业结构优化升级是一项长期工程，需要雄厚财政资金予以支持，以保障海洋渔业产业结构调整的顺利进行。鉴于此，政府应考虑将扶持海洋渔业结构优化升级的专项财政资金纳入财政预算中，解决海洋渔业产业结构优化升级的资金问题。在资金使用方面，要坚持专款专用，杜绝私自挪用专项资金行为发生。

第三，出台扶持海洋渔业产业结构优化升级的政策，主要包括税收、能源、土地、海域、外贸等方面。政策扶持应偏向于海洋渔业科技创新、人才培养、金融保险、信息建设、渔业机械制造、对外贸易等方面，通过政策优惠降低涉渔企业的经济压力，激发涉渔企业的创新能力，优化海洋渔业产业结构，逐步提升海洋渔业总体发展水平。在“一带一路”倡议背景下，积极开展与沿线国家在海洋渔业方面的战略合作与交流，为海洋渔业经济对外发展营造良好的国际环境。

第二节　中观层面：调整产业发展思路，推进产业高端化发展

一、明确产业结构调整方向，加速海洋渔业经济转型发展

研究结论显示了海洋渔业产业结构演进对海洋经济发展具有重要影响，海洋渔业产业结构高级化、合理化与软化演进有利于促进海洋渔业经济发展。因此，要充分把握好海洋渔业产业结构演进与海洋渔业经济发展的关系，在加速海洋渔业经济转型发展的过程中，要明确海洋渔业产业结

构调整方向，有针对性、有计划地推进海洋渔业产业结构演进。

第一，在推动海洋渔业产业结构高级化演进的同时，更加注重海洋渔业产业结构合理化调整。海洋渔业产业结构高级化在促进海洋渔业经济发展的过程中会引起海洋渔业经济的巨大波动，导致大量生产要素集聚在单一生产部门，影响其他产业的发展，需要通过产业结构合理化的调整降低因产业结构高级化演进带来的巨大经济波动，平衡海洋渔业各产业部门的发展，最终实现海洋渔业经济总体发展水平的提高。

第二，在推进海洋渔业产业结构升级时，要注重海洋渔业产业结构软化。海洋渔业经济的软化产业主要包括渔业科技、教育、信息、金融、保险等，一方面加强与非渔产业间软技术的交流与合作，提高软产业的服务水平；另一方面要整合海洋渔业软产业资源，优化产业组织模式与运营方式，提高软产业的产出效率，从而总体上提升海洋渔业经济的软化程度，增强海洋渔业第三产业的服务功能，提高海洋渔业资源的使用效率。

第三，要加快海洋渔业产业政策调整，优化三次产业关系，通过经济方式和政策手段大力推动海洋渔业主导产业由低生产率、低增长率的产业部门转向高生产率、高增长率的产业部门，推动海洋渔业主导产业的依次转移。在海洋渔业经济未来发展中，要注重海洋渔业第二、第三产业的发展，通过转变产业发展思维推动主导产业向第二、第三产业转移。同时要结合区域海洋渔业发展的优势资源与条件，以功能区划为载体塑造不同区域产业错位发展的布局，加速同质产业行为活动的区域集聚，增强集聚效应与辐射带动效应。

第四，充分利用好区域产业结构演进所产生的结构红利。区域产业结构演进虽然在早期可能会对海洋渔业经济的发展造成一定的不利影响，但是在后期阶段会通过区域技术溢出与扩散效应促进海洋渔业经济发展。因此，海洋渔业企业要把握好区域产业结构演进所带来的结构红利，通过技术交流与融合，提高自身科研水平与能力，从而促进海洋渔业经济发展。

二、优化区域产业布局，推动产业集聚发展

推动海洋渔业产业结构优化升级不能采用“一刀切”方式，而是基于

各地区海洋渔业经济发展优势，塑造具有区域特色的产业结构形态，促进区域海洋渔业经济发展。因此，要合理化布局海洋渔业产业，寻找海洋渔业经济低端循环的突破口，塑造海洋渔业经济新增长点，基于海洋渔业各产业之间的关联性，以点带面，推动海洋渔业产业集聚发展。

第一，充分利用区域海洋渔业资源优势，培育海洋渔业新增长点。结合不同地区、不同的海域自然环境属性，制定全国海洋渔业发展规划，明确不同地区的海洋渔业发展优势和产业发展重点，突出不同地区的海洋渔业优势和产业发展特色，形成差异化发展的海洋渔业空间格局，减少不同地区海洋渔业产业结构同质化竞争所带来的经济损失和生态环境问题。

第二，围绕区域海洋渔业经济新增长点，推动海洋渔业集聚发展。遵循产业布局的原则，依托区域海洋渔业经济主导产业，基于海洋渔业食品供给、工业品供给与服务供给为核心的产业协同发展模式，逐步形成集海产品生产、加工、物流、运输、贸易、旅游等为一体的海洋渔业产业集聚区，提高关联涉渔企业间的融合发展，有效发挥海洋渔业的集聚效应，推动海洋渔业经济高速发展。同时，要加强与非渔产业技术交流与合作，尤其是在机械制造、产品精深加工、旅游业、金融、保险、信息、教育等领域，逐步提高海洋渔业二、三产业发展，平衡海洋渔业三次产业发展。

第三，加强区域间海洋渔业经济的互补性，建立开放式海洋渔业。沿海地区海洋渔业资源禀赋的差异性导致海洋渔业经济发展模式或方式具有差异性，要在追求区域海洋渔业经济发展特色的同时，更加注重沿海地区海洋渔业经济的技术交流与合作，通过产业优势互补，促进海洋渔业经济区域协调发展。

三、创新产业组织模式，发展现代渔业组织

产业组织是加快海洋渔业经济发展的主要载体，也是促进海洋渔业产业结构优化升级的实践者。应该在“调结构、转方式、促增长”的发展背景下，创新海洋渔业组织模式，培育与现代化渔业相协调的新型渔业经济组织。在海洋渔业经济中主要涉及以下几种组织：渔户是中国海洋渔业经济发展最早的渔业组织，在海洋渔业经济发展中占据基础地位，随着渔民

市场意识的提高，在政府推动下，形成了以渔户为成员的渔业合作组织，在海洋渔业经济发展中发挥较大作用；涉渔企业是现代海洋渔业经济的重要构成，是推动海洋渔业经济发展的主要承载者；政府在引导、规范、扶持海洋渔业经济发展中扮演着重要角色，引领海洋渔业经济发展方向；渔业协会是组织、协调各渔业产业或企业发展的中坚力量，在监督、规范海洋渔业经济活动方面具有重要作用。在新经济发展背景下，一方面要优化现有渔业产业组织模式；另一方面要创新渔业组织模式，培育现代化渔业组织。

第一，深化渔业组织间的合作方式，提高渔业合作效率。目前，海洋渔业经济中“涉渔企业+涉渔企业”、“渔户+龙头企业+政府”、“合作社+龙头企业+政府”、联合社等合作形态已经存在，一定程度上优化了传统渔业组织模式，提高了海洋渔业的市场竞争力，促进了海洋渔业经济发展。但在这种渔业组织合作形态中，渔业组织是独立存在的，合作内容仅停留在业务关系（生产、销售）层面，缺乏深入的耦合式发展。因此，要优化海洋渔业组织合作方式，通过技术、设备、海域经营权等入股方式，优化渔户或合作社与涉渔企业间的合作，并以控股、兼并、重组方式优化涉渔企业间的合作模式，增强涉渔组织的合作凝聚力，提高海洋渔业组织效率。另外，可以考虑依托基层行政单位，以自然村为载体，建立“村两委+村办企业+渔户”的合作方式，发挥村两委的统筹协调，制定渔村产业发展规划，合理布局渔村产业，以培育特色产业为重点，建设特色鲜明的现代渔业组织。

第二，依托海洋渔业产业链的延伸与拓展，创新渔业组织模式。目前中国渔业产业组织模式主要聚焦于海产品供给（生产、加工、销售等），而在海洋渔业科技、教育、金融、保险、信息等高端层面缺乏战略合作。鉴于目前中国海洋渔业软产业发展缓慢的问题，应该强化政府在组织模式建设中的引导作用，协调并形成海洋渔业服务合作模式，注重与相关产业（农产品深加工、金融保险、产品设计等）的战略合作，建立合作伙伴关系或战略同盟，为海洋渔业三次产业发展提供服务保障。同时，要强化海洋渔业协会在海洋渔业经济发展中的作用，提高渔业协会对海洋渔业产业的制约力度，增强监督检查能力。

第三节 微观层面：加强渔企资源要素建设，提高配置效率

一、转变渔企发展理念，优化企业经济关系

涉渔企业是推动海洋渔业产业结构演进的直接参与者，海洋渔业产业结构优化升级的快慢与好坏取决于海洋渔业企业。因此，在推进海洋渔业产业结构优化升级的同时，要转变涉渔企业的发展理念，消除因观念不同对优化与升级海洋渔业产业结构所产生的阻碍。同时，要逐步优化涉渔企业的经济关系，营造良好的市场环境，避免因恶性竞争造成的经济损失。

第一，突破传统涉渔企业的思维模式，转变其发展理念。推动海洋渔业经济发展模式的转变，有利于推动海洋渔业产业结构的优化升级，而涉渔企业在转变海洋渔业经济发展模式中占据重要地位。因此，要以海洋渔业经济发展新理念为引导，通过教育培训、宣传、实践调研等方式逐步转变涉渔企业理念，突破传统的用海洋渔业眼光看海洋渔业发展的思维定式，提高涉渔企业主要负责人的眼界与改革魄力。

第二，改善涉渔企业间的经济关系，营造良好的市场氛围。海洋渔业应遵循和谐、共享发展的原则，明确各企业单位在海洋渔业产业体系中的角色与地位，同质性涉渔企业应该采用以良性竞争促合作的方式，积极推进海洋渔业高质量发展。同时，建立同质性涉渔企业协会，协调企业之间的经济技术关系，注重企业间的技术交流与合作攻关，提高海洋渔业经济的市场竞争力，避免因恶性竞争带来的经济损失、资源浪费与环境污染等问题。

第三，加快渔业企业转型发展，培育壮大龙头企业。根据区域海洋渔业经济的主导产业，重点培养壮大涉渔龙头企业，以龙头企业发展带动海洋渔业各产业的协同发展。转变以海产品供给为核心的发展理念，对于渔业技术资源与人才资源比较密集的地区，应该大力发展海洋渔业第三产

业，以科技创新与人才培育为引领，培育国家级或省级海洋渔业科技服务龙头公司，积极推动以服务产品供给为核心的海洋渔业产业协同发展模式实施，通过技术溢出效应与扩散效应，带动海洋渔业第二、第三产业发展。针对海洋渔业制造业比较发达的地区，应该集聚海洋渔业资源与生产要素，以立足国内市场、瞄准国际市场为方向，大力培育海洋渔业制造业龙头企业，加快由渔业制造向渔业智造转变。

二、推进人才队伍建设，打造高端创新团队

研究结果发现，传统海洋渔业劳动力供给模式已经不适应现代海洋渔业经济发展需求，要加快转变海洋渔业劳动力供给模式，由单纯的体力劳动供给向脑力劳动供给转移。为此，海洋渔业经济要实现高质量、持续发展，就要优化劳动力供给结构，完善海洋渔业人才培育机制，优化人才引进结构，推进涉渔人才队伍建设，打造高端创新研发团队。

第一，完善海洋渔业人才培育机制，加强与水产类高校或研究所合作交流，优化校（所）企的“产、学、研、用”合作模式，注重学科交叉性、复合型人才培养，以海洋渔业专业化人才培养为抓手，创新人才培养机制，完善人才激励机制。在海洋渔业人才培育方面，一方面要结合海洋渔业产业结构升级的需要，着重培养在渔业机械、渔业建筑、渔业金融及保险、渔业信息化与智能化等领域的人才，注重海洋渔业人才的实践能力的培养，通过企业实习基地，提高专业人才独立开展业务的水平与能力；另一方面实施“渔业科技入户”工程，利用科技下乡、网络平台等多种形式，形成长效的渔民培训机制，采用技术培训、职业教育与高等教育等方式，推动海洋渔业产业再就业人员熟练掌握新知识、新方法、新技能，提高就业人员的技术能力与水平，培育满足海洋渔业经济发展需求的新型从业人员。

第二，优化海洋渔业人才引进结构，制订高层次人才引进计划。通过向社会公开招聘，有计划、分批次地引进海洋渔业经济各方面的人才，改变传统以引进服务于海产品养殖、捕捞、加工、育苗为主的人才计划，逐步拓展到海洋渔业经营管理、资源环境养护、金融保险等领域，优化海洋

渔业人才引进结构。同时，要转变海洋渔业人才引进理念，由单一人才引进方式向团队引进方式转变。另外，建立合理的人才流动保障机制，保障海洋渔业人才的合法权益，通过优化人才引进的奖励和保障机制，形成一支稳定性强、创新能力高的海洋渔业人才团队。

第三，融合海洋渔业人才资源，打造高端海洋渔业“蓝色智库”。随着海洋渔业产业结构演进，海洋渔业经济发展形势发生较大变化，在经济新形势下海洋渔业经济在发展过程中产生新的问题或矛盾，需要建立由海洋渔业专家组成的“蓝色智库”，为推动海洋渔业经济持续发展把脉问诊出良方。目前，沿海部分地区已建立了“蓝色智库”，通过专家行等活动，为沿海地区海洋渔业经济发展提供优化方向与改善措施。但智库建设仍以海产品供给为主，在海洋渔业资源养护、海洋渔业三次产业融合发展、智能化建设等方面较少。在今后要逐步完善“蓝色智库”内部结构，形成全而专的海洋渔业专家服务团队，助推海洋渔业转型发展。

三、创新渔业投融资平台，完善投融资机制

要调整与优化海洋渔业投融资结构，扩大海洋科技投资的比重，加快投资模式由传统的以海洋固定资产投入为主向以海洋科技投入为主转变，加速海洋经济增长方式由粗放型向集约型转变。同时，在国家政策引导下，创新海洋渔业金融发展模式，打造“311”① 海洋渔业金融要素集聚区[244]，优化海洋渔业投融资体系，积极推动众筹、互联网金融等新兴融资机制发展，提高海洋渔业资本使用效率，为海洋渔业经济高质量发展提供强有力的物质支撑。

第一，营造良好的投融资环境，拓展投融资渠道，注重海洋渔业金融业务创新主体的多元化，充分发挥银行等金融机构的主渠道作用，鼓励和引导民间资本进入海洋渔业，逐步形成政府投入为主导、渔民与企业等民间投资为辅的投资体系。同时，要加快海洋渔业金融基金建设进程，一方

① “311”海洋金融要素集聚区主要是指 3 个基金：国家海洋信托基金、中国海洋产业投资基金、南海经济圈开发投资基金；1 个银行：国际海洋开发银行；1 个智库：海洋经济智库。

面探索开展海域承包权、入渔权和订单质押，提高市场主体融资能力；另一方面要打造集信托基金、投资基金与保险基金为一体的海洋渔业金融服务集聚区，优化银行信贷模式，加大对海洋渔业机械制造、渔业建筑、海产品精深加工、信息化建设等方面的信贷支持，逐步完善财政、金融、保险“三位一体”的海洋渔业经济转型发展的投融资平台与运行机制。

第二，探索创新投融资模式。首先，建设海洋渔业产业结构优化升级的风险防控基金，积极推动众筹、互联网金融等新兴融资机制发展，探索海洋渔业经济发展的再保险制度，建立政策性保险与商业化经营相结合的海洋渔业保险体系；其次，优化海洋渔业投融资方向，逐渐向海洋渔业第二、第三产业转移。海洋渔业第二、第三产业作为在海洋渔业产业结构演进中重点发展产业，应该增加对海洋渔业第二、第三产业升级发展的资金支持与风险保障；最后，强化以企业为主体的技术创新投入机制。强化企业在海洋渔业科技创新中的主体地位，构建以营利性为主、公益性为辅的多元化、市场化的科技创新投入机制。利用贷款贴息、政策性贷款等信贷支持手段，引导和鼓励企业加大对渔业科技创新的投入，吸引社会资金进入科技创新领域。

结论与展望

一、研究结论

本研究以产业结构演进为视角，从理论与实证层面深入探究了产业结构演进与海洋渔业经济发展的影响关系，提出了海洋渔业经济在新时期的发展模式。首先，基于对产业结构演进与海洋渔业经济发展的相关文献梳理，界定了相关概念的内涵、外延与特征，理论分析了产业结构演进与海洋渔业经济发展的影响关系，构建了理论研究框架。其次，通过指标选择与构建，实证分析了海洋渔业经济发展与产业结构演进的时空差异特征，并采用不同计量分析方法研究了两者的相互影响关系。最后，基于研究结果，从产业结构演进视角下提出了中国海洋渔业经济发展的构想及对策建议。通过理论与实证研究，本研究主要得出以下结论：

（1）从理论角度剖析了产业结构演进与海洋渔业经济发展的影响关系。①分析了海洋渔业产业结构的影响因素、趋势及目标，认为需求结构、投资结构、科技创新、对外贸易与经济政策及法规是影响产业结构演进的主要因素，产业结构合理化、高级化与软化是海洋渔业产业结构演进的趋势及目标。随后分析了中国海洋渔业经济发展情况，认为其主要包括规模扩张的数量发展与效益提升的质量发展两方面。②从产业内部分析了产业结构演进对海洋渔业经济发展的影响机理，认为海洋渔业产业结构演进是海洋渔业经济发展的本质要求与需求反映，是促进海洋渔业经济稳定发展的结构性保障，动态性决定了其对海洋渔业经济发展影响的差异性。同时，海洋渔业经济发展对优化海洋渔业产业结构演进具有一定的推动力。③从产业外部视角分析区域产业结构演进对海洋渔业经济发展的影响，认为区域产业结构演进会影响海洋渔业经济的持续发展，主要从生产要素与产业发展视角分析了内部影响机理。通过理论分析，本书初步构建了研究产业结构演进与海洋渔业经济发展的理论框架。

（2）分析了中国海洋渔业经济发展的总体态势，从时间与空间维度分析了海洋渔业经济与产业结构演进的差异特征。①本书认为海洋渔业经济总体上呈现出经济贡献能力日益增强、产业结构逐步优化、产品种类日趋多样化、养殖规模不断扩大、机械化水平逐步提高、资源环境约束趋紧等态势。②分析了海洋渔业经济发展的时空差异特征。由时序分析结果可知，中国海洋渔业经济增长趋势明显，年增长率基本为正，但波动幅度较大；短期波动反映出“缓慢上升—波动下降—加速上升—加速下降”的动态变化特征；全要素生产率得益于海洋渔业技术效率提升，总体上呈现增加趋势且波动较小。由空间分析结果可知，广西、江苏、河北、山东、天津、广东的年均增长率明显高于福建、浙江、辽宁、海南，区域发展差异明显；各地区短期波动差异性显著，呈现正负上下波动的特征；受经济发展水平与海洋渔业资源禀赋差异影响，区域海洋渔业全要素生产率的空间差异性比较显著。③分析了海洋渔业产业结构高级化、合理化、软化、生产结构演进的时空差异特征。由时序分析结果可知，海洋渔业产业结构形态总体呈现出“一二三”型，三次产业对海洋渔业经济发展贡献度的差距逐步缩小；产业结构总体上向高级化方向演进；同时，海洋渔业产业结构合理化与软化程度不断提高；生产结构由海洋捕捞为主转为以海水养殖为主，海产品加工能力逐步增强。由空间分析结果可知，受区域资源禀赋、经济基础、政策支撑等方面的影响，沿海各地区海洋渔业三次产业对海洋渔业经济增长的贡献度存在较大差异。

（3）采用随机效应模型、面板门槛模型、动态面板模型、面板协整、脉冲响应与方差分解等计量分析方法，实证分析了产业结构演进与海洋渔业经济发展的影响。①由海洋渔业产业结构演进影响海洋渔业经济发展的实证结果可知，海洋渔业产业结构高级化、合理化、软化、生产结构的演进对海洋渔业经济增长的直接影响存在阶段性特征，即不同程度或阶段下的海洋渔业产业结构演进对海洋渔业经济增长的影响具有差异性，同时产业结构演进能够引起海洋渔业劳动力、资本、科技等生产要素影响海洋渔业经济增长的作用程度与方向的变化；产业结构高级化、加工系数演进对海洋渔业经济波动具有显著的“杠杆效应”，合理化、软化与养捕结构的演进对海洋渔业经济波动具有明显的“熨平效应”；产业结构合理化、软化、海产品加工系数的演进对海洋渔业经济发展质量的提高具有显著的“结构红利”，然而产业结构高级化、养捕结构的演进对海洋渔业发展质量产生“结构负利”。②由区域产业结构演进对海洋渔业经济发展影响分析的结果可知，产业结构高级化对海洋渔业经济增长具有显著的“抑制效应”，但对海洋渔业经济波动具有显著的“杠杆效应”，而产业结构合理化演进对海洋渔业经济增长具有“促进效应”，且对海洋渔业经济波动具有明显的“熨平效应”；产业结构高级化对海洋渔业经济发展质量的影响方式呈现出“U”型特征，产业结构合理化的提高对海洋渔业经济发展质量的提升具有“结构红利”。③分析了海洋渔业经济发展对海洋渔业产业结构演进的影响，认为海洋渔业经济发展对其产业结构演进具有一定的影响，在经济发展进程中，在注重海洋渔业产业结构对其经济发展的影响外，不能忽视海洋渔业经济增长对海洋渔业产业结构演进的反向影响。

（4）基于理论分析与实证研究结果，结合经济发展新形势，从产业结构演进视角提出了中国海洋渔业发展的思路、原则和模式。①基于“创新、协调、绿色、开放、共享”发展理念，提出了海洋渔业经济“绿色生态、科技创新、协调融合、提质增效、开放共享”的发展方针，优化了海洋渔业经济发展思路，即突破思维定式，转变发展思维；推动海洋渔业产业结构高级化与合理化协同演进；转变发展模式，加速新旧动能转换。②结合海洋渔业经济发展方针与思路，提出了五大发展原则：生态优先，集约发展；创新驱动，跨越发展；市场引导，高效发展；协调融合，均衡发展；开放共享，动态发展。③提出了基于动能转换的科技创新驱动发展模式、基于多功能性的产业协同发展模式、基于绿色理念的产业生态循环发展模式、基于“走出去”战略的贸易拉动模式、基于网络云平台的产业生态系统模式等五种海洋渔业经济发展新模式。

（5）为加快海洋渔业产业结构优化升级，打造现代化海洋渔业经济体系，实现海洋渔业经济高质量发展，本书从宏观、中观、微观三个层面提出相应的对策建议。①在宏观层面，要创新管理体制，提高行政效率；完善管理制度，依法依规管理；优化政府服务平台，增强支持力度。②在中观层面，要明确产业结构调整方向，加速海洋渔业经济转型发展；优化区域产业布局，推动产业集聚发展；创新产业组织模式，发展现代渔业组织。③在微观层面，转变渔企发展理念，优化企业经济关系；推进人才队伍建设，打造高端创新团队；创新渔业投融资平台，完善投融资机制。

二、研究展望

本书围绕产业结构演进与海洋渔业经济发展关系进行了深入分析与研究，主要集中分析了产业结构演进与海洋渔业经济发展的理论关系、实证检验了产业结构演进与海洋渔业经济发展的影响关系，提出了产业结构视角下海洋渔业经济发展的构想等。受主观能力与客观资源的约束，不可避免地存在一些不足，需要有待于进一步完善。

（1）在数据方面，限于数据资料的可得性与统计口径的一致性，选择了2003～2016年沿海各地区的数据作为样本，研究的时间跨度相对较短。同时，由于在相关统计年鉴中缺少对海洋渔业经济具体指标的数据统计，但为获取相关统计数据，本研究基于产业间的关系，采用相关指标进行了调整，不可避免地会存在一些误差，会对计量分析结果产生一定影响，通过数理统计方法可以将误差控制在合理的范围之内。

（2）在内容方面，需要进一步深入探究新时期海洋渔业经济发展的构想，尤其是海洋渔业经济发展模式，加强实践调研，进一步优化模式提高其在实践应用中的可行性。未来研究主要集中在分区域研究产业结构演进对海洋渔业经济发展影响，比较在不同区域经济发展背景下产业结构演进对海洋渔业经济发展的作用规律特殊性，并结合实践调研结果，优化海洋渔业经济发展模式，逐步提高其可行性。

参 考 文 献

[1] 威廉·配第. 政治算术. 北京：商务印书馆，2014.

[2] 孙尚清，马建堂. 产业结构：80 年代的问题与 90 年代的调整. 管理世界，1991 (2)：67-77，224-225.

[3] 李杰. 产业结构演进的一般规律及国际经验比较. 经济问题，2009 (6)：31-34.

[4] 曾蓓，崔焕金. 中国产业结构演进缘何偏离国际经验——基于全球价值链分工的解释. 财贸研究，2011 (5)：18-27.

[5] Kuznets S. National income and industrial structure. Econometrical，1949 (17)：205-241.

[6] Chenery H B，Clark P G. Interindustry economics. New York：Wiley，1959.

[7] Denison E F. Sources of Postwar Growth in Nine Western Countries. The American Economic Review，1967，57 (2)：325-332.

[8] 郭克莎. 经济增长方式转变的条件和途径. 中国社会科学，1995 (6)：15-26.

[9] 周振华. 我国经济结构调整：理论与实践的探索. 经济学家，1998 (4)：20-26，127.

[10] 葛新元，王大辉，袁强，等. 中国经济结构变化对经济增长的贡献的计量分析. 北京师范大学学报（自然科学版），2000 (1)：43-48.

[11] 汪红丽. 经济结构变迁对经济增长的贡献——以上海为例的研究 1980—2000. 上海经济研究，2002 (8)：9-15.

[12] 刘伟，李绍荣．产业结构与经济增长．中国工业经济，2002(5)：14－21.

[13] 蒋振声，周英章．经济增长中的产业结构变动效应：中国的实证分析与政策含义．财经论丛（浙江财经学院学报），2002（3）：1－6.

[14] 陈华．中国产业结构变动与经济增长．统计与决策，2005（6）：68－69.

[15] 刘志杰．我国产业结构变动对经济增长作用的测算及其评价．统计与决策，2009（23）：80－82.

[16] 段利民，杜跃平．产业结构与经济增长关系 Granger 检验研究．生态经济，2009（7）：101－104.

[17] 汪茂泰，钱龙．产业结构变动对经济增长的效应：基于投入产出的分析．石家庄经济学院学报，2010（2）：16－19.

[18] 杨子荣，张鹏杨．金融结构、产业结构与经济增长——基于新结构金融学视角的实证检验．经济学（季刊），2018，17（02）：847－872.

[19] 吕铁，周叔莲．中国的产业结构升级与经济增长方式转变．管理世界，1999（1）：113－125.

[20] 高更和，李小建．产业结构变动对区域经济增长贡献的空间分析——以河南省为例．经济地理，2006（2）：270－273.

[21] 李小平，卢现祥．中国制造业的结构变动和生产率增长．世界经济，2007（5）：52－64.

[22] 俞晓晶．转型期中国经济增长的产业结构效应．财经科学，2013（7）：55－61.

[23] Burns A. Progress towards economic stability. American Economic Review，1960，50（1）：1－19.

[24] Kuznets S S. Economic growth of nation：Total output and productionstructure. Belknap Press of Harvard UniversityPress，1971.

[25] Blanchard O，Simon J. The long and large declinein US output volatility. Brookings Papers on EconomicActivity，2001（1）：135－164.

[26] Stock J H，Watson M W. Has the Business Cycle Changed and

Why? . NBER Macroeconomics Annual, 2002, 17 (1): 159 -230.

[27] Eggers A, Loannides Y. The roleof output composition in thestabilization of US output growth. Journal of Macroeconomics, 2006, 28 (3): 585 -595.

[28] Baumol W J. Macroeconomics of unbalanced growth: the anatomy of urban crisis. The American Economic Review, 1967: 415 -426.

[29] Peneder M. Industrial structure and aggregate growth. Structural change and economic dynamics, 2003, 14 (4): 427 -448.

[30] 干春晖，郑若谷，余典范．中国产业结构变迁对经济增长和波动的影响．经济研究，2011 (5): 4 -16.

[31] 方福前，詹新宇．我国产业结构升级对经济波动的熨平效应分析．经济理论与经济管理，2011 (9): 5 -16.

[32] 彭冲，李春风，李玉双．产业结构变迁对经济波动的动态影响研究．产业经济研究，2013 (3): 91 -100.

[33] 张东辉，宋锋华．产业结构变动与经济波动相互关系的动态分析．广西财经学院学报，2015 (4): 22 -29.

[34] 钱士春．中国宏观经济波动实证分析：1952—2002. 统计研究，2004 (4): 12 -16.

[35] 孙广生．经济波动与产业波动 (1986—2003) ——相关性、特征及推动因素的初步研究．中国社会科学，2006 (3): 62 -73, 205.

[36] 罗光强，曾伟．产业结构变迁对经济增长波动的影响——以湖南为例．工业技术经济，2007 (11): 56 -63.

[37] 李云娥．宏观经济波动与产业结构变动的实证研究．山东大学学报（哲学社会科学版），2008 (3): 120 -126.

[38] Solow R M. Technical change and the aggregate production function. The review of Economics and Statistics, 1957, 39 (3): 312 -320.

[39] 刘冉．我国产业结构升级对全要素生产率的影响研究［硕士论文］. 南京财经大学，2016. 61.

[40] Denison E F. The sources of economic growth in the United States and the alternatives before us. New York: Committee for Economic Develop-

ment, 1962.

[41] Charnes A, Cooper W W, Rhodes E. Measuring the efficiency of decision making units. European journal of operational research, 1978, 2 (6): 429 – 444.

[42] Fare R, Grosskopf S, Norris M, et al. Productivity growth, technical progress and efficiency change in industrialized countries. The American Economic Review, 1994. 66 – 83.

[43] Young A. Thetyranny of numbers: confronting the statistical realities of the East Asian growth experience. Quarterly Journal of Economics, 1995, 110 (3): 641 – 680.

[44] Salter W E G, Reddaway W B. Productivity and technical change. Cambridge: Cambridge University Press, 1966.

[45] Calderson C, Chong A, Leon G. Institutional enforcement, labor-marker rigidities, and economic performance. Emerging Markets Review, 2006, 8 (1): 38 – 49.

[46] Bosworth B, Collins S M. Accounting for growth: comparing China and India. Journal of Economic Perspectives, 2008, 22 (1): 45 – 66.

[47] Ahmad Z, Jun M, Khan I. Agri. Industrial Structure and its Influence on Energy Efficiency: a Study of Pakistan. European Journal of Economic Studies, 2015, 11 (1): 16 – 22.

[48] 王德文，王美艳，陈兰．中国工业的结构调整、效率与劳动配置．经济研究，2004（4）：41 – 49.

[49] 刘伟，张辉．中国经济增长中的产业结构变迁和技术进步．经济研究，2008（11）：4 – 15.

[50] 封思贤，于明超，尹莉．要素流向高增长行业能实现产业升级吗——基于制造业的分析．当代经济科学，2011，33（3）：74 – 80.

[51] 张丽，佟亮．新疆产业结构演进对全要素生产率增长的效应分析．新疆社会科学，2013（5）：29 – 33.

[52] 徐茉，陶长琪．双重环境规制、产业结构与全要素生产率——基于系统 GMM 和门槛模型的实证分析．南京财经大学学报，2017（1）：

8-17.

[53] 章成，平瑛．海洋产业结构变动对海洋经济效率影响研究．海洋开发与管理，2017（11）：91-96.

[54] 余泳泽，刘冉，杨晓章．我国产业结构升级对全要素生产率的影响研究．产经评论，2016（4）：45-58.

[55] 彭艳．产业结构调整、制度变迁对全要素生产率增长的影响分析［硕士论文］．重庆大学，2016. 54.

[56] Fagerberg J. Technological Progress, Structural Change and Productivity Growth: A Comparative Study. Structural Change and Economic Dynamics, 2000, 11 (4): 393-411.

[57] Fonfría A, lvarez I. Structural Change and Performance in Spanish Manufacturing, Some Evidence on the Structural Bonus Hypothesis and Explanatory Factors. Instituto Complutense de Estudios Internacionales Universidad Complutens de Madrid Working Paper, 2005.

[58] Fassio C. CIS Indicators and Sectoral Levels of Production in Italy: 1995-2006. Aalborg Denmark: Proceedings of the DRUID—DME Academy Winter 2010 PhD Conference, 2010 (1): 21-23.

[59] 吕铁．制造业结构变化对生产率增长的影响研究．管理世界，2002（2）：87-94.

[60] 干春晖，郑若谷．改革开放以来产业结构演进与生产率增长研究——对中国1978-2007年“结构红利假说”的检验．中国工业经济，2009（2）：55-65.

[61] 李小平，陈勇．劳动力流动、资本转移和生产率增长——对中国工业“结构红利假说”的实证检验．统计研究，2007（7）：22-28.

[62] 朱旭强，王志华．产业结构升级对全要素生产率变动的贡献研究——以苏、粤、闽1978-2013年的面板数据为例．预测，2016（6）：75-80.

[63] Clark C. The Conditions of Economic Progress. London: Macmillan, 1940.

[64] Hoffmann. Growth of Industrial Economics. London: Manchester

University Press, 1958: 20 -30.

[65] Kuznets. Economic Growth of Nations: Total Output and Production Structure. Cambridge University Press, 1971.

[66] Dong X, Song S, Zhu H. Industrial structure and economic fluctuation—Evidence from China. The Social Science Journal, 2011, 48 (3): 468 -477.

[67] Chivu L, Ciutacu C. About Industrial Structures Decomposition and Recomposition. Procedia Economics and Finance, 2014 (8): 157 -166.

[68] Perez M P, Ribera L A, Palma M A. Effects of trade and agricultural policies on the structure of the U. S. tomato industry. Food Policy, 2017, 69: 123 -134.

[69] 林毅夫，蔡昉，李周. 中国经济转轨时期的地区差距分析. 经济研究，1998 (6): 3 -10.

[70] 刘竹林，江伟，顾宁珑. 安徽省经济增长对产业结构变迁影响的实证分析. 安徽工业大学学报（社会科学版），2012 (3): 45 -46.

[71] 付凌晖. 我国产业结构高级化与经济增长关系的实证研究. 统计研究，2010，27 (8): 79 -81.

[72] 李春生，张连城. 我国经济增长与产业结构的互动关系研究——基于VAR模型的实证分析. 工业技术经济，2015 (6): 28 -35.

[73] 朱慧明，韩玉启. 产业结构与经济增长关系的实证分析. 运筹与管理，2003 (2): 68 -72.

[74] 杨正勇，朱晓莉. 论渔业经济增长方式从线性到循环的转变. 太平洋学报，2007 (4): 87 -94.

[75] 刘康，韩立民. 海域承载力本质及内在关系初探. 太平洋学报，2008 (9): 69 -75.

[76] 杨林，夏层英. 现代渔业的投入产出分析. 中国渔业经济，2008 (4): 62 -67.

[77] 权锡鉴，花昭红. 海洋渔业产业链构建分析. 中国海洋大学学报（社会科学版），2013 (3): 1 -6.

[78] 张欣. 我国沿海渔业经济增长方式转变与发展建议实证研究.

生产力研究，2012（4）：139－140，43.

［79］郑凌燕，汪浩瀚．沿海地区渔业经济投入产出及地区异质性分析．农业现代化研究，2016（2）：325－331.

［80］卢江勇，傅国华，过建春．海南省渔业经济增长方式实证分析．水利渔业，2005（5）：113－115.

［81］林群，邵文慧，高齐圣，等．山东省渔业生产函数的协整分析．中国渔业经济，2009（6）：104－109.

［82］梁永国，张润清．河北省渔业增长实证研究．安徽农业科学，2010（2）：1056－1059.

［83］孙兆明，李树超．“蓝黄”战略视域下的海水养殖业转型发展研究．山东社会科学，2012（5）：144－148.

［84］史磊，高强．现代渔业的内涵、特征及发展趋势．渔业经济研究，2009（3）：7－10.

［85］姚丽娜．现代海洋渔业发展战略研究——以舟山海洋综合开发试验区为例．管理世界，2013（5）：180－181.

［86］纪玉俊．海洋渔业产业化中的产业链稳定机制研究．中国渔业经济，2011（1）：48－55.

［87］刘曙光，纪瑞雪．海域环境恶化对中国海洋捕捞业发展的阻滞效应研究．资源科学，2014，36（8）：1695－1701.

［88］慕永通．我国海洋捕捞业的困境与出路．中国海洋大学学报（社会科学版），2005（2）：4－8.

［89］郑彤，唐议．我国南海区海洋捕捞渔船现状分析．上海海洋大学学报，2016，25（4）：620－627.

［90］储英奂．发挥比较优势进一步发展中国海洋渔业．中国农村经济，2003（11）：44－49.

［91］陈琦，韩立民．我国海洋捕捞业生产的波动特征及成因分析．经济地理，2016（1）：105－112.

［92］周井娟，林坚．我国海洋捕捞产量波动影响因素的实证分析．技术经济，2008（6）：64－68.

［93］许罕多．资源衰退下的我国海洋捕捞业产量增长——基于

1956—2011 年渔业数据的实证分析．山东大学学报（哲学社会科学版），2013（5）：86－93.

［94］梁铄，秦曼．中国近海捕捞业生产的随机前沿分析——基于省级面板数据．农业技术经济，2014（8）：118－127.

［95］包特力根白乙．中国渔业生产：计量经济模型的构建与应用．中国渔业经济，2008（3）：26－30.

［96］秦宏，孟繁宇．我国远洋渔业产业发展的影响因素研究——基于修正的钻石模型．经济问题，2015（9）：57－62.

［97］李涵．我国远洋渔业发展的制约因素与对策建议．齐鲁学刊，2015（6）：121－125.

［98］姚丽娜，刘洋．我国远洋渔业竞争力比较研究——兼对浙江省的解析．农业经济问题，2014，35（7）：94－102，112.

［99］徐淑彦，李宝民．深化产学研合作重塑我国远洋渔业竞争优势．中国渔业经济，2006（6）：3－5.

［100］卢昆，郝平．基于 SFA 的中国远洋渔业生产效率分析．农业技术经济，2016（9）：84－91.

［101］韦有周，赵锐，林香红．建设“海上丝绸之路”背景下我国远洋渔业发展路径研究．现代经济探讨，2014（7）：55－59.

［102］李权昆，张岳恒．广东海水养殖业空间扩散特征与发展对策研究．海南大学学报（人文社会科学版），2012（5）：124－130.

［103］卢昆，高晶晶，郝平．我国海水养殖资源开发评价及其支持政策分析．农业经济问题，2016（3）：95－103.

［104］陈雨生，房瑞景，乔娟．中国海水养殖业发展研究．农业经济问题，2012（6）：72－77.

［105］孙兆明，李树超．“蓝黄”战略视域下的海水养殖业转型发展研究．山东社会科学，2012（5）：144－148.

［106］董双林．高效低碳——中国水产养殖业发展的必由之路．水产学报，2011（10）：1595－1600.

［107］徐皓，江涛．我国离岸养殖工程发展策略．渔业现代化，2012（4）：1－7.

［108］王秀娟，胡求光．中国海水养殖与海洋生态环境协调度分析．中国农村经济，2013（11）：86－96.

［109］杨宇峰，王庆，聂湘平，等．海水养殖发展与渔业环境管理研究进展．暨南大学学报（自然科学与医学版），2012，33（5）：531－541.

［110］崔毅，陈碧鹃，陈聚法．黄渤海海水养殖自身污染的评估．应用生态学报，2005（1）：180－185.

［111］李京梅，郭斌．我国海水养殖的生态预警评价指标体系与方法．海洋环境科学，2012，31（3）：448－452.

［112］路世勇．我国水产品加工业现状与发展思路．现代渔业信息，2005（10）：14－16.

［113］汪之和，陈述平，于斌，等．我国水产品加工科技现存的问题与发展方向．渔业现代化，2005（4）：8－9.

［114］岑剑伟，李来好，杨贤庆，等．我国水产品加工行业发展现状分析．现代渔业信息，2008（7）：6－9.

［115］付万冬，杨会成，李碧清，等．我国水产品加工综合利用的研究现状与发展趋势．现代渔业信息，2009（12）：3－5.

［116］Zhengyong Yang，Sheng Li，Boou Chen，et al. China's aquatic product processing industry：Policy evolution and economic performance. Trends in Food Science&Technology，2016，58：149－154.

［117］孙文远．中国水产品产业从比较优势转化为竞争优势的路径选择．世界经济研究，2005（9）：55－59，54.

［118］赵应宗．我国入世后的海产品贸易问题与对策．国际贸易问题，2002（5）：5－9.

［119］罗文花，赵应宗．海产品贸易的环境成本内部化．经济管理，2008（7）：76－79.

［120］胡求光，霍学喜．基于比较优势的水产品贸易结构分析．农业经济问题，2007（12）：20－26，110－111.

［121］孙琛．加入自由贸易区后中国与东盟水产品贸易关系的变化趋势．农业经济问题，2008（2）：60－64.

［122］Avault J W. Some thoughts on marketing aquaculture products.

Aquaculture Magazine, 1991: 3 -4.

[123] Guillotreau P, Peridy N. Trade barriers and European imports of seafood products aquantitative assessment. Marine Policy, 2000, 24 (5): 431 -437.

[124] Laurian J, Unnevehr. Food safety issues and fresh food product exports from LDCs. Agricultural Economics, 2000, 23 (3): 231 -240.

[125] Spencer Henson, Rupert Loader. Barriers to agricultural exports from developing countries: the role of sanitary and phytosanitary requirements. World Development, 2001, 29 (1): 85 -102.

[126] Brown L, Diern E. Austrian aquaculture: industry profiles for selected species. Australian Bureau of Agric. &Resource Economics, 2002 (5).

[127] Kinnucan H W, Myrland. The Effectiveness of Antidumping Measures: Some Evidence for Farmed Atlantic Salmon. Journal of Agricultural Economics, 2006, 57 (5): 459 -477.

[128] 居占杰，刘兰芬. 国外技术性贸易壁垒对中国水海产品出口的影响及应对策略. 世界农业，2009 (10): 14 -17.

[129] 胡求光，霍学喜. 中国水产品出口贸易影响因素与发展潜力——基于引力模型的分析. 农业技术经济，2008 (3): 100 -105.

[130] 董银果. SPS 措施影响中国水产品贸易的实证分析——以孔雀石绿标准对鳗鱼出口影响为例. 中国农村经济，2011 (2): 43 -51.

[131] 张萌，张苇锟，王明对. 水产品出口对广东渔业经济增长的实证研究. 广东海洋大学学报，2016，36 (2): 9 -14.

[132] 赵晓颖，邵桂兰，刘静. 水产品出口促进山东渔业经济增长的机制分析. 中国渔业经济，2011，29 (4): 99 -106.

[133] 邹欢，武戈. 水产品进出口贸易对渔业经济增长的影响——基于沿海地区的面板数据实证分析. 广东农业科学，2010，37 (5): 127 -131.

[134] 高健，刘亚娜. 海洋渔业经济组织制度演进路径的研究. 农业经济问题，2007 (11): 74 -79.

[135] 周立波. 渔业财产权与海洋渔业资源养护制度的构建. 中国渔

业经济，2011（1）：91－96.

［136］高明，高健．中国海洋渔业管理制度优化研究．太平洋学报，2008（2）：81－85.

［137］权锡鉴，王乃峰．基于不同组织体制的海洋渔业发展模式研究．中国渔业经济，2015（2）：4－10.

［138］同春芬，黄艺．我国海洋渔业转产转业政策导致的双重困境探析——从“过度捕捞”到“过度养殖”．中国海洋大学学报（社会科学版），2013（2）：1－7.

［139］卢昆，周娟枝，刘晓宁．蓝色粮仓的概念特征及其演化趋势．中国海洋大学学报（社会科学版），2012（2）：35－39.

［140］卢昆．蓝色粮仓概念重构及其建设模式选择研究．东岳论丛，2017，38（6）：117－122.

［141］秦宏．“蓝色粮仓”建设相关研究综述．海洋科学，2015，39（1）：131－136.

［142］韩立民，李大海．蓝色粮仓：国家粮食安全的战略保障．农业经济问题，2015，36（1）：24－29，110.

［143］王爱香，王金环．发展海洋牧场构建蓝色粮仓．中国渔业经济，2013，31（3）：69－74.

［144］赵嘉，李嘉晓．蓝色粮仓的内涵阐析及其建设设想——以青岛市为例．海洋科学，2012，36（8）：70－74.

［145］秦宏，孟繁宇，杨文娟．蓝色粮仓关联产业结构优化研究．西北农林科技大学学报（社会科学版），2015，15（4）：40－46.

［146］秦宏，刘国瑞．建设蓝色粮仓的策略选择与保障措施．中国海洋大学学报（社会科学版），2012（2）：50－54.

［147］卢昆．蓝色粮仓支撑产业系统构成及其功能定位．社会科学战线，2015（9）：65－71.

［148］陈琦，韩立民．蓝色粮仓生态经济系统的多维判断．重庆社会科学，2016（1）：14－19.

［149］闫芳芳，平瑛．消费需求结构与产业结构关系的实证研究——以中国渔业为例．中国农学通报，2013（17）：57－61.

[150] 孟庆武．中国渔业内部产业结构演进分析及调整对策．东岳论丛，2015（5）：126－129.

[151] 闫莹，江书平，李维国．京津冀协同发展背景下渔业产业结构升级与路径选择——以河北省海洋渔业产业经济为例．河北农业大学学报（农林教育版），2016（2）：26－29.

[152] 于谨凯，朱小苏．基于偏离份额模型的山东半岛蓝区海洋渔业产业结构演进分析．河北渔业，2015（2）：47－52.

[153] 高健，成长生．海洋渔业产业结构性矛盾与调整对策的探讨．中国渔业经济，2001（2）：26－27.

[154] 邓云锋，宋立清．我国渔业结构存在的问题及政策分析．海洋科学进展，2005（2）：239－242.

[155] 王爱香，韩立民．我国渔业发展面临的问题与对策建议．农业经济问题，2003（9）：50－53.

[156] 杨正勇，朱晓莉．论渔业经济增长方式从线性到循环的转变．太平洋学报，2007（4）：87－94.

[157] 史磊．我国渔业经济增长方式转变问题研究［博士论文］．中国海洋大学，2009.

[158] 李可心．关于现代渔业建设的若干政策思考．中国渔业经济，2008（1）：6－9.

[159] 杨林．资源与环境约束下中国渔业产业结构调整研究．农村经济，2004（8）：28－31.

[160] 苏昕．中国渔业产业结构的协调性研究．农业经济问题，2009（5）：100－103.

[161] 李大良，史磊，戴美艳．我国渔业产业结构优化研究．中国渔业经济，2009（4）：41－45.

[162] 杨林，苏昕．产业生态学视角下海洋渔业产业结构优化升级的目标与实施路径研究．农业经济问题，2010（10）：99－105.

[163] 李大良，史磊，戴美艳．我国渔业产业结构优化研究．中国渔业经济，2009（4）：41－45.

[164] 于涛．辽宁省渔业产业结构升级的“制度瓶颈”问题研

究——基于渔船管理制度的视角．大连海事大学学报（社会科学版），2016（1）：24－28.

［165］于涛，赵万里．金融发展对中国渔业产业结构升级影响的实证分析．大连海事大学学报（社会科学版），2015（5）：20－23.

［166］余匡军．对浙江渔业产业结构战略性调整的思考．中国渔业经济，2001（2）：23－25.

［167］王淼，权锡鉴．我国海洋渔业产业结构的战略调整及其实施策略．改革与理论，2002（11）：50－53.

［168］林志学．深圳市海洋渔业产业化发展模式及对策探讨．中国水产，2007（11）：14－16.

［169］王淼，秦曼．海洋渔业转型系统的构建及运行机制分析．渔业经济研究，2008（2）：3－7.

［170］孟庆武．中国渔业内部产业结构演进分析及调整对策．东岳论丛，2015（5）：126－129.

［171］蒋逸民，任淑华，慕永通．生产率视角下浙江海洋渔业结构的实证研究．农业经济与管理，2013（5）：96－106.

［172］辞海编辑委员会，上海辞书出版社．辞海．上海：上海辞书出版社，2010.

［173］向洪．国情教育大辞典．成都：成都科技大学出版社，1990.

［174］国家海洋局科技司，辽宁省海洋局《海洋大辞典》编辑委员会．海洋大词典．沈阳：辽宁人民出版社，1998.

［175］刘福仁，蒋楠生，陆梦龙，等．现代农村经济辞典．沈阳：辽宁人民出版社，1991.

［176］封吉昌．国土资源实用词典．武汉：中国地质大学出版社，2011.

［177］中国农业百科全书总编辑委员会水产业卷编辑委员会，中国农业百科全书编辑部．中国农业百科全书：水产业卷（下）．北京：中国农业出版社，1994.

［178］王波．休闲农业对农业经济发展的影响研究［硕士论文］．安徽农业大学，2015.

[179] 杨树乾．产业结构变动对货运需求的影响分析［硕士论文］．长安大学，2008.

[180] 郑京淑，吴秦．产业结构多样化对区域经济发展的影响——研究综述与政策启示．广东外语外贸大学学报，2010，21（3）：67－71.

[181] 汤斌．产业结构演进的理论与实证分析——以安徽省为例［博士论文］．西南财经大学，2005. 137.

[182]［英］配第．政治算术．北京：商务印书馆，1978. 19－20.

[183] 杨治．产业经济学导论．北京：中国人民大学出版社，1985. 46.

[184] 世界环境与发展委员会．我们共同的未来（王之佳，柯金良译）．长春：吉林人民出版社，1997.

[185] Schaefer M. Some Considerations of the Dynamic and Economics in Relation to the Management of the Commercial Marine Fisheries. Journal of the Fisheries Research Board of Canada, 1957, 14: 66－81.

[186] 戚兆坤．山东省产业结构演进研究［硕士论文］．兰州商学院，2013. 72.

[187] 邹圆．中国产业结构变迁对经济增长质量影响研究［博士论文］．重庆大学，2016. 141.

[188] 西蒙·库兹涅茨．各国的经济增长．北京：商务印书馆，1985. 109.

[189] 钱纳里，鲁宾逊，赛尔奎因．工业化和经济增长的比较研究．上海：上海三联出版社，1995：101－103.

[190] 王健．产业结构变迁对区域经济增长的影响分析［硕士论文］．合肥工业大学，2010.

[191] 李新光．基于DNA条形码的鱼片（肉）真伪鉴别技术研究［硕士论文］．上海海洋大学，2013. .

[192] 国家海洋局．2015年中国海洋环境状况公报（EB/OL）．http://www.coi.gov.cn/gongbao/huanjing/201604/t20160414_33875.html（2016－04－14）.

[193] 马克思．资本论：第二卷．人民出版社，2004.

[194] Samuelson P A，诺德豪斯，刘保春．经济学．河北科学技术

出版社，2001.

[195] Mitchell W，陈福生，陈振骅．商业循环问题及其调整．商务印书馆，1962.

[196] [美] 小罗伯特·E. 卢卡斯．经济周期理论研究．北京：商务印书馆，2000.

[197] Hodrick R J, Prescott E C. Postwae U. S. Business Cycles: An Empirical Investiation. Journal of Money, Credit and Bankin, 1997, 29 (1): 1－16.

[198] Nelson C. R. and C. R. Plosser. Trends and Random Walks in Macroeconmic Time Series: Some Evidence and Implications [J], Joumal of Monetary Economics, 1982, 10 (2): 139－162.

[199] 张国胜，史明浩．基于滤波技术的首都旅游贸易发展趋势与周期研究．数学的实践与认识，2014 (3): 77－86.

[200] 肖林兴．中国全要素生产率的估计与分解——DEA－Malmquist方法适用性研究及应用．贵州财经学院学报，2013 (1): 32－39.

[201] Fare R, Grosskopf S, Knox Lovell C A. Production Frontiers. Cambridge: Cambridge University Press, 1994..

[202] Fare R, Grosskopf S, Norris M. Productivity Growth Technical Progress and Efficiency Change in Industrialized Countries. American Economic Review, 1994, 84 (1): 66－83.

[203] 吴丰华，刘瑞明．产业升级与自主创新能力构建——基于中国省际面板数据的实证研究．中国工业经济，2013 (5): 57－69.

[204] 李政，杨思莹．创新强度、产业结构升级与城乡收入差距——基于2007－2013年省级面板数据的空间杜宾模型分析．社会科学研究，2016 (2): 1－7.

[205] 靖学青．产业结构高级化与经济增长——对长三角地区的实证分析．南通大学学报（社会科学版），2005, 21 (3): 45－49.

[206] 闫海洲．长三角地区产业结构高级化及影响因素．财经科学，2010 (12): 50－57.

[207] 黄中伟，陈刚．我国产业结构合理化理论研究综述．经济纵横，2003 (3): 56－58.

[208] 王晓明．山东省海洋产业结构合理化水平测评研究 [硕士论文]．中国海洋大学，2011. 80.

[209] 李健，骆珣．论产业结构软化．北京理工大学学报，1999，19 (4)：478 -481.

[210] 马云泽．世界产业结构软化趋势探析．世界经济研究，2004 (1)：15 -19.

[211] 胡笑波．再论渔业生产结构与渔村产业结构的新概念．渔业经济研究，2007 (4)：11 -14.

[212] 谢兰云．创新、产业结构与经济增长的门槛效应分析．经济理论与经济管理，2015 (2)：51 -59.

[213] 王波，韩立民．中国海洋产业结构变动对海洋经济增长的影响——基于沿海 11 省市的面板门槛效应回归分析．资源科学，2017 (6)：1182 -1193.

[214] Shujie Yao, Zongyi Zhang. On Regional Inequalityand Diverging Clubs：a Case Study of Contemporary China. Journal of Comparative Economics, 2001, 29 (3)：466 -484.

[215] 王继祥，韦开蕾，张文静．海南农业经济增长影响因素的实证分析．热带农业科学，2012 (1)：74 -77.

[216] 李晓燕．中国海洋渔业生产结构变化及其影响因素的实证研究．浙江大学，2017.

[217] 朱平芳，徐伟民．政府的科技激励政策对大中型工业企业 R&D 投入及其专利产出的影响——上海市的实证研究．经济研究，2003 (6)：45 -53.

[218] 凤凰网．http：//app. finance. ifeng. com/data/mac/jmxf. php? symbol =05.

[219] 农业部渔业局 (编制)．中国渔业统计年鉴．北京：中国农业出版社，2017.

[220] 农业部渔业局 (编制)．中国渔业年鉴．北京：中国农业出版社，2017.

[221] 国家统计局．中国统计年鉴．北京：中国统计出版社，2015.

[222] 国家统计局农村社会经济调查司. 中国农村统计年鉴. 北京: 中国统计出版社, 2016.

[223] 于斌斌. 产业结构调整与生产率提升的经济增长效应——基于中国城市动态空间面板模型的分析. 中国工业经济, 2015 (12): 83-98.

[224] 刘元春. 经济制度变革还是产业结构升级——论中国经济增长的核心源泉及其未来改革的重心. 中国工业经济, 2003 (9): 5-13.

[225] 黄茂兴, 李军军. 技术选择、产业结构升级与经济增长. 经济研究, 2009 (7): 143-151.

[226] 陶桂芬, 方晶. 区域产业结构变迁对经济增长的影响——基于1978—2013年15个省份的实证研究. 经济理论与经济管理, 2016 (11): 88-100.

[227] 周少甫, 王伟, 董登新. 人力资本与产业结构转化对经济增长的效应分析——来自中国省级面板数据的经验证据. 数量经济技术经济研究, 2013 (8): 65-77.

[228] 田红, 刘兆德, 陈素青. 山东省产业结构变动对区域经济增长贡献的演变. 经济地理, 2009 (1): 49-53.

[229] Hirschman A O. The Strategy of Economic Development. New Haven: Yale University Press, 1958: 51-57.

[230] 罗斯托 W W. 从起飞进入持续增长的经济学. 成都: 四川人民出版社, 1988: 1-25.

[231] 张欣欣. 安徽产业结构变动对经济波动的影响研究 [硕士论文]. 安徽大学, 2016: 65.

[232] 丁振辉, 张猛. 日本产业结构变动对经济波动的影响: 熨平还是放大?. 世界经济研究, 2013 (1): 74-79.

[233] Frank M W. Income Inequality and Economic Growth in the U. S.: A Panel Cointegration Approach, Working Paper, SamHouston State University, 2005.

[234] Baum C F, Schaffer M E, Stillman S. Enhanced routines for instrumental variables generalized method of moments estimation and testing. Stata Journal, 2007, 7 (4): 465-506.

[235] 余泳泽，刘冉，杨晓章．我国产业结构升级对全要素生产率的影响研究．产经评论，2016（4）：45－58.

[236] 赵文军，于津平．贸易开放、FDI 与中国工业经济增长方式——基于 30 个工业行业数据的实证研究．经济研究，2012（8）：18－31.

[237] 孙学涛，王振华，张广胜．县域全要素生产率提升中存在结构红利吗？——基于中国 1869 个县域的面板数据分析．中南财经政法大学学报，2017（6）：73－82.

[238] 郭彬，张朔阳．基于 PVAR 模型的产业内部结构与城乡收入差距的实证分析．财政科学，2016（4）：66－74.

[239] 张红智，王波，韩立民．全域旅游视阈下海洋渔业与滨海旅游业互动发展研究．山东大学学报（哲学社会科学版），2017（4）：135－143.

[240] 张欣．我国沿海渔业经济增长方式转变与发展建议实证研究．生产力研究，2012（4）：139－140，143.

[241] 农业部：农业部关于加快推进渔业转方式调结构的指导意见 [EB/OL]．http：//www.moa.gov.cn/govpublic/YYJ/201605/t20160506_5120615.htm（2016－05－04）.

[242] 杨正勇，朱晓莉．论渔业经济增长方式从线性到循环的转变．太平洋学报，2007（4）：87－94.

[243] 王波，张红智，韩立民．贝类养殖风险控制体系建设的基本构想．海洋科学，2017（7）：143－149.

[244] 刘东民，何帆，张春宇，等．海洋金融发展与中国的海洋经济战略．国际经济评论，2015（5）：43－56.